# 微分積分

1変数と2変数

川平友規
Kawahira Tomoki

［著］

日評ベーシック・シリーズ

日本評論社

# はじめに

**本書**について

　本書は大学初年級の，おもに理工系の学生のみなさんを対象として書かれた「微分積分」のテキストです．前半（第 I 部：第 1 章〜第 14 章）は 1 変数の微分積分，後半（第 II 部：第 15 章〜第 29 章）は多変数（おもに 2 変数）の微分積分にあてられています．

　前半は高校で学んだ微分積分と重複する部分も多いのですが，新しい内容も豊富にあります．たとえば，

- 極限 $\lim_{n\to\infty}\left(1+\dfrac{1}{n}\right)^n$（自然対数の底）が存在することを厳密に証明する．
- 微分の概念を「関数の 1 次近似」という視点からを捉え直す．
- 「テイラー展開」（関数の $n$ 次多項式近似）の導入．
- 「広義積分」（積分区間が無限に長くてもよい）の導入．

また，時間に余裕があるときのオプションとして，応用上重要な

- 数値計算・微分方程式の基礎

についても解説してあります．

　後半は 1 変数の微分積分のアイディアを踏まえつつ，多変数関数の微分，変数変換，重積分といった新しい概念を学びます．とくに微分（全微分，偏微分）を導入するにあたっては，「等高線グラフ」や「勾配ベクトル」をもちいた直観的かつ定量的な意味づけを徹底しました．これは本書が他の教科書と一線を画する部分でしょう．

## 執筆にあたって

　本書は，私の講義ノート（約30回分）に加筆し，教科書風の体裁に整え直したものです．定義・定理・証明といった伝統的な数学のスタイルは踏襲しつつ，限られた時間で効率よく微分積分のエッセンスを習得してもらうために，次の3点に注意しました：

- 厳密な「証明」よりも，理解を促し記憶の助けになる「説明」を優先すること．（いわゆる $\epsilon$-$\delta$ 論法を用いた証明は他書に譲る．）
- とりあげる例や例題は一般的であり，汎用性の高いものであること．
- 数値計算を視野にいれて，「近似」や「誤差」のセンスが自然に磨かれるようなものであること．

　生の数値に触れずに微分積分を学んでも，その真価を実感することは難しいでしょう．私たちは $\pi$ といった記号にではなく，$3.141\cdots$ といった数値に「長さ」や「広さ」を感じ取るのです．本書の例題や演習問題にも，いろいろな数値計算の問題が含まれています．電卓や Excel などの表計算ソフトがあれば簡単に計算できるので，ぜひ省略せずに取り組んでいただきたいと思います．

## 謝辞

　李正勲氏，石谷常彦氏には本書の原稿を通読していただき，さまざまな有益な助言をいただきました．日本評論社の佐藤大器氏には本書の企画段階からお世話になり，わがままな著者の要求にも辛抱強く対応してくださいました．この場を借りて，お礼申し上げます．

2015年6月 著者記

## 本書で用いる数学の記号

### ギリシャ文字

| $\alpha$ | アルファ | alpha | $\beta$ | ベータ | beta |
|---|---|---|---|---|---|
| $\gamma, \Gamma$ | ガンマ | gamma | $\delta, \Delta$ | デルタ | delta |
| $\epsilon$ | イプシロン | epsilon | $\zeta$ | ゼータ | zeta |
| $\eta$ | エータ | eta | $\theta, \Theta$ | シータ | theta |
| $\iota$ | イオタ | iota | $\kappa$ | カッパ | kappa |
| $\lambda, \Lambda$ | ラムダ | lambda | $\mu$ | ミュー | mu |
| $\nu$ | ニュー | nu | $\xi, \Xi$ | クシー | xi |
| $o$ | オミクロン | omicron | $\pi, \Pi$ | パイ | pi |
| $\rho$ | ロー | rho | $\sigma, \Sigma$ | シグマ | sigma |
| $\tau$ | タウ | tau | $\upsilon, \Upsilon$ | ウプシロン | upsilon |
| $\phi, \Phi$ | ファイ | phi | $\chi$ | カイ | chi |
| $\psi, \Psi$ | プサイ | psi | $\omega, \Omega$ | オメガ | omega |

### 数の集合

| $\mathbb{C}$ 複素数全体 | $\mathbb{R}$ 実数全体 | $\mathbb{Q}$ 有理数全体 |
|---|---|---|
| $\mathbb{Z}$ 整数全体 | $\mathbb{N}$ 自然数全体 | $\emptyset$ 空集合 |

### その他

(1) $x \in X$ と書いたら,「$x$ は集合 $X$ に属する」すなわち「$x$ は $X$ の元」という意味.

(2) 「条件 … を満たす $X$ の元全体の集合」を $\{x \in X \mid (x$ に関する条件 … $)\}$ の形で表す. たとえば自然数は「正の整数」のことなので, $\mathbb{N} = \{n \in \mathbb{Z} \mid n > 0\}$ と表される.

(3) $X \subset Y$ は $X \subseteq Y$ と同じで,「集合 $X$ は集合 $Y$ に含まれる」という意味.

(4) $A := B$ は「$A$ を $B$ で定義する」, という意味. たとえば $e := \lim_{n \to \infty} \left(1 + \frac{1}{n}\right)^n$.

(5) $P \Longleftrightarrow Q$ は「$P$ ならば $Q$」かつ「$Q$ ならば $P$」という意味. すなわち $P$ と $Q$ は互いに必要十分条件(同値).

(6) 有限個の数列 $a_1, a_2, \cdots, a_n$ に対し, その最大値を
$$\max_{1 \leqq k \leqq n} a_k, \quad \max\{a_1, a_2, \cdots, a_n\}, \quad \max\{a_k \mid 1 \leqq k \leqq n\}$$
のように表し, 最小値も
$$\min_{1 \leqq k \leqq n} a_k, \quad \min\{a_1, a_2, \cdots, a_n\}, \quad \min\{a_k \mid 1 \leqq k \leqq n\}$$
のように表す.

# 目次

はじめに … i
本書で用いる数学の記号 … iii

## 第Ｉ部　**1 変数の微分積分** … 1

### 第1章　**数と極限** … 2
1.1　「1 変数微分積分学」の目標 … 2
1.2　誤差と精度，小数のはなし … 3
1.3　数列の収束 … 6
1.4　実数の連続性 … 8
コラム　浮動小数点数 … 11

### 第2章　**実数の連続性と $e$** … 13
2.1　極限の存在 … 13
2.2　自然対数の底 … 14
2.3　その他の極限と三角不等式 … 16
コラム　テイラー展開への道のり … 19

### 第3章　**関数の極限と連続性** … 20
3.1　区間と関数 … 20
3.2　関数の極限 … 21
3.3　関数の連続性 … 24

### 第4章　**中間値の定理と逆関数** … 28
4.1　中間値の定理と二分法 … 28
4.2　閉区間における最大・最小値の存在 … 31
4.3　1 対 1 関数と逆関数 … 31
4.4　正の数の有理数乗・無理数乗 … 34

### 第5章　**指数・対数関数と三角・逆三角関数** … 38
5.1　指数関数と対数関数 … 38
5.2　三角・逆三角関数 … 40

### 第6章　**微分と 1 次近似** … 45
6.1　微分可能性 … 45
6.2　ランダウの記号と 1 次近似 … 46
6.3　1 次近似の応用 … 49
6.4　導関数と微分の公式いろいろ … 50

## 第 7 章　平均値の定理 ⋯ 55
- 7.1　ロルの定理と平均値の定理 ⋯ 55
- 7.2　関数の増減への応用 ⋯ 57
- 7.3　ロピタルの定理 ⋯ 59
- コラム　ロピタルの定理に関する警告 ⋯ 62

## 第 8 章　テイラー展開 ⋯ 64
- 8.1　$n$ 階導関数と $C^n$ 級関数 ⋯ 64
- 8.2　テイラー展開 ⋯ 66
- 8.3　マクローリン級数 ⋯ 69
- 8.4　テイラー展開の証明 ⋯ 71
- コラム　べき級数の微分積分 ⋯ 73

## 第 9 章　テイラー展開の応用 ⋯ 75
- 9.1　$e$ の計算 ⋯ 75
- 9.2　極限の計算 ⋯ 76
- 9.3　二項級数 ⋯ 77
- 9.4　グラフの凹凸と極大・極小の判定 ⋯ 78
- 9.5　漸近展開とその応用 ⋯ 79
- コラム　関数の凸性と 2 階微分 ⋯ 82

## 第 10 章　微積分の基本定理 ⋯ 84
- 10.1　定積分 ⋯ 84
- 10.2　不定積分と微積分の基本定理 ⋯ 87
- 10.3　原始関数と微積分の基本定理 2 ⋯ 88
- 10.4　置換積分と部分積分 ⋯ 90

## 第 11 章　定積分の計算と応用 ⋯ 95
- 11.1　有理式の積分 ⋯ 95
- 11.2　無理関数・三角関数の積分 ⋯ 97
- 11.3　曲線の長さ ⋯ 98

## 第 12 章　広義積分 ⋯ 102
- 12.1　広義積分 ⋯ 102
- 12.2　開区間での広義積分 ⋯ 104
- 12.3　広義積分の収束・発散 ⋯ 105
- 12.4　ガンマ関数 ⋯ 106
- 12.5　ベータ関数 ⋯ 108

## 第13章　数値解析 … 110
- 13.1　ニュートン法 … 110
- 13.2　数値積分とリーマン和 … 114
- 13.3　シンプソン則 … 116

## 第14章　微分方程式 … 120
- 14.1　微分方程式 … 120
- 14.2　ウサギの数を予測する … 123
- 14.3　方向場 … 125
- 14.4　1階線形微分方程式 … 127

## 第II部　2変数の微分積分 … 129

## 第15章　多変数の1次関数 … 130
- 15.1　多変数関数の例 … 130
- 15.2　多変数関数のグラフ … 131
- 15.3　1次関数とベクトルの内積 … 132
- 15.4　1次関数の等高線グラフ … 135
- 15.5　1次関数の3次元グラフ … 137

## 第16章　多変数関数の極限と連続性 … 139
- 16.1　言葉の準備 … 139
- 16.2　2変数関数の極限 … 141
- 16.3　関数の連続性 … 144

## 第17章　全微分と接平面 … 147
- 17.1　1次近似と全微分 … 147
- 17.2　接平面 … 150
- 17.3　勾配ベクトル … 151
- コラム　点と直線の距離の公式 … 153

## 第18章　偏微分 … 154
- 18.1　全微分の係数の意味 … 154
- 18.2　偏微分 … 155
- 18.3　全微分 vs. 偏微分 … 157

## 第19章　合成関数と微分 … 160
- 19.1　合成関数の微分 … 160

## 第20章　変数変換とヤコビ行列 … 166
- 20.1　2変数関数の変数変換 … 166
- 20.2　変数変換の微分とヤコビ行列 … 167
- 20.3　変数変換の合成と逆変換 … 171

## 第21章　変数変換と勾配ベクトル … 175
- 21.1　変数変換と偏微分 … 175
- 21.2　合成関数の偏微分の公式 … 175
- 21.3　勾配ベクトルの変換公式 … 178

## 第22章　2変数のテイラー展開 … 182
- 22.1　高階の偏導関数 … 182
- 22.2　2次のテイラー展開 … 185
- 22.3　一般次数のテイラー展開 … 190

## 第23章　極大・極小と判別式 … 192
- 23.1　2変数関数の極大と極小 … 192
- 23.2　判別式による極値の判定法 … 194

## 第24章　陰関数定理と条件付き極値問題 … 200
- 24.1　条件付き極値問題 … 200
- 24.2　陰関数定理 … 200
- 24.3　ラグランジュの未定乗数法 … 205

## 第25章　重積分 … 209
- 25.1　多変数の積分の目的 … 209
- 25.2　重積分の定義 … 210
- 25.3　面積の定義と重積分の性質 … 213

## 第26章　累次積分と積分の順序交換 … 217
- 26.1　タテ線領域・ヨコ線領域と累次積分 … 217
- 26.2　積分の順序交換 … 220

## 第27章　重積分の変数変換 … 223
- 27.1　重積分の変数変換 … 223
- 27.2　1次変換と極座標変換 … 226
- 27.3　ガウス積分 … 229

## 第28章　体積と曲面積 … 231
- 28.1　グラフで囲まれた部分の体積 … 231
- 28.2　曲面積の定義 … 233

28.3　体積と曲面積 … 236

## 第29章　線積分とグリーンの定理 … 239
　　　29.1　勾配ベクトル場の線積分 … 239
　　　29.2　一般のベクトル場の線積分 … 242
　　　29.3　グリーンの定理 … 244

　　　演習問題のヒントと略解 … 248
　　　索引 … 259

第Ⅰ部
# 1変数の微分積分

# 第1章

# 数と極限

ここではまず,「1変数の微分積分学」を貫く概念的な目標を設定しよう.
そのうえで,微分積分学の土台となる「実数の連続性」について学ぶ.

## 1.1 「1変数微分積分学」の目標

本書の前半では,高校で学んだ微分・積分の知識をベースにして,「1変数の微分積分学」を体系的に学ぶ.とくに「近似値」や「誤差」の扱いにこだわることで,実用の世界との距離を縮め,高校数学との明確な差別化を図りたいと思う.そこで,ひとつの理想的な到達点として,次のような目標を掲げておこう:

> **「1変数微分積分学」の目標** 与えられた関数 $f(x)$ に対し,
> (1) 各 $x$ における $f(x)$ の値(よって関数のグラフの形も)
> (2) 方程式 $f(x) = 0$ の解
> (3) 積分 $\int_a^b f(x)\,dx$ の値
>
> の**真の値**(**厳密値**),もしくは必要な精度の**近似値**を計算できるようになること.

たとえば統計学でもっとも基本的な「ガウス積分」とその値は,次で与えられる[1]:

$$\int_{-\infty}^{\infty} e^{-x^2}\,dx = \sqrt{\pi}.$$

$e$ と $\pi$ の意外な結びつきが面白い等式である.しかしこの式には,具体的な「量」としての情報が一切欠けている.右辺の記号 $\sqrt{\pi}$ が意味するものは「2乗したら $\pi$ になる正の数」だが,いったいどのくらいの値をもつのだろうか.実用の場で

---

[1] 定理 27.2 参照.

通用するのはすべて「数値」，すなわち生の数字である．どこかでだれかが，円周率 π の近似値をたとえば 3.1416 と求め，さらに方程式 $x^2 = 3.1416$ を数値的に解いて，$\sqrt{\pi} \approx 1.772$ といった具体的な「量」を手に入れなくてはならない．

微分積分学には，そこまでの道筋を整備する力がある．私たちは，そのような力を身につけたいのである．

もちろん「真の値」を知ることは理論を構成する上で重要でありひとつの目標だが，微分積分が実学として体をなすためには，「真の値」を種として必要な精度の「近似値」を生成する方法が確立されていなければならない．本書の趣旨はこうした近似計算をマスターすることではないが，そのような目標を新たに意識することで，「定義」や「定理」の見え方がずいぶんと変わってくるというものだ．

ちなみに，生の数字を扱う以上は，小数計算を激しく繰り返すことになる．手計算で，と考えると本当にうんざりしてしまうが，現在はコンピューター（パソコン）のおかげでほとんどストレスなく実行できる．昔（ほんの数十年前！）の人たちの苦労がしのばれるが，根底にある計算原理は今も昔も変わらない．その変わらない部分を継承し，発展させ，後世に残すのも私たちの務めだといえるだろう．

## 1.2 誤差と精度，小数のはなし

「誤差」や「精度」とは何を意味するのか，確認しておこう．たとえば円周率 $\pi = 3.141592\cdots$ は無理数であることが知られているが，古代から近似値としてさまざまな有理数が用いられてきた．たとえば $\frac{22}{7} = 3.142857\cdots$ をその近似値として，半径 2 m（メートル）の円板の面積を計算してみよう．まず「真の値」$A$ は

$$A = \pi \times 2^2 = 12.56637\cdots \text{ m}^2$$

となる．一方，22/7 を用いた「近似値」$a$ は

$$a = \frac{22}{7} \times 2^2 = 12.57142\cdots \text{ m}^2$$

となる．これらの「誤差」をふた通り，次のように定義する．

> **定義（絶対誤差と相対誤差）** 真の値 $A$ に対し実数 $a$ を近似値とみなすとき，差の絶対値
> $$|a - A|$$
> を絶対誤差もしくは単に**誤差**とよび，$A \neq 0$ のとき
> $$\frac{|a - A|}{|A|}$$
> を**相対誤差**とよぶ．

「相対誤差」は単なる数字の上での差ではなく，誤差の割合を計算している．

**例1** 半径 $2\,\mathrm{m}$ の円板の面積の場合，
$$|a - A| = 0.00505\cdots \ \mathrm{m}^2, \quad \frac{|a - A|}{|A|} = 0.000402\cdots$$
と計算できる（電卓等で確かめよ）．したがって，絶対誤差は約 $50\,\mathrm{cm}^2$ となり，これは一片 $7\,\mathrm{cm}$ の正方形程度の差である．また，相対誤差は約 $0.04\%$ であり，たとえば「$1\,\mathrm{m}$ の長さに対して $0.4\,\mathrm{mm}$ 程度の差」「1万円に対して4円程度の差」，と考えれば，直観的に把握しやすいだろう．この誤差を大きいとみなすか，小さいとみなすかは，私たちの置かれた状況と主観で決まる．

**数値の表現** 地球の質量をリンゴ1個の質量で近似するのはばかげている．数値には「大きさのランク」というものがあって，たとえば整数部分が何桁の数字になるかとか，小数点以下何桁であるとか，そのような「桁数」で数の大小に大雑把な区別をつける．

0 でない実数 $A$ が与えられているとき，$1 \leqq \alpha < 10$ を満たす実数と整数 $N$ を選んで，
$$A = \pm \alpha \times 10^N \tag{1.1}$$
の形で「一意的」に表現できる．すなわち，「$\alpha$ と $N$ の選び方はひと通りだけ」である．これを実数 $A$ の**指数表記**といい，$\alpha$ は**仮数**とよばれ，$N$ は**指数**とよばれる．

たとえば地球の質量はだいたい $6 \times 10^{24}$ kg, リンゴ1個は大きくても $4 \times 10^{-1}$ kg 程度であるから，文字通り，地球のほうが「桁違い」に大きいのである．逆に指数部分が近ければ，数の「大きさのランク」は近く，近似値としてより妥当だと考えられる[2]．

次に仮数 $\alpha$ に目を向けてみよう．1以上10未満の実数は一般に

$$\alpha = p_0 + \frac{p_1}{10^1} + \frac{p_2}{10^2} + \cdots \tag{1.2}$$

(ただし $p_k$ は0から9までの整数, $p_0 \neq 0$) の形の無限級数で表現される[3]．これを小数で表したものが

$$\alpha = p_0.p_1p_2p_3\cdots \tag{1.3}$$

である．少し厄介なことに，この表現は「一意的」ではない．たとえば

$$3.00000\cdots = 2.99999\cdots \quad 8.310000\cdots = 8.309999\cdots$$

といった等式が成立している．右辺のように9を並べた表現には違和感があるだろうが，式 (1.2) の無限級数で考えたときに「量としては区別できない」ことを理由に，これらを「同じもの」とみなすのがならわしである[4]．

**小数と精度** ある数の近似値を求めるときは，目標とする「精度」を設定するのが普通である．たとえば「小数点以下 $m$ 桁まで一致させる」といった具合である．

一般に真の値 $A$ と近似値 $a$ を式 (1.3) の形で表現したとき，「$A$ と $a$ が小数点以下 $m$ 桁まで一致する」ならば，絶対誤差について

$$|a - A| < \frac{1}{10^m} \tag{1.4}$$

が成り立つ（ただし，上のように9を並べた小数は考えない）．

たとえば円周率 $\pi = 3.141592\cdots$ に対し $a_1 = 22/7 = 3.142857\cdots$ を近似値とした場合，これらは小数点以下2桁まで一致しており，

$$|a_1 - \pi| = 0.00126\cdots < 0.01 = \frac{1}{10^2}$$

---

[2] 習慣的に，数の大きさの「ランク」にあたるものを**オーダー**とよぶ．「地球とリンゴの重さはオーダーが違う」，「オレンジとリンゴの重さはオーダーが同じ」と表現される．

[3] 有限小数の場合，$p_k$ は途中からすべて0となる．

[4] 見た目に惑わされずに，同じ量にふたつの「名前」をつけているだけだと考えるのが合理的だろう．

が成り立つ．2世紀ごろの天文学者プトレマイオスは $\pi$ の近似値として $a_2 = 377/120 = 3.141666\cdots$ を用いたとされるが，こちらは小数点以下3桁まで一致しており，

$$|a_2 - \pi| = 0.000074\cdots < 0.001 = \frac{1}{10^3}$$

が成り立つ．

しかし，一般には絶対誤差について式 (1.4) が成り立つからといって，「$A$ と $a$ が小数点以下 $m$ 桁まで一致する」とは限らない．小数には「繰り上がり」という面倒な性質があるからである[5]．ともあれ，私たちの量的感覚は小数にかなり依存しているから，式 (1.4) を「小数点以下 $m$ 桁一致相当」として近似精度の目安にすることは理にかなっているように思われる．

## 1.3 数列の収束

冒頭で「1変数微分積分学の目標」として掲げたとおり，私たちは現実的かつ実用上の問題として，関数や積分の具体的な値を求めたいのである．そのためには，いつでも，誰にでも実行できるような「手順」（アルゴリズム）が与えられているべきであろう．

たとえば次章で考える数列

$$a_n = \left(1 + \frac{1}{n}\right)^n \quad (n = 1, 2, 3, \cdots)$$

や，第13章で考える漸化式

$$a_1 = 2, \quad a_{n+1} = \frac{a_n}{2} + \frac{1}{a_n} \quad (n = 1, 2, 3, \cdots)$$

が定める数列はそれぞれ自然対数の底 $e$ と $\sqrt{2}$ の近似値を与える（定理2.1，第13.1節参照）．微分積分学は，近似値 $a_n$ の近似精度が $n$ の増加とともに着実に高まることを理論的に保証してくれるのである．

このように，「誤差が $0$ に近づく」状況を数学の言葉で定式化したものが，「数列の収束性」である：

---

[5] 実際，$|a_2 - \pi| < 1/10^4$ だが $a_2$ と $\pi$ は小数点以下3桁しか一致しない．$\pi = 3.141592\cdots$ と $a_2 = 3.141666\cdots$ の間で，小数点以下4桁目に繰り上がりが起きるからである．

**定義（数列の収束と極限）** 数列 $\{a_n\}$ が**収束する**とは，ある実数 $A$ が存在して，$n$ が増加するとき絶対誤差 $|a_n - A|$ が<u>限りなく $0$ に近づく</u>ことをいう．これを
$$\lim_{n\to\infty} a_n = A \quad \text{もしくは} \quad a_n \to A \quad (n \to \infty)$$
と表し，この $A$ を数列 $\{a_n\}$ の**極限**とよぶ．
 $\{a_n\}$ がどの実数にも収束しないとき，**発散する**という．

「数列 $\{a_n\}$ は $A$ に収束する」とか，「数列 $\{a_n\}$ は $A$ を極限にもつ」ともいう．また，「$n \to \infty$ のとき $a_n \to A$」と書くことも多い．

**注意** （下線部について）「誤差 $|a_n - A|$ が限りなく $0$ に近づく」というのは，式 (1.4) の意味でどれだけ高い近似精度を目標に設定しても，数列 $\{a_n\}$ がいつかはその精度を実現する，ということである．具体的には，自然数 $m$ をどんなに大きく選んでも，十分に大きな $n$ すべてに対し $|a_n - A| < 1/10^m$ が成り立ち，$a_n$ は「小数点以下 $m$ 桁一致相当」の近似値となる．

厳密さを追求する場合は，$\epsilon$-$N$ 論法とよばれる手法を用いて定式化する．

**極限の性質** 数列の極限の性質をおさらいしておこう（証明は略）．

**公式 1.1（極限の四則）** 数列 $\{a_n\}$, $\{b_n\}$ がそれぞれ $A$, $B$ に収束するとき，次が成り立つ．

(1) $\lim_{n\to\infty}(a_n \pm b_n) = A \pm B$.

(2) $\lim_{n\to\infty} a_n b_n = AB$.

(3) $B \neq 0$ のとき，$\lim_{n\to\infty} \dfrac{a_n}{b_n} = \dfrac{A}{B}$.

数列 $a_n$ と $b_n$ がそれぞれ $\sqrt{2}$ と $\sqrt{3}$ の近似値であるとき，$a_n b_n$ は $\sqrt{2}\sqrt{3} = \sqrt{6}$ の近似値になると期待される．(2) の性質は，$n$ が増えて $a_n$ と $b_n$ の近似値としての精度が上がれば，$a_n b_n$ が $\sqrt{6}$ を近似する精度も確実に上がることを保証している．

次は有名な「はさみうちの原理」である：

**命題 1.2（大小関係の保存性・はさみうちの原理）** 数列 $\{a_n\}$, $\{b_n\}$ がそれぞれ $A$, $B$ に収束するとき，次が成り立つ．

(1) すべての $n$ で $a_n < b_n$ であれば，$A \leqq B$.
(2) 数列 $\{c_n\}$ がすべての $n$ で $a_n < c_n < b_n$ を満たし，かつ $A = B$ であるとき，$\lim_{n \to \infty} c_n = A$.

ただし，不等号 $<$ はいずれも $\leqq$ と置き換えてよい．

## 1.4 実数の連続性

**極限は本当に存在するのか？** 与えられた数列が収束することを，「極限の値を知らない状態で」保証するにはどうしたらよいだろうか？

たとえば一般項 $a_n = \left(1 + \dfrac{1}{n}\right)^n$ で定義される数列 $\{a_n\}$ を $n = 10, 10^2, 10^3, \cdots$ に対し計算すると次の表のようになり，一定の値に収束しているように見える：

| $n$ | $a_n$ |
|---|---|
| 10 | 2.59374246 |
| $10^2$ | 2.70481382 |
| $10^3$ | 2.71692393 |
| $10^4$ | 2.71814592 |

| $n$ | $a_n$ |
|---|---|
| $10^5$ | 2.71826823 |
| $10^6$ | 2.71828046 |
| $10^7$ | 2.71828169 |
| $10^8$ | 2.71828179 |

しかし，この数列の値を「最後まで」計算しつくした者はだれもいない．収束性の定義に従うならば，「ある $e$ という実数が存在」して，「誤差 $|a_n - e|$ が限りなく 0 に近づく」というふたつのことを確認しなくてはならないが，そのような実数 $e$ の存在は何によって保証されているのだろうか？

**実数の構成** 長い数学の歴史の中で，人類が上の問いに完全な解答を得たのは，19 世紀も後半になってからのことである．この時代のもっとも重要なイノベーションは，数学者たちが初めて，「実数はあたりまえに存在しているものではなく，人工的に構成すべきもの」と認識したことであった．

たとえば，$\sqrt{2}$ という数の「存在」について考えてみよう．それは単位正方形の対角線の長さであるし，直観的には疑いようがないように思われる．無批判的に $\sqrt{2}$ という数の存在を認めると，あらゆる計算がうまくいくし，説明がつく．しかし，「説明がつく」かどうかと，「存在する」かどうかは，まったくの別問題である．「神さま」の存在を仮定すれば世の中の万事に説明がつくが，それは「神さま」の存在を保証するわけではない．

まず当時の数学者たち[6]は,「実数」が存在するならば,それはどのような性質を満たすべきかを考えた.たとえば,実数とは有理数を含む数の体系であり,普通に四則演算ができなくてはならない.また,さきほどの数列 $\{a_n\}$ の極限 $e$ や,$\sqrt{2}$ が存在することが保証できるようなものでなくてはならない.

その上で,これらの性質を満たす「実数の集合」を,「有理数の集合」をもとに厳密に構成してみせたのである.具体的な方法を本書で解説する余裕はないが,とにかく「実数とは何か」と聞かれたとき,「このように作られる集合の元です」と,自信をもって答えられるようになったのである.

私たちはこの「実数の集合」を,記号 $\mathbb{R}$ で表す.

**実数の連続性**　実数の性質の中でもっとも特徴的であり,$e$ や $\sqrt{2}$ の存在を保証するために必要なのが,「実数の連続性」とよばれる性質である.

まずはいくつか言葉の準備をしておく.

**定義（数列の単調性）**

- 数列 $\{a_n\}$ がすべての $n$ に対し $a_n \leq a_{n+1}$ $[a_n < a_{n+1}]$ であるとき,**単調増加**［真に単調増加］であるという.
- 数列 $\{a_n\}$ がすべての $n$ に対し $a_n \geq a_{n+1}$ $[a_n > a_{n+1}]$ であるとき,**単調減少**［真に単調減少］であるという.

単調増加または単調減少な数列は,**単調な数列**とよばれる.

次に数列がある一定の範囲に収まっている状況を述べるための言葉を定義する:

**定義（有界性）**　数列 $\{a_n\}$ が**上に有界**［**下に有界**］であるとは,すべての $n$ に対し $a_n \leq M$ $[a_n \geq M]$ が成り立つような実数 $M$ が存在することをいう.

また,数列 $\{a_n\}$ が上にも下にも有界であるとき,単に**有界**であるという.

たとえば「上に有界な数列」とは,実数 $M$ の場所に壁があり,そこより右側に数列が値をとらないことをいう.

---

[6] 1870年ごろ,メレ,カントール,デデキント,ワイエルシュトラスらが独立に,厳密かつ具体的な実数の構成方法を与えた.

**実数の連続性**　実数は次の性質を満たすように構成されている：

> **「実数の連続性」**　単調増加［減少］かつ上に［下に］有界な数列は，ある実数に収束する．

数直線上の $x = M$ という場所に壁を作っておき，それを超えないが単調増加な数列 $\{a_n\}$ を考えると，ある値に収束するであろう．

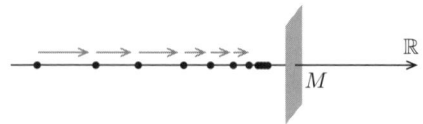

実数の集合 $\mathbb{R}$ は，この「実数の連続性」を満たすように人工的に構成された既製品のように考えてよい，ということである[7]．

**例2**　($e$ の存在)　一般項 $a_n = \left(1 + \dfrac{1}{n}\right)^n$ で与えられる数列は真に単調増加かつ上に有界である（次章，定理 2.1）．「実数の連続性」よりこの数列は収束し，その極限を $e$ と定めるのである．

**例3**　($1 = 0.9999\cdots$)　数列 $\{a_n\}$ が

$$a_1 = 0.9, \quad a_2 = 0.99, \quad a_3 = 0.999, \quad \cdots$$

で与えられているとしよう．この数列は明らかに単調増加であり，すべての $n$ で $a_n < 1$ を満たすから上に有界．よって「実数の連続性」より，極限 $A = \lim\limits_{n \to \infty} a_n$ が存在する．この極限を $0.999999\cdots$ と表すのは自然であろう．

一方 $a_n = 1 - \dfrac{1}{10^n}$ であるから，

$$|a_n - 1| = \frac{1}{10^n} \to 0 \quad (n \to \infty).$$

よって $A = 1$ でなくてはならない．これは等式

$$1.00000\cdots = 0.99999\cdots$$

---

[7]　「(実数の) 連続性の公理」とよばれることもある．公理というのは，理論の前提となる仮定のことである．ちなみに「連続性」というのは関数の連続性 (第3章) とは異なる概念で，無理数が有理数と有理数の間を隙間なく埋め尽くしている状況を表現した言葉である．

の説明（これらが「量」として区別されるべきでないことの理論的な正当化）の
ひとつである．

---

COLUMN | 浮動小数点数

　この先，生（なま）の数値をパソコンで扱うことを想定して，コンピューターが実際に扱うことができる数について少し知っておこう．

**浮動小数点数**　ひとつの記憶素子（0 または 1 の値をとる半導体回路）が蓄えることができる情報量を **1 ビット**とよび，8 ビットを普通 **1 バイト**とよぶ．現在のパソコンは何ギガバイトものデータを扱うことができるが，1 ギガバイトは $2^{30}$ バイト，すなわち $2^{33}$ ビット（約 85.9 億ビット）に相当する．莫大な量でいまひとつ実感がわかないが，それでも有限の情報量であることには違いない．

　さて数値計算で主に用いられるのは，**浮動小数点数**とよばれる

$$\pm \left(1 + \frac{p_1}{2} + \frac{p_2}{2^2} + \cdots + \frac{p_N}{2^N}\right) \times 2^e$$

（ただし $p_k$ は 0 もしくは 1，$e$ は整数）の形の数である．これは 2 進数による「指数表記」であり，括弧内を**仮数**，$e$ を**指数**とよぶ．もちろん $N$ や $e$ は有限の値である．数値計算でよく用いられるのは**倍精度**とよばれる浮動小数点数の体系で，通常 $N = 52$，$e$ は $-1022$ から $1023$ までの整数とする．符号（±）に 1 ビット，仮数に 52 ビット，指数に 11 ビットを用いて，合計 64 ビットで表現される数ということになる．

**浮動小数点数と誤差**　倍精度浮動小数点数の体系では結局，高々 $2^{64}$ 種類の数しか扱うことができない．すなわち，実数全体を $2^{64}$ 個の浮動小数点数（有理数）で近似しているのである．

　あらゆる四則演算をこの範囲で行うのだから，必然的に誤差が生じる．仮に $A$ と $B$ が浮動小数点数でも，積 $A \cdot B$ や商 $A/B$ が浮動小数点数でないかもしれない．この場合は適当にその答を有限個の浮動小数点数の中から選んで近似することになる．$\sin A$ や $e^B$ といった関数の値を考えるときも同様である．

　このように，数値計算では理論上の誤差だけでなく，運用上の誤差にも配慮しなくてはならない．ただしこれは，近似値から何らかの厳密な値を引き出すのに必要

な配慮であって，実験的な数値計算ではおおらかな気持ちで浮動小数点数の範疇で計算し，未知の現象のラフスケッチを描くのが普通である（それでも，意外と信憑性のある実験結果が得られることが多い）．

みなさんも，デジタルカメラで撮った写真を実物のように美しいと感じたことがあるはずだ．デジタルの力を侮ってはいけない．

## 演習問題

**問 1.1** （無理数） $\sqrt{2}$ は無理数であることを証明せよ．

**問 1.2** （循環小数） 正の実数 $\alpha$ を 10 進法の小数で

$$\alpha = p_0.p_1p_2p_3\cdots$$

(ただし $p_0$ は負でない整数，それ以外の $p_k$ ($k \geq 1$) は 0 から 9 までの整数）と表す．ある自然数 $L$ と $M$ が存在し，「$k \geq L$ ならば $p_k = p_{k+M}$」を満たすとき，$\alpha$ は循環小数であるという．

$\alpha$ が有理数であれば循環小数であり，その逆も正しいことを示せ．

# 第2章

# 実数の連続性と $e$

「実数の連続性」を用いて，「自然対数の底」$e$ の存在を確認しよう．

## 2.1 極限の存在

まずは前章で紹介した「実数の連続性」について復習しよう．

> **復習（数列の単調性・有界性・実数の連続性）**
> - 数列 $\{a_n\}$ が **単調増加［減少］** であるとは，すべての $n$ に対し $a_n \leqq a_{n+1}$ $[a_n \geqq a_{n+1}]$ が成り立つことをいう．
> - 数列 $\{a_n\}$ が **上に有界［下に有界］** であるとは，ある実数 $M$ が存在し，すべての $n$ に対し $a_n \leqq M$ $[a_n \geqq M]$ が成り立つことをいう．
> - 「**実数の連続性**」：単調増加［減少］かつ上に有界［下に有界］な数列は，ある実数に収束する．

「実数の連続性」を用いると，与えられた数列に対し，極限の具体的な値を知らない状態でその収束性を保証することができる．ひとつ典型的な例題を解いてみよう：

**例題 2.1**（漸化式と極限） 漸化式 $a_1 = 1, a_{n+1} = \sqrt{2a_n + 1}$ で与えられる数列は収束することを示せ．また，その極限を求めよ．

**解** 単調性　$a_2 = \sqrt{3} > a_1$ である．$a_{k+1} > a_k$ と仮定すると，

$$a_{k+2} - a_{k+1} = \sqrt{2a_{k+1} + 1} - \sqrt{2a_k + 1} = \frac{2(a_{k+1} - a_k)}{\sqrt{2a_{k+1} + 1} + \sqrt{2a_k + 1}} > 0.$$

よって数学的帰納法により，すべての自然数 $n$ について $a_{n+1} > a_n$.

**有界性** 方程式 $x = \sqrt{2x+1}$ の解 $1+\sqrt{2}$ を $\alpha$ とする[1]. まず $\alpha > a_1 = 1$ は明らか. $\alpha > a_k$ と仮定すると,

$$\alpha - a_{k+1} = \sqrt{2\alpha+1} - \sqrt{2a_k+1} = \frac{2(\alpha - a_k)}{\sqrt{2\alpha+1} + \sqrt{2a_k+1}} > 0.$$

よって数学的帰納法により, すべての自然数 $n$ について $\alpha > a_n$ が示された.

**収束性** 数列 $\{a_n\}$ は単調増加, 上に有界であるから, 「実数の連続性」より極限 $\beta = \lim_{n\to\infty} a_n$ をもつ. 漸化式より $\beta = \sqrt{2\beta+1}$ を満たすから, $\beta = \alpha = 1+\sqrt{2}$ でなくてはならない. ∎

## 2.2 自然対数の底

「実数の連続性」の応用として, 「自然対数の底」$e$ を定義しよう:

**定理 2.1** ($e$ の存在) 一般項 $a_n = \left(1 + \dfrac{1}{n}\right)^n$ で与えられる数列は収束し, その極限 $e$ は $2 < e \leqq 3$ を満たす.

**定義** ($e$ の定義) 上の $e$ を**自然対数の底**とよぶ. すなわち,
$$e := \lim_{n\to\infty} \left(1 + \frac{1}{n}\right)^n. \quad (= 2.718281828459\cdots)$$

あとで学ぶ「テイラー展開」を用いると, $e = 1 + \dfrac{1}{1!} + \dfrac{1}{2!} + \dfrac{1}{3!} + \cdots$ と無限級数でも表現できる. 数値計算としては, こちらを用いたほうが収束が速い (第 9.1 節).

**証明** (定理 2.1) $\{a_n\}$ が真に単調増加 (すなわち $a_n < a_{n+1}$) かつ上に有界であることを示そう.

**単調性** 二項定理より

$$a_n = \left(1+\frac{1}{n}\right)^n = \sum_{k=0}^{n} {}_n\mathrm{C}_k \cdot 1^{n-k} \cdot \left(\frac{1}{n}\right)^k = 1 + \sum_{k=1}^{n} {}_n\mathrm{C}_k \cdot \left(\frac{1}{n}\right)^k. \quad (2.1)$$

---

[1] この $\alpha$ は漸化式から予想される極限. 実際, もし $\alpha = \lim_{n\to\infty} a_n$ が存在すると仮定すれば, $\alpha = \lim_{n\to\infty} a_{n+1} = \lim_{n\to\infty} \sqrt{2a_n+1} = \sqrt{2\alpha+1}$. 細かいことをいうと, 最後の等式では関数 $y = \sqrt{2x+1}$ が連続関数 (第3章) であることを使っている.

ここで下線部について，

$$\begin{aligned}
\underline{{}_n\mathrm{C}_k \cdot \left(\frac{1}{n}\right)^k} &= \frac{1}{k!} \cdot \frac{n}{n} \cdot \frac{n-1}{n} \cdot \frac{n-2}{n} \cdot \ldots \cdot \frac{n-k+1}{n} \\
&= \frac{1}{k!} \cdot 1 \cdot \left(1 - \frac{1}{n}\right) \cdot \left(1 - \frac{2}{n}\right) \cdot \ldots \cdot \left(1 - \frac{k-1}{n}\right) \\
&< \frac{1}{k!} \cdot 1 \cdot \left(1 - \frac{1}{n+1}\right) \cdot \left(1 - \frac{2}{n+1}\right) \cdot \ldots \cdot \left(1 - \frac{k-1}{n+1}\right) \\
&= \frac{1}{k!} \cdot \frac{n+1}{n+1} \cdot \frac{n}{n+1} \cdot \frac{n-1}{n+1} \cdot \ldots \cdot \frac{n-k+2}{n+1} \\
&= \underline{\underline{{}_{n+1}\mathrm{C}_k \cdot \left(\frac{1}{n+1}\right)^k}}.
\end{aligned} \quad (2.2)$$

よって式 (2.1) の下線部を 2 重下線部で置き換えて

$$a_n < 1 + \sum_{k=1}^{n} \underline{{}_{n+1}\mathrm{C}_k \cdot \left(\frac{1}{n+1}\right)^k} < 1 + \sum_{k=1}^{\boldsymbol{n+1}} \underline{{}_{n+1}\mathrm{C}_k \cdot \left(\frac{1}{n+1}\right)^k} \quad (\text{項を増やした})$$

$$= \sum_{k=0}^{n+1} {}_{n+1}\mathrm{C}_k \cdot 1^{(n+1)-k} \cdot \left(\frac{1}{n+1}\right)^k$$

$$= \left(1 + \frac{1}{n+1}\right)^{n+1} = a_{n+1}.$$

よって数列 $\{a_n\}$ は真に単調増加である．

**有界性** すべての自然数 $n$ に対し，$a_n < 3$ であることを示そう．$k \geqq 1$ のとき，式 (2.2) から

$$\underline{{}_n\mathrm{C}_k \cdot \left(\frac{1}{n}\right)^k} = \frac{1}{k!} \cdot 1 \cdot \left(1 - \frac{1}{n}\right) \cdot \left(1 - \frac{2}{n}\right) \cdot \ldots \cdot \left(1 - \frac{k-1}{n}\right) \leqq \frac{1}{k!}$$

が成り立つ．さらに

$$\frac{1}{k!} = \frac{1}{1 \cdot 2 \cdot 3 \cdot \ldots \cdot k} \leqq \frac{1}{1 \cdot 2 \cdot 2 \cdot \ldots \cdot 2} = \frac{1}{2^{k-1}}$$

であるから，式 (2.1) より

$$a_n = 1 + \sum_{k=1}^{n} \underline{{}_n\mathrm{C}_k \cdot \left(\frac{1}{n}\right)^k} \leqq 1 + \sum_{k=1}^{n} \frac{1}{2^{k-1}}$$

$$< 1 + 1 + \frac{1}{2} + \frac{1}{2^2} + \frac{1}{2^3} + \cdots = 3$$

を得る（次ページの図を参照）．よって数列 $\{a_n\}$ は上に有界である．

**収束性** 以上の議論と「実数の連続性」から，数列 $\{a_n\}$ は極限をもつ．とくに $a_1 = 2 < a_n < a_{n+1} < 3$ がすべての $n$ で成り立つから，命題 1.2 の (1) より，$2 < e \leqq 3$ が成り立つ．■

## 2.3 その他の極限と三角不等式

あとで役に立つ極限の公式と「三角不等式」とよばれる重要かつ基本的な不等式についてまとめておこう．

**公式 2.2**（役に立つ極限）$a > 0$ を定数とするとき，

(1) $\displaystyle\lim_{n \to \infty} a^{1/n} = 1.$  (2) $\displaystyle\lim_{n \to \infty} n^{1/n} = 1.$  (3) $\displaystyle\lim_{n \to \infty} \frac{a^n}{n!} = 0.$

**証明** (1) は演習問題とする（章末の問 2.3）．

(2) を示す．$n^{1/n} = 1 + h_n$（ただし $h_n > 0$）とおこう[2]．$n \geqq 2$ のとき，

$$n = (1 + h_n)^n = \sum_{k=0}^{n} {}_nC_k \cdot 1^{n-k} \cdot h_n^k$$
$$= 1 + nh_n + \frac{n(n-1)}{2} h_n^2 + \cdots + h_n^n > \frac{n(n-1)}{2} h_n^2.$$

よって

$$0 < h_n^2 < \frac{2}{n-1}.$$

はさみうちの原理（命題 1.2 (2)）より，$n \to \infty$ のとき $h_n \to 0$．よって $n^{1/n} = 1 + h_n \to 1$．

(3) $\dfrac{a}{N} < \dfrac{1}{2}$，すなわち $2a < N$ となる自然数 $N$ をひとつ選んで固定する．$n > N$ のとき，

$$0 < \frac{a^n}{n!} = \frac{a^N}{N!} \cdot \frac{a}{N+1} \cdot \frac{a}{N+2} \cdot \cdots \cdot \frac{a}{n} < \frac{a^N}{N!} \cdot \frac{1}{2} \cdot \frac{1}{2} \cdot \cdots \cdot \frac{1}{2} = \frac{a^N}{N!} \cdot \left(\frac{1}{2}\right)^{n-N}.$$

(2) と同じくはさみうちの原理により，$n \to \infty$ のとき $a^n/n! \to 0$．■

---

[2] $x > 1$ のとき $x^{1/n} > 1$ であるから，$h_n > 0$．

**三角不等式** 実数（複素数）が満たすもっとも基本的な不等式である「三角不等式」を確認しておこう．解析学を組み立てる「留め金」のような役割を果たす不等式である．

**公式 2.3（三角不等式）** $A, B$ を複素数とするとき，

$$|A| - |B| \leqq |A + B| \leqq |A| + |B| \tag{2.3}$$

が成り立つ．さらに，$A_1, A_2, \cdots, A_n$ を複素数とするとき，

$$|A_1 + A_2 + \cdots + A_n| \leqq |A_1| + |A_2| + \cdots + |A_n| \tag{2.4}$$

が成り立つ．

唐突に複素数が登場したが，本書で私たちが用いるのは実数の場合だけである[3]．

**説明** 証明は $A, B$ 等が実数の場合に限定して，演習問題（章末の問 2.4）として解いていただこう．ここでは，その意味を直観的に説明しておく（複素数の場合の証明はもう少し複雑である）．

複素数 $A + B$ とは，「複素平面上を 0 から $A$ 進み，さらに $B$ 進む」ことで得られる．ここで，$B$ の長さ $|B|$ だけを固定して，その向きを変化させると，図のように，$A + B$ の長さ $|A + B|$ の範囲は式 (2.3) の通りになる[4]．

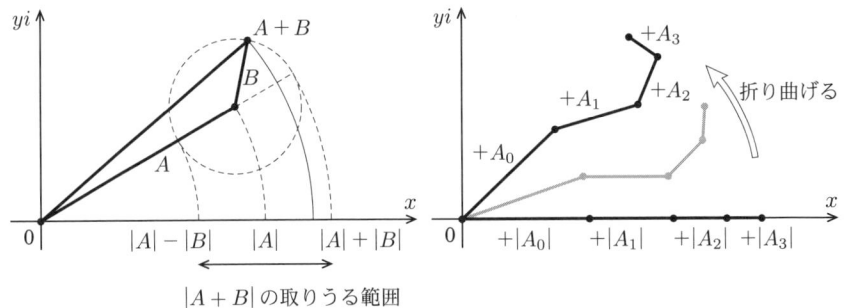

---

3) 「三角不等式」という名前は，「三角形」からきている．数直線上に三角形は見えないから，複素平面（複素数平面）を考えたのである．

4) ちなみに，式 (2.3) において $|A| - |B|$ が負になる場合もあるが，不等式自体は間違っていない．この場合は $A$ と $B$ を入れ替えて $0 \leqq |B| - |A| \leqq |B + A| \leqq |B| + |A|$ が成り立つ．

後半も同様で，原点を端点とする長さ $|A_1|+\cdots+|A_n|$ の線分を折りたたんで得られるのが $A_1+\cdots+A_n$ であり，その絶対値はもとの線分の長さ以下となる． ∎

## 演習問題

**問 2.1** $r>1$ のとき，$r^n \to \infty \ (n \to \infty)$ を証明せよ．

**問 2.2** 次の数列は収束することを示し，極限を求めよ．
(1) $a_1=1, a_{n+1}=\sqrt{a_n+1}$
(2) $a_1=1, a_{n+1}=\dfrac{3a_n+4}{2a_n+3}$
(3) $a_1=2, a_{n+1}=\dfrac{a_n}{2}+\dfrac{1}{a_n}$　（第 13 章も参照）

**問 2.3** 公式 2.2（2）の証明を参考にして，公式 2.2（1）を示せ．

**問 2.4** 三角不等式（公式 2.3）を実数の場合に限定して証明せよ．

# COLUMN | テイラー展開への道のり

本書の第 8–9 章で学ぶ「テイラー展開」は，1 変数微分積分学のハイライトのひとつである．そこまでに至る諸定理の「因果関係」を表にまとめてみたので，参考にしてほしい．

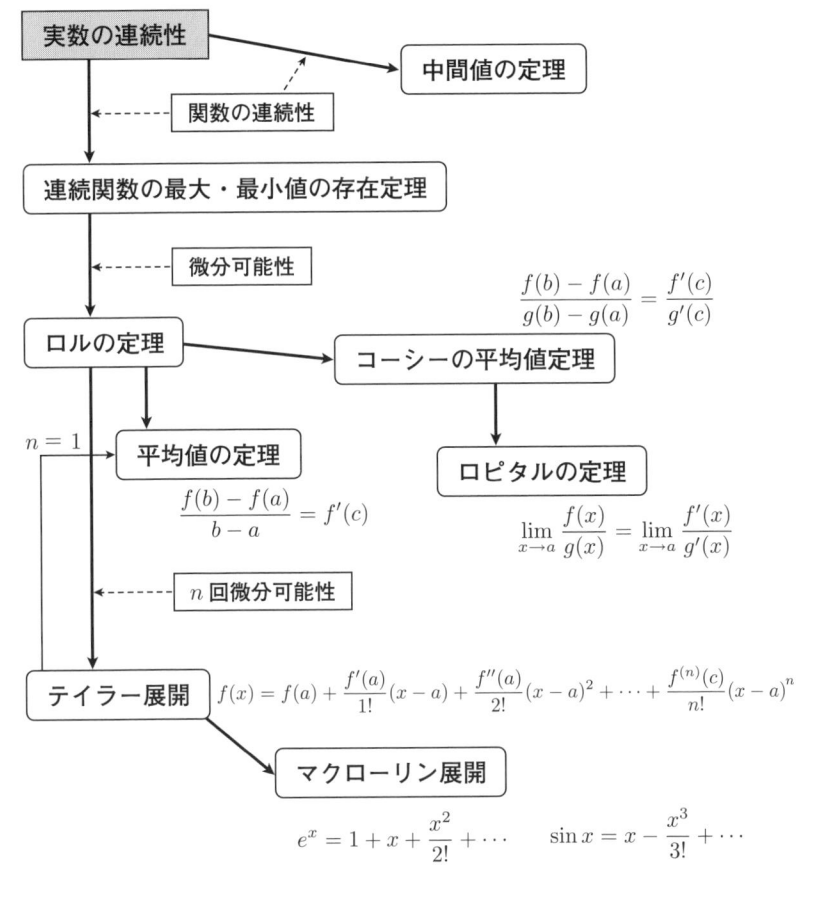

# 第3章

# 関数の極限と連続性

微分積分は関数を解析するための道具だが,関数なら無条件に適用できるというわけではないので,実用性が高く,ほどほどによい性質をもつものを選ばなくてはならない.そのような性質として最低限仮定されるのが,この章で考える「連続性」である.

## 3.1 区間と関数

まずは関数を記述するために必要な言葉をいくつか導入する.

**区間** 変数が動く範囲を指定するときに便利な「区間」という言葉を導入しよう.

**定義（区間）** $a < b$ を満たす実数 $a$, $b$ に対し,以下の形の集合を**区間**という:

$$(a,b) := \{x \in \mathbb{R} \mid a < x < b\} \qquad (a,\infty) := \{x \in \mathbb{R} \mid a < x\}$$
$$[a,b] := \{x \in \mathbb{R} \mid a \leqq x \leqq b\} \qquad [a,\infty) := \{x \in \mathbb{R} \mid a \leqq x\}$$
$$(a,b] := \{x \in \mathbb{R} \mid a < x \leqq b\} \qquad (-\infty,b) := \{x \in \mathbb{R} \mid x < b\}$$
$$[a,b) := \{x \in \mathbb{R} \mid a \leqq x < b\} \qquad (-\infty,b] := \{x \in \mathbb{R} \mid x \leqq b\}$$
$$(-\infty,\infty) := \mathbb{R} \quad \text{(実数全体)}$$

とくに $(a,b)$ の形の区間を**開区間**とよび,$[a,b]$ の形の区間を**閉区間**とよぶ.また,$\infty$ のかわりに $+\infty$ と書くこともある.

たとえば,下の図は左から $(-\infty, -2)$, $[-1, 0]$ $(1, 2]$, $[3, \infty)$ を表している.

**関数** 「関数」とは何だったか,おさらいしておこう[1].

---

[1] 英語の function（機能）が中国語で「函数」(hánshù) と音訳され,日本に渡って「関数」となった（かつては日本でも「函数」と書いた）.
また,関数 $y = f(x)$ はあとで学ぶ「多変数関数」と区別するために,**1変数関数**ともよばれる.

ある変数 $x$ に対し，$x$ の値に依存して決まる実数 $f(x)$ を考え，それを別の変数 $y$ に割り当てる．そのような「しくみ」を**関数** $y = f(x)$ とよぶ．$x$ は自由に変化させてよいので**独立変数**とよばれ，$y$ は $x$ に依存して変化するので**従属変数**とよばれる[2]．「$x$ は自由」といっても，関数によっては制限が加わる．たとえば $y = 1/x$ では $x \neq 0$ である．一般に，関数 $f(a)$ の値が定義されているような実数 $a$ 全体からなる集合を関数 $y = f(x)$ の**定義域**とよぶ．また，関数がとりうる値をすべて集めた集合を関数 $y = f(x)$ の**値域**とよぶ．たとえば $y = \sin x$ の定義域は $(-\infty, \infty)$ であり，値域は区間 $[-1, 1]$ である．

現代の数学では，関数とはプロジェクターのように，スクリーン上の数の集合を（レンズを通して）別のスクリーン上へ「写す」ものだと解釈することが多い．そのため，関数 $y = f(x)$ が与えられたとき，「関数 $f$ は $x$ を $y$ に**写す**」といった表現もしばしば用いられる．この考え方から派生して，関数を

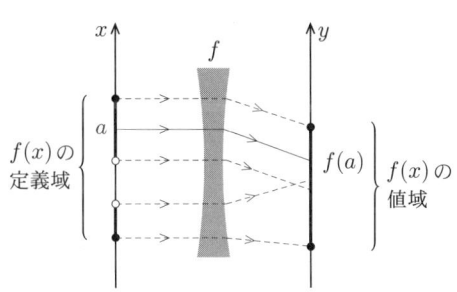

$$f : x \mapsto f(x), \quad x \stackrel{f}{\longmapsto} f(x)$$

といった記号で表すことも多い．たとえば，関数 $y = f(x) = x^2$ を

$$f : x \mapsto x^2, \quad x \stackrel{f}{\longmapsto} y = x^2$$

といった具合に表現するのである．

## 3.2 関数の極限

高校でも学んだ極限の概念をおさらいしておこう．

---

2] $y$ の $x$ への依存性を強調するときには，$y = f(x)$ のかわりに $y = y(x)$ とも書く．

**定義（関数の極限と収束）** 関数 $f(x)$ が<u>定数 $a$ のまわりで定義されている</u>とする．関数 $f(x)$ が $x \to a$ のとき $A$ に収束するとは，変数 $x$ が $a$ に<u>限りなく近づく</u>とき $f(x)$ が実数 $A$ に<u>限りなく近づく</u>ことをいい，これを

$$\lim_{x \to a} f(x) = A \quad \text{もしくは} \quad f(x) \to A \quad (x \to a) \tag{3.1}$$

と表す．このとき，$A$ を関数 $f(x)$ の $x \to a$ における**極限**とよぶ．

**注意**　（下線部に関する注意）　まず「定数 $a$ のまわりで定義されている」といったとき，1 点 $x = a$ が $f(x)$ の定義域に入っていないこともある．このとき「$x \to a$」は「$x \neq a$ かつ $x \to a$」と解釈するのがならわしである．たとえば関数 $\dfrac{\sin x}{x}$ は $x = 0$ で $\dfrac{0}{0}$ となり定義できないが，おなじみの極限 $\lim_{x \to 0} \dfrac{\sin x}{x} = 1$ は上のような配慮により意味をもつ．また，「限りなく近づく」というのはあいまいな概念であるが，数列の収束性と同様に「誤差を好きなだけ小さくできる」と解釈すればよい．厳密に定式化するには，$\epsilon$-$\delta$ 論法とよばれる方法を用いる．

**右極限と左極限**　図のように，区間の端点や関数の値がジャンプするような点での極限を考えるため，「一方向からの極限（片側極限）」を導入しておこう．

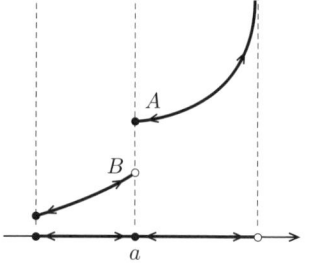

**定義（右極限と左極限）** 関数 $f(x)$ が「$x = a$ において**右極限** $A$ をもつ」とは，変数 $x$ が $x > a$ を満たしながら $a$ に限りなく近づくとき，$f(x)$ がある実数 $A$ に限りなく近づくことをいう．これを

$$\lim_{x \to a+0} f(x) = A \quad \text{もしくは} \quad f(x) \to A \quad (x \to a+0)$$

と表す．同様に，関数 $f(x)$ が「$x = a$ において**左極限** $B$ をもつ」とは，変数 $x$ が $x < a$ を満たしながら $a$ に限りなく近づくとき，$f(x)$ がある実数 $B$ に限りなく近づくことをいう．こちらは

$$\lim_{x \to a-0} f(x) = B \quad \text{もしくは} \quad f(x) \to B \quad (x \to a-0)$$

と表す．

<u>$\lim_{x \to a+0} f(x) = \lim_{x \to a-0} f(x) = A$ のとき，$\lim_{x \to a} f(x) = A$ が成り立つ</u>．

**正負の無限大**　式 (3.1) のような極限の記号は $a = \pm\infty$ や $A = \pm\infty$ の場合にも適用される（右極限・左極限も同様）.

たとえば
$$\lim_{x \to +\infty} \frac{1}{x} = 0, \quad \lim_{x \to -\infty} e^{-x} = \infty.$$

$$\lim_{x \to +0} \frac{1}{x} = \infty, \quad \lim_{x \to \pi/2-0} \tan x = \infty.$$

といった具合である．ただし，「$\pm\infty$ に収束する」とはいわず，「$\pm\infty$ に発散する」ということになっている．

**極限の性質**　以下の公式は高校のころからおなじみであろう（証明略）：

**公式 3.1**（極限の四則・はさみうちの原理）$\lim_{x \to a} f(x) = A$, $\lim_{x \to a} g(x) = B$（ただし $A, B \neq \pm\infty$）のとき，次が成り立つ：

(1) $\lim_{x \to a} \{f(x) + g(x)\} = A + B$.

(2) $\lim_{x \to a} f(x)g(x) = AB$.

(3) $B \neq 0$ のとき $\lim_{x \to a} \dfrac{f(x)}{g(x)} = \dfrac{A}{B}$.

(4) $f(x) < g(x)$ であれば，$A \leqq B$.

(5) $A = B$ かつ $f(x) < h(x) < g(x)$ のとき，
$$\lim_{x \to a} h(x) = A. \quad \text{（はさみうちの原理）}$$

(4) と (5) の中の不等号 $<$ はいずれも $\leqq$ に変えてもよい．さらに，同様の公式は右極限・左極限についても正しい．

**指数関数・正弦関数の極限**　役に立つおなじみの極限をまとめておこう．

**公式 3.2**（指数関数・正弦関数の極限）$a$ を正の定数とする．

(1) $\lim_{x \to 0} a^x = 1$　　　　(2) $\lim_{x \to \pm\infty} \left(1 + \dfrac{1}{x}\right)^x = e$

(3) $\lim_{x \to 0} \dfrac{e^x - 1}{x} = 1$　　　　(4) $\lim_{x \to 0} \dfrac{\sin x}{x} = 1$

**証明**　(1) $x \to 0$ のとき，$0 < |x| < 1$ と仮定してよい．このとき，($x$ の関数として）自然数 $n = n(x)$ を $n \leqq 1/|x| < n + 1$ となるように選ぶと，$-1/n \leqq x \leqq 1/n$

が成り立つ．また，$|x| \to 0$ のとき $n \to \infty$ である．

まず $a > 1$ のとき，指数に関する単調性（次章定理 4.8）より，$a^{-1/n} \leqq a^x \leqq a^{1/n}$．$x \to 0$ のとき，公式 2.2 の (1) と「はさみうちの原理」(公式 3.1 の (5))より $\lim_{x \to 0} a^x = 1$．$0 < a < 1$ の場合は $a^{1/n} \leqq a^x \leqq a^{-1/n}$ であり，あとは同様．

(2) まず $x \to \infty$ のときを示す．$x > 1$ と仮定し，($x$ の関数として）自然数 $n = n(x)$ を $n \leqq x < n+1$ となるように選ぶと，
$$\left(1 + \frac{1}{n+1}\right)^n \leqq \left(1 + \frac{1}{x}\right)^x \leqq \left(1 + \frac{1}{n}\right)^{n+1}.$$
$x \to \infty$ のとき $n \to \infty$ であるから，定理 2.1 より，
$$\left(1 + \frac{1}{n+1}\right)^n = \left(1 + \frac{1}{n+1}\right)^{n+1} \left(1 + \frac{1}{n+1}\right)^{-1} \to e.$$
同様に $\left(1 + \frac{1}{n}\right)^{n+1} \to e$ であるから，「はさみうちの原理」(公式 3.1 の (5)) より求める極限を得る．

次に $x \to -\infty$ のときを示す．$t = -x > 1$ とすれば
$$\left(1 + \frac{1}{x}\right)^x = \left(1 - \frac{1}{t}\right)^{-t} = \left(1 + \frac{1}{t-1}\right)^t = \left(1 + \frac{1}{t-1}\right)^{t-1} \cdot \left(1 + \frac{1}{t-1}\right).$$
よって $t = -x \to \infty$ のとき $e$ に収束する．

(3) $t = e^x - 1$ とおくと，(1) より $x \to 0$ のとき $t \to 0$．さらに $s = 1/t$ とおくと，
$$\frac{e^x - 1}{x} = \frac{t}{\log(1+t)} = \frac{1}{\log(1+t)^{1/t}} = \left(\log\left(1 + \frac{1}{s}\right)^s\right)^{-1}.$$
$x \to \pm 0$ のとき $s \to \pm \infty$ であるから，上の式は $\log e = 1$ に収束する．

(4) については，高校の教科書等を参照せよ．∎

## 3.3 関数の連続性

微分積分学が相手にする（できる）関数はそれなりによい性質をもったものに限られている．たとえば，グラフを描いたときに「ぶつ切れ」になっているよりは，「つながっている」ほうがよい．その「つながっている」状態を表現するのが，関数の「連続性」である：

**定義（連続性）** 実数 $a$ のまわりで定義された関数 $y = f(x)$ が $\boldsymbol{x = a}$ において連続であるとは，$x \to a$ のとき $f(x) \to f(a)$ となることをいう．すなわち，
$$\lim_{x \to a} f(x) = f(a).$$
また，$f(x)$ がある区間 $I$ 上のすべての点で連続であるとき，「**関数 $\boldsymbol{f(x)}$ は $\boldsymbol{I}$ 上で連続**」もしくは「$\boldsymbol{f(x)}$ は $\boldsymbol{I}$ 上の連続関数」という．

**例1** $f(x) = c$（定数），$g(x) = x$ はともに $\mathbb{R} = (-\infty, \infty)$ 上の連続関数である．

**例2** 関数 $h(x) = \dfrac{1}{x}$ は $(-\infty, 0)$ と $(0, \infty)$ 上で連続（$a \neq 0$，$f(x) = 1$，$g(x) = x$ として公式3.1 (3) を適用すればよい）．

**例3** 一般に，多項式関数，三角関数，指数・対数関数などの初等的な関数はすべて連続である．たとえば，次の例題のようにして確認できる．

**例題3.1**（指数・余弦関数の連続性） $y = e^x$ と $y = \cos x$ は $\mathbb{R} = (-\infty, \infty)$ 上で連続であることを示せ．

**解** 任意の実数 $a$ を固定する．$x \to a$ のとき，公式 3.2 の (1) より $e^{x-a} \to 1$ であるから，
$$|e^x - e^a| = e^a |e^{x-a} - 1| \to 0.$$
よって $e^x \to e^a$ $(x \to a)$ となり，$y = e^x$ は $x = a$ で連続である．$a$ は任意であったから，$e^x$ は $\mathbb{R}$ 上で連続となる（指数関数の連続性は定理5.1でもう少し詳しく扱う）．

次に，$y = \cos x$ の場合を考える．いま実数 $a$ に対し
$$|\cos x - \cos a| = \left| 2 \sin \frac{x+a}{2} \sin \frac{x-a}{2} \right| \leq 2 \cdot 1 \cdot \left| \sin \frac{x-a}{2} \right|$$
が成り立つ．公式3.2の (4) を認めると，$t \to 0$ のとき $\sin t = t \cdot \dfrac{\sin t}{t} \to 0$ がわかるので，$x \to a$ のとき $|\cos x - \cos a| \to 0$．よって（任意の）$a$ において連続である．■

例3のような初等的な連続関数をいろいろと操作して，新しい連続関数を構成することを考えよう．「操作」として考えられるのは，加減乗除の「四則」と「合

成」がもっとも基本的である．さらに，「逆関数」をとる，「積分する」などの方法もある．

ここでは連続関数の「四則」と「合成」についての命題を紹介しておこう（証明は連続性の定義と公式3.1からほとんど明らか）．

**命題 3.3** （連続関数の四則）関数 $f(x)$, $g(x)$ が $x=a$ で連続であるとき，その和（差）$f(x) \pm g(x)$ と積 $f(x)g(x)$ は $x=a$ で連続．さらに $g(a) \neq 0$ のとき，商 $f(x)/g(x)$ も $x=a$ で連続．

**命題 3.4** （連続関数の合成）定義域上の各点で連続な関数 $y=f(x)$ と $z=g(y)$ に対し，合成関数 $z=g(f(x))$ は定義可能な範囲で連続である．

四則と合成をあわせて，新しい連続関数を構成してみよう．

**例題 3.2** （連続性の確認）関数 $e^{2\cos(x^2+1)}$ は $\mathbb{R}$ 上で連続であることを示せ．

**解** 材料として以下の $\mathbb{R}$ 上連続な関数を用いる：定数関数 $x \mapsto 1$，定数関数 $x \mapsto 2$, $x \mapsto x$, $x \mapsto e^x$, $x \mapsto \cos x$（例題3.1参照）．

命題3.3より $x \mapsto x \cdot x = x^2$ および $x \mapsto 2 \cdot x = 2x$ は連続関数の積なので連続である．また，$x \mapsto x^2+1$ は連続関数の和なので連続．さらに命題3.4より $x \mapsto \cos(x^2+1)$ は連続関数の合成なので連続．これに連続関数 $x \mapsto 2x$, $x \mapsto e^x$ を順に合成したものが $x \mapsto e^{2\cos(x^2+1)}$ であるから，連続である．■

## 演習問題

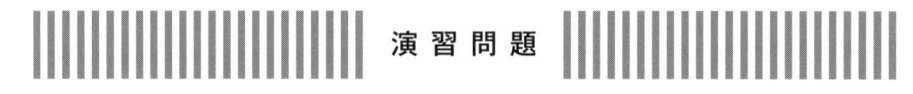

**問 3.1** （極限）次の極限を求めよ．

(1) $\displaystyle\lim_{x \to 0} (\sqrt{1+x+x^2} - x)$

(2) $\displaystyle\lim_{x \to 0} \frac{\tan(\sin 2x)}{\tan x}$

(3) $\displaystyle\lim_{x \to 1} x^{\frac{1}{1-x}}$

(4) $\displaystyle\lim_{x \to \infty} (2^x + 3^x)^{\frac{1}{x}}$

**問 3.2** （左極限・右極限） $\lim_{x \to +0} e^{1/x}$, $\lim_{x \to -0} e^{1/x}$, $\lim_{x \to 0} e^{1/x}$ はそれぞれ存在するか？

**問 3.3** （連続性） 次の関数が $\mathbb{R}$ 上で連続であることを示せ.

(1) $f(x) = \sin x$　　(2) $f(x) = \dfrac{1}{1+x^2}$　　(3) $f(x) = \sin \dfrac{\pi}{1+x^2}$

**問 3.4** （$\max, \min$ と連続性） 関数 $f(x), g(x)$ は区間 $I$ 上で連続とする.
(1) $y = |f(x)|$ も $I$ 上で連続であることを示せ.
(2) 任意の実数 $A, B$ に対し, $\max\{A, B\} = \dfrac{1}{2}\{A+B+|A-B|\}$ となることを示せ.
(3) (2) を用いて, $y = \max\{f(x), g(x)\}$ も $I$ 上連続であることを示せ.
(4) $y = \min\{f(x), g(x)\}$ も $I$ 上連続であることを示せ.

**問 3.5** （1 点での連続性） 以下の関数が $x = 0$ で連続かどうかを判定せよ.

(1) $g(x) = \begin{cases} \sin \dfrac{1}{x} & (x \neq 0) \\ 0 & (x = 0) \end{cases}$　　(2) $h(x) = \begin{cases} x \sin \dfrac{1}{x} & (x \neq 0) \\ 0 & (x = 0) \end{cases}$

次の図は左から, $g(x)$, $h(x)$ のグラフである.

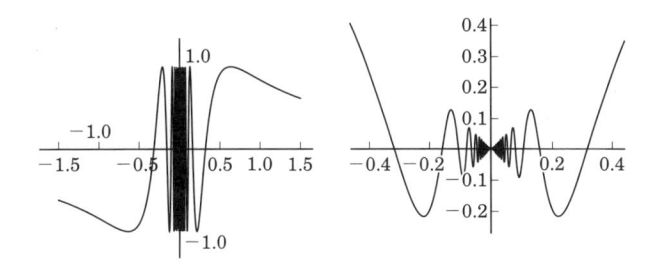

# 第4章

# 中間値の定理と逆関数

本章ではまず，連続関数に関するふたつの基本定理を紹介する．ひとつは「中間値の定理」（それは，方程式の原始的な数値解法である「二分法」から自然に導かれる），もうひとつは「閉区間における最大・最小値の存在定理」である．これらをふまえて，連続関数から新しい連続関数を作る操作のひとつとして，「逆関数をとる」という方法を学ぼう．

## 4.1 中間値の定理と二分法

連続関数のグラフが「つながっている」ことの根拠とされるのが，次の「中間値の定理」である：

**定理 4.1（中間値の定理）** 閉区間 $[a,b]$ 上で定義された連続関数 $y = f(x)$ が $f(a) \neq f(b)$ を満たすとき，$f(a)$ と $f(b)$ の間にある任意の実数 $\ell$ に対し，$f(c) = \ell$ を満たす $c$ が区間 $(a,b)$ に少なくともひとつ存在する．

**注意**（下線部に関する注意）この定理では，「実数の連続性」と関数が「連続関数」であることが重要な役割を果たす．以下の議論のどこでそれらの性質が効いているのか，意識しておこう．

「中間値の定理」の証明を与えるまえに，唐突だが「方程式の数値解法」について考える（「中間値の定理」は「方程式 $f(x) = \ell$ の解 $c \in (a,b)$ が存在する」と主張しているのだから，決して無関係ではない）．第1章で「1変数微分積分学の目標」として掲げたように，私たちは与えられた関数 $y = f(x)$ について方程式 $f(x) = 0$ の解を任意の精度で求めたいのであった．そのような数値計算でもっとも初歩的な方法が，二分法とよばれる次のアルゴリズムである．

**二分法** 連続関数 $y = f(x)$ に対し，方程式 $f(x) = 0$ の解 $\alpha$ を数値的に求める次のアルゴリズム（手順）を，**二分法**とよぶ：

**二分法のアルゴリズム** $y = f(x)$ を連続関数とする．

(1) $f(a_0) < 0, f(b_0) > 0$ となるペア $(a_0, b_0)$ を見つける．必要であれば $f(x)$ のかわりに $-f(x)$ を考えることで，$a_0 < b_0$ と仮定してよい．

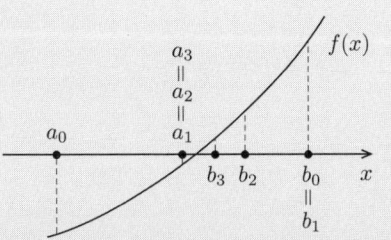

(2) $f(a_n) < 0, f(b_n) > 0, a_n < b_n$ をみたすペア $(a_n, b_n)$ が与えられているとき，その中点を $m_n := \dfrac{a_n + b_n}{2}$ とおく．

(3) $f(m_n)$ の値を計算し，
- $f(m_n) < 0$ ならば $(a_{n+1}, b_{n+1}) := (m_n, b_n)$ とおいて (2) に戻る．
- $f(m_n) > 0$ ならば $(a_{n+1}, b_{n+1}) := (a_n, m_n)$ とおいて (2) に戻る．
- $f(m_n) = 0$ ならば $\alpha := m_n$，計算終了．

二分法は解の存在まで保証するアルゴリズムである：

**定理 4.2（二分法の収束性）** 二分法に関して，次のいずれかが成り立つ：

(a) ある自然数 $n$ に対し $f(m_n) = 0$ となる．よって $\alpha := m_n$ は解のひとつ．

(b) すべての自然数 $n$ で $f(m_n) \neq 0$ となるが，数列 $\{a_n\}$ と $\{b_n\}$ は $n \to \infty$ のときそれぞれ同じ極限 $\alpha$ に収束し，$f(\alpha) = 0$ を満たす．

いずれの場合も，次のような誤差の評価式が成り立つ．

$$\max\{|a_n - \alpha|, |b_n - \alpha|\} \leqq \dfrac{|b_0 - a_0|}{2^n}.$$

したがって，十分大きな $n$ に対し $a_n$ もしくは $b_n$ を $\alpha$ の近似値として用いることができる．

**証明** (a) でなければ，すべての自然数 $n$ で $f(m_n) \neq 0$ である．このときアルゴリズムの (2) と (3) を繰り返すと，$\{a_n\}$ は単調増加かつ $a_n < b_0$（上に有界），$\{b_n\}$ は単調減少かつ $a_0 < b_n$（下に有界）である．よって「実数の連続性」（第 1 章）より，それぞれある実数に収束する．$\alpha = \lim\limits_{n \to \infty} a_n$ とすると，$n \to \infty$ のとき $|b_n - a_n| = |b_0 - a_0|/2^n \to 0$ より $b_n = (b_n - a_n) + a_n \to 0 + \alpha = \alpha$ ($n \to \infty$). $f(x)$ は連続であったから，$f(\alpha) = \lim\limits_{n \to \infty} f(a_n) \leqq 0$ かつ $f(\alpha) = \lim\limits_{n \to \infty} f(b_n) \geqq$

$0$. よって $f(\alpha) = 0$ となる.

また, (a), (b) によらず $a_n \leqq \alpha \leqq b_n$ であるから,

$$\max\{|a_n - \alpha|, |b_n - \alpha|\} \leqq |b_n - a_n| = \frac{|b_0 - a_0|}{2^n}.$$ ■

**例1** ($\sqrt{2}$ の計算) 連続関数 $f(x) = x^2 - 2$ に対し, $(a_0, b_0) = (1.0, 2.0)$ として二分法のアルゴリズムに従って計算したのが次の表である[1].

| $n$ | $a_n$ | $b_n$ | $n$ | $a_n$ | $b_n$ | $n$ | $a_n$ | $b_n$ |
|---|---|---|---|---|---|---|---|---|
| 0 | 1.00000 | 2.00000 | 7 | 1.41406 | 1.42188 | 14 | 1.41418 | 1.41425 |
| 1 | 1.00000 | 1.50000 | 8 | 1.41406 | 1.41797 | 15 | 1.41418 | 1.41422 |
| 2 | 1.25000 | 1.50000 | 9 | 1.41406 | 1.41602 | 16 | 1.41420 | 1.41422 |
| 3 | 1.37500 | 1.50000 | 10 | 1.41406 | 1.41504 | 17 | 1.41421 | 1.41422 |
| 4 | 1.37500 | 1.43750 | 11 | 1.41406 | 1.41455 | 18 | 1.41421 | 1.41422 |
| 5 | 1.40625 | 1.43750 | 12 | 1.41406 | 1.41431 | 19 | 1.41421 | 1.41422 |
| 6 | 1.40625 | 1.42188 | 13 | 1.41418 | 1.41431 | 20 | 1.41421 | 1.41421 |

定理 4.2 より, 数列 $a_n, b_n$ は $\alpha^2 - 2 = 0$ を満たす正の実数 $\alpha$ に収束する. すなわち, $\sqrt{2} = 1.41421356\cdots$ の近似値を与える. また, その誤差は $|b_0 - a_0|/2^n = 1/2^n$ 以下である[2].

方程式の数値解法としての二分法は収束も遅く有用ではないが (第 13 章の「ニュートン法」も参照), 「中間値の定理」の実質的な証明を与えてくれる.

**証明** (中間値の定理 (定理 4.1) の証明) $f(x)$ は連続なので, $F(x) = f(x) - \ell$ も連続関数である. これに $a = a_0, b = b_0$ として二分法のアルゴリズムを適用すると, 定理 4.2 より $F(c) = 0$ を満たす $c$ が区間 $(a, b)$ に見つかる. よって $f(c) = \ell$. ■

---

[1] ここに現れる $(a_n, b_n)$ はすべて $k/2^n$ の形の有理数であるが, 表の中では収束の様子がわかりやすいように小数で表現している.

[2] 厳密にいうと, 定理 4.1 や定理 4.2 からわかるのは「$\alpha^2 = 2$ を満たす $\alpha$ が区間 $[1, 2]$ 内に少なくともひとつ存在する」ということだけである. この $\alpha$ が本当に, 私たちが $\sqrt{2}$ とよぶ唯一の数であることを示すには, 別の根拠 (関数の単調性, 第 4.3 節参照) が必要である.

## 4.2 閉区間における最大・最小値の存在

関数を考えるにあたって，最大値・最小値の存在はそれなりの関心事であろう．次の定理も，連続関数のきわめて重要な性質である：

**定理 4.3** （閉区間における最大・最小値の存在）<u>閉区間 $[a,b]$ 上で定義された連続関数 $y = f(x)$ は</u>，最大値と最小値を持つ．

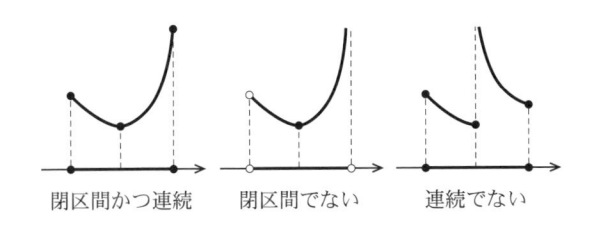

閉区間かつ連続　　閉区間でない　　連続でない

**注意**　（下線部に関する注意）　この定理は一見「あたりまえ」のようだが，「閉区間でない」場合，「連続関数でない」場合には，最大値・最小値がその区間内で実現されない可能性があることに注意しておこう．

証明はやや込み入っているので省略するが，「中間値の定理」（定理4.1）と同様に，「実数の連続性」もしくはそれと同等の命題が必要となる．

## 4.3　1対1関数と逆関数

ふたつの連続関数の和・差・積・商や，それらを合成したものは（定義可能な範囲で）連続関数であることを学んだ（命題3.3，命題3.4）．これらは新しく有用な連続関数を生成するうえで重要な操作だといえる．

同様に，「逆関数をとる」という操作も重要である．たとえば，おなじみの平方根関数 $y = \sqrt{x}$ や対数関数 $y = \log x$ は，それぞれ $y = x^2$ と $y = e^x$ の「逆関数」として与えられるのであった．これから次章にかけて，その手法をおさらいしていこう．

**1対1関数**　集合 $I$ を $\mathbb{R}$ の部分集合とする（多くの場合，$I$ は区間で考える）．

**定義（1対1関数）**関数 $y = f(x)$ が $I$ 上で **1対1** であるとは，すべて $x_1, x_2 \in I$ に対し，$x_1 \neq x_2$ ならば $f(x_1) \neq f(x_2)$ であることをいう．

**注意**　「$x_1 \neq x_2$ ならば $f(x_1) \neq f(x_2)$」は対偶をとると「$f(x_1) = f(x_2)$ ならば $x_1 = x_2$」と同値である（すなわち，命題としての真偽が一致する）．

ようするに，$I$ 上では同じ値を2度とらない，ということである．

たとえば，右の図は1対1で「ない」関数のイメージである．1対1関数では，このように異なる2点の像が1点に潰れることがあってはいけない．

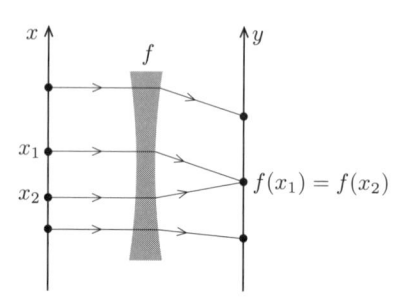

**例2**　$f(x) = x^2$ で定まる関数は，区間 $[0, \infty)$ 上の関数だと考えた場合は1対1である．なぜなら，$0 \leq x_1 < x_2$ のとき $x_1^2 \leq x_1 x_2 < x_2^2$ が成り立つので，$x_1 < x_2$ ならば $f(x_1) < f(x_2)$．よって「$x_1 \neq x_2$ ならば $f(x_1) \neq f(x_2)$」が結論されるからである（一方，区間 $(-\infty, \infty)$ 上の関数と考えた場合は1対1でない）．

この性質を一般化してみよう．

**定義（真に単調増加・減少）**関数 $y = f(x)$ が集合 $I$ 上で**真に単調増加 [真に単調減少]**であるとは，すべての $x_1, x_2 \in I$ に対し，$x_1 < x_2$ ならば $f(x_1) < f(x_2)$ $[f(x_1) > f(x_2)]$ が成り立つことをいう．

このとき，$y = f(x)$ は1対1関数となる．

**例3**　$y = x^2$ は区間 $(-\infty, 0]$ で真に単調減少．区間 $[0, \infty)$ で真に単調増加．区間 $(-\infty, \infty)$ では，そのいずれでもない．

**逆関数**　以上を踏まえて，1対1関数の「逆関数」を定義しよう[3]．

---

[3] 1対1でない関数の逆関数は考えない．

## 4.3 | 1対1関数と逆関数

**定義（逆関数）** 関数 $y = f(x)$ が定義域 $I$ 上で1対1であるとき，その値域に属する各 $y$ に対し，$y = f(x)$ を満たす $I$ の唯一の元 $x$ を対応させる関数が定まる．これを $y = f(x)$ の**逆関数**とよび，$\boldsymbol{x = f^{-1}(y)}$ と表す．もしくは，変数 $x$ と $y$ の役割を入れ替えて，$\boldsymbol{y = f^{-1}(x)}$ と表す．

関数 $y = f(x)$ と逆関数 $y = f^{-1}(x)$ のグラフは直線 $y = x$ に関して互いに線対称である．

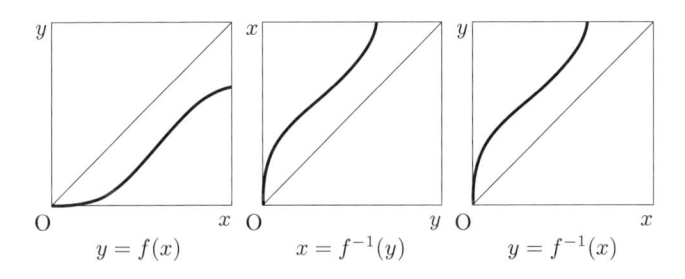

グラフの線対称性から想像されるように，「逆関数」はもとの関数の性質をかなり引き継いでいる：

**命題 4.4 （逆関数も連続）** 区間 $[a,b]$ 上で定義された関数 $y = f(x)$ が<u>真に単調増加［減少］</u>かつ<u>連続</u>であれば，同じく真に単調増加［減少］かつ連続な逆関数 $x = f^{-1}(y)$ が存在する．とくに，その定義域は $f(a)$ と $f(b)$ の間の閉区間となる．

**証明** 区間 $[a,b]$ から $x_1, x_2$ をとり，$y_1 := f(x_1)$，$y_2 := f(x_2)$ とおく．以下，関数 $y = f(x)$ が真に単調増加である場合を考えよう（真に単調減少のときも同様）．このとき，$x_1 < x_2$ ならば $y_1 < y_2$ であるから，$y = f(x)$ は1対1であり，逆関数 $x = f^{-1}(y)$ が存在する．

次に逆関数が真に単調増加であることを示す．もし $y_1 < y_2$ のとき $x_1 \geqq x_2$ と仮定すると，$f(x)$ が真に単調増加であったことに反する．よって $x_1 < x_2$ であり，$x = f^{-1}(y)$ は真に単調増加である．

$x = f^{-1}(y)$ の連続性は $y = f(x)$ の連続性とグラフの線対称性より直観的には明らかであろう（厳密な証明は $\epsilon$-$\delta$ 論法が必要なので省略する）．

最後に，逆関数の定義域が $J = [f(a), f(b)]$ であることを示す．$f(x)$ の連続性と「中間値の定理」（定理 4.1）より，任意の $y \in (f(a), f(b))$ に対して $f(c) = y$ を満たす $c \in (a, b)$ が存在する．よって $c := f^{-1}(y)$ と定義できる．$y = f(a)$ もしくは $y = f(b)$ の場合も $a := f^{-1}(y)$ もしくは $b := f^{-1}(y)$ とすればよい．■

**例 4**（平方根 $\sqrt{\phantom{x}}$ の定義） 関数 $y = f(x) = x^2$ は区間 $[0, \infty)$ 上で真に単調増加かつ連続であるから，命題 4.4 より（$[0, \infty)$ に含まれる任意の閉区間上で）真に単調増加かつ連続な逆関数 $y = f^{-1}(x)$ をもつ．これを

$$y = \sqrt{x} \quad \text{もしくは} \quad y = x^{\frac{1}{2}}$$

と表し，$x$ の**平方根**とよぶのである．$y = \sqrt{x}$ の定義域はやはり $[0, \infty)$ となる．これでやっと，$\sqrt{2}$ や $\sqrt{\pi}$ といった「平方根」の定義と存在が正当化された．

**例 5**（指数関数と対数関数） 次章で確認するように，指数関数 $y = e^x$ は真に単調増加かつ連続である．命題 4.4 より真に単調増加かつ連続な逆関数が存在するから，それを**対数関数** $y = \log x$ と定義するのである．

## 4.4 正の数の有理数乗・無理数乗

正の数 $x$ と実数 $\alpha$ に対し，「$x$ の $\alpha$ 乗」$x^\alpha$ がどのように（厳密に）定義されるのか確認しておこう．

**整数乗** まず自然数 $n$ に対し，$x^n := x \cdot x \cdots x$（$n$ 個の積），$x^{-n} := (1/x)^n$ と定義する．さらに $x^0 := 1$ とおけば，すべての整数 $\alpha$ について $x^\alpha$ が定義される．

**有理数乗** $n$ を自然数とするとき，関数 $f(x) = x^n$ は区間 $[0, \infty)$ 上で真に単調増加である．この事実を用いて，「正の実数 $x$ の有理数乗」が定義される[4]．

**定義（有理数乗）** $n$ を自然数とするとき，関数 $y = x^n$ の区間 $[0, \infty)$ における真に単調増加かつ連続な逆関数を

$$y = \sqrt[n]{x} \quad \text{もしくは} \quad y = x^{\frac{1}{n}}$$

---

[4] $n$ が奇数のとき，$f(x) = x^n$ は $(-\infty, \infty)$ で真に単調増加となる．したがって，$x < 0$ のときにも $\sqrt[n]{x}$ を定義できる（値は $-\sqrt[n]{|x|}$ と一致）．

で表し, $x$ の $n$ 乗根もしくは $\frac{1}{n}$ 乗とよぶ.

さらに, 正の実数 $x$ と整数 $p$, 自然数 $q$ に対し,
$$x^{\frac{p}{q}} := \left(x^{\frac{1}{q}}\right)^p$$
で定める. これを $x$ の $p/q$ 乗とよぶ.

有理数 $p/q$ は約分されていない可能性があるが, 有理数乗は矛盾なく定義される:

**命題 4.5** (有理数乗の一意性) $x$ を正の実数とする. 整数 $P$ と $p$, および自然数 $Q$ と $q$ が $P/Q = p/q$ を満たすとき, $x^{P/Q} = x^{p/q}$.

また, 有理数乗は次の性質をもつ:

**命題 4.6** (有理数乗の性質) $x, y$ を正の実数, $r, s$ を<u>有理数</u>とするとき, 以下が成り立つ:

(1) **指数法則**: すべての $r$ と $s$ に対し,
$$x^r \cdot x^s = x^{r+s}, \quad (x^r)^s = x^{rs}. \tag{4.1}$$

(2) **指数に関する単調性**: $x > 1$ のとき, $r < s$ であれば $x^r < x^s$. $x < 1$ のとき, $r < s$ であれば $x^r > x^s$.

(3) **底に関する単調性**: $r > 0$ のとき, $x < y$ ならば $x^r < y^r$. $r < 0$ のとき, $x < y$ ならば $x^r > y^r$.

この命題の「有理数」という条件は外すことができる (定理 4.8). 命題 4.5 と命題 4.6 の証明は演習問題としよう.

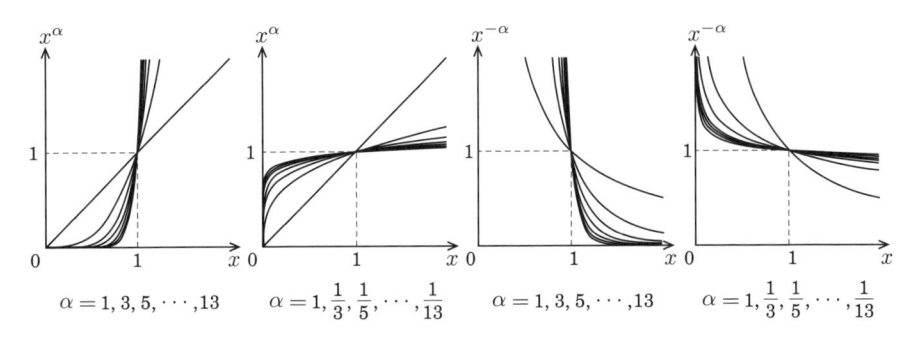

$\alpha = 1, 3, 5, \cdots, 13$

$\alpha = 1, \frac{1}{3}, \frac{1}{5}, \cdots, \frac{1}{13}$

$\alpha = 1, 3, 5, \cdots, 13$

$\alpha = 1, \frac{1}{3}, \frac{1}{5}, \cdots, \frac{1}{13}$

**無理数乗** これで正の数の「有理数乗」が定まった．次に「無理数乗」を定義しよう．

> **命題 4.7（有理数乗から無理数乗へ）** $x$ を正の実数，$\alpha$ を正の無理数とする．また，数列 $\{r_n\}$ を
> (a) すべての自然数 $n$ で $r_n$ は有理数．
> (b) すべての自然数 $n$ で $r_n < r_{n+1} < \alpha$．
> (c) $\displaystyle\lim_{n\to\infty} r_n = \alpha$
>
> を満たすように選ぶ．このとき極限 $\displaystyle\lim_{n\to\infty} x^{r_n}$ が存在し，その値は数列 $\{r_n\}$ のとり方に依存しない．

> **定義（無理数乗）** 上の命題で得られた極限を $x^\alpha$ と表し，$\boldsymbol{x}$ の $\boldsymbol{\alpha}$ 乗とよぶ．$\alpha$ が負の無理数であるときは，$\boldsymbol{x^\alpha := 1/x^{-\alpha}}$ と定義する．

実数 $\alpha$ に対し，命題 4.7 の (a)(b)(c) を満たす有理数の列 $\{r_n\}$ は必ず存在する．たとえば $\alpha$ を小数展開して，小数点以下第 $n$ 位までで打ち切ったものを $r_n$ とすればよい．具体例をみてみよう．

**例 6** （$e$ の $\sqrt{2}$ 乗） 「$e$ の $\sqrt{2}$ 乗」を定義するには，まず $\alpha = \sqrt{2} = 1.41421356\cdots$ に対し

$$\{r_n\} = \{1.4, 1.41, 1.414, 1.4142, 1.41421, \cdots\}$$

と定め，$e^{\sqrt{2}} := \displaystyle\lim_{n\to\infty} e^{r_n}$ とすればよい．

**証明**（命題 4.7） $x > 1$ と仮定する（$0 < x < 1$ のときも同様，$x = 1$ のときは明らか）．条件 (b) と命題 4.6 (2) より，$\{x^{r_n}\}$ は単調増加である．また，$\alpha < m$ を満たす任意の整数をとると，すべての $n$ で $r_n < m$ が成り立つので $x^{r_n} < x^m$．よって $\{x^{r_n}\}$ は上に有界である．「実数の連続性」より，極限 $\displaystyle\lim_{n\to\infty} x^{r_n}$ が存在することがわかった．

次に，この極限が $r_n$ のとり方に依存しないことを示そう．$\{s_n\}$ が (a)(b)(c) を満たすならば，$r_n - s_n = (\alpha - s_n) - (\alpha - r_n) \to 0\ (n \to \infty)$．このと

き，公式 3.2 (1) の証明と同様にして $x^{r_n-s_n} \to 1$ であるから，$x^{r_n} - x^{s_n} = x^{s_n}(x^{r_n-s_n} - 1) \to 0$. よって $\lim_{n\to\infty} x^{r_n} = \lim_{n\to\infty} x^{s_n}$ が成り立つ． ■

一般の実数乗について，式 (4.1) の指数法則などが成り立つ：

**定理 4.8（指数の性質）** 命題 4.6 は，$r, s$ が「有理数」という条件を外して，一般の「実数」としても成り立つ．

## 演習問題

**問 4.1** （二分法） 二分法を用いて $2$ の立方根 $2^{1/3}$（真の値は $1.259921049\cdots$）の近似値を求めよ．

**問 4.2** （二分法と中間値の定理） 方程式 $x^3 - 2x + 5 = 0$ に対し，
 (1) 中間値の定理を用いて，$-3 < x < 2$ に解を少なくともひとつもつことを示せ．
 (2) 二分法のアルゴリズムにより，その解の近似値（真の値は $-2.094551481\cdots$）を可能な限り求めよ．

**問 4.3** （解の存在） $k > 1$ のとき，方程式 $\tan x = kx$ は区間 $(0, \pi/2)$ 内に解を持つことを示せ．ただし，$\lim_{x\to 0} \dfrac{\tan x}{x} = 1$ を用いてよい．

**問 4.4** （固定点の存在） 区間 $[0,1]$ 上で定義された連続関数 $y = f(x)$ が $0 \leqq f(x) \leqq 1$ を満たすならば，$f(c) = c$ を満たす $c$ が区間 $[0,1]$ に存在することを示せ．（Hint. $x - f(x)$ に中間値の定理を適用する）

**問 4.5** （有理数乗の一意性） 命題 4.5 を示せ．（Hint. 正の数 $x$ と自然数 $m, n$ に対し，$x^m \cdot x^n = x^{m+n}$, $(x^m)^n = x^{mn}$ が成り立つことは用いてよい．これらの等式は，左辺において $x$ がいくつ掛け算されているかを数え上げただけである）

**問 4.6** （有理数乗の性質） 命題 4.6 を示せ．

# 第5章

# 指数・対数関数と三角・逆三角関数

本章では，指数・対数・三角関数の定義を確認し，三角関数（をある区間に制限したもの）の「逆関数」として「逆三角関数」を定義する．

ここでの趣旨は高校数学の復習ではなく，新しい連続関数が作られていく様子を既知の関数で実感していただくことにある．そして将来，みなさんに新しい有用な関数をたくさん作っていただきたい．

## 5.1 指数関数と対数関数

前章で正の数 $x$ の実数乗（有理数乗と無理数乗）はきっちりと定義できたから，次のように「指数関数」が定義できる．

**定義（指数関数）** 実数 $x$ に $e$ の $x$ 乗を対応させる関数を**指数関数**とよび，$e^x$ もしくは $\exp x$ のように表す[1]．

より一般に，$a > 0$ を固定し実数 $x$ に $a$ の $x$ 乗 $a^x$ を対応させる関数を **$a$ を底とする指数関数**とよぶ．

定理 4.8 より，指数関数は次の性質を持つ（(3)(4) の連続性に関しては例題 3.1 参照）:

**定理 5.1（指数関数の性質）** $a > 0$ とする．このとき，以下が成り立つ:
 (1) 任意の実数 $x$ に対し，$a^x > 0$．
 (2) **指数法則**：任意の実数 $x, y$ に対し，$a^x \cdot a^y = a^{x+y}$．
 (3) $a > 1$ のとき，関数 $a^x$ は真に単調増加かつ連続．
 (4) $a < 1$ のとき，関数 $a^x$ は真に単調減少かつ連続．
 (5) $a = 1$ のときはつねに $1^x = 1$ となり定数関数．

---

[1] $\exp x$ は「指数」を意味する「exponent」に由来する．

## 5.1 | 指数関数と対数関数

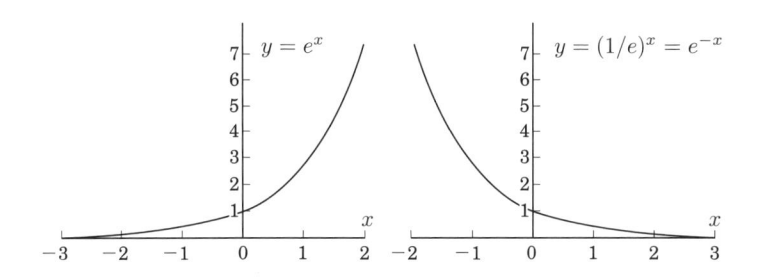

**対数関数**　定理5.1より $a>0, a\neq 1$ のとき指数関数 $y=a^x$ は単調かつ連続であるから，命題4.4より単調かつ連続な逆関数を考えることができる．それが「対数関数」である．

**定義（対数関数）** 指数関数 $y=e^x$ の逆関数を**対数関数**（もしくは**自然対数**）とよび，$y=\log x$ もしくは $y=\ln x$ と表す[2]．

より一般に，$a$ を 1 でない正の数とするとき，$a$ を底とする指数関数 $y=a^x$ の逆関数を **$a$ を底とする対数関数**とよび，$y=\log_a x$ と表す．とくに，$\log_e x = \log x$．

次の定理は命題4.4を用いて定理5.1を読み替えたものである．

**定理5.2（対数関数の性質）** $a>0, a\neq 1$ とする．このとき，以下が成り立つ：
(1) $y=\log_a x$ は区間 $(0,\infty)$ で定義され，すべての実数値をとる．
(2) 任意の正の実数 $x, y$ に対し，$\log_a x + \log_a y = \log_a xy$．
(3) $a>1$ のとき，関数 $\log_a x$ は真に単調増加かつ連続．
(4) $a<1$ のとき，関数 $\log_a x$ は真に単調減少かつ連続．

$a>0$ のとき $a^x = (e^{\log a})^x$，さらに $x>0$ のとき $\log x = \log a^{\log_a x} = \log_a x \log a$ が成り立つ．これより，次の（微分や積分の計算で役に立つ）公式を得る：

**公式5.3（底の変換公式）**　　　$a^x = e^{x\log a}$　　$\log_a x = \dfrac{\log x}{\log a}$

---

[2] $\log x$ は「対数」を意味する logarithm に由来する．$\ln x$ はラテン語の logarithmus naturalis（英語に直すと natural logarithm，日本語だと「自然な対数」）の略である．

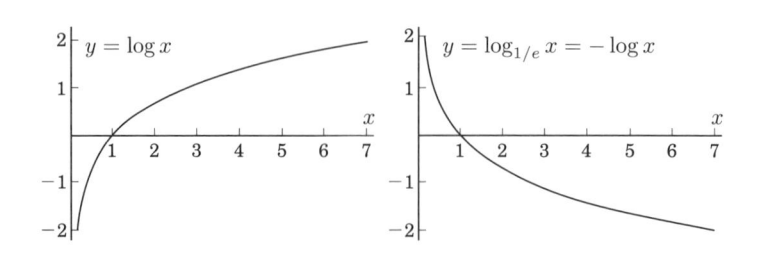

## 5.2 三角・逆三角関数

**三角関数** まずは高校以来おなじみの「三角関数」についておさらいしておこう．

> **定義（三角関数）** $xy$ 平面上で方程式 $x^2 + y^2 = 1$ が定める単位円を考える．点 $(1,0)$ から円周上を $\theta$ ラジアン進んだ点 $\mathrm{P}_\theta$ の座標を $(\cos\theta, \sin\theta)$ と表す．
> 
> また，$\theta \neq (m+1/2)\pi$（$m$ は整数）のとき，線分 $\mathrm{OP}_\theta$ の傾きを $\tan\theta$ で表す．すなわち，$\tan\theta := \dfrac{\sin\theta}{\cos\theta}$．
> 
> 変数 $x$ に対し，$\sin x$ は**正弦関数**，$\cos x$ は**余弦関数**，$\tan x$ は**正接関数**とよばれ，これらをあわせて**三角関数**とよぶ[3]．

定義より，周期性

$$\sin(x + 2\pi) = \sin x,$$
$$\cos(x + 2\pi) = \cos x,$$
$$\tan(x + \pi) = \tan x$$

がわかる．

**逆三角関数** さて三角関数の逆関数を考えたい．三角関数は周期性をもつ（よって同じ値を 2 度以上とる）から，1 対 1 ではない．そこで，三角関数を単調性をもつ区間に制限したものを考える．具体的には，

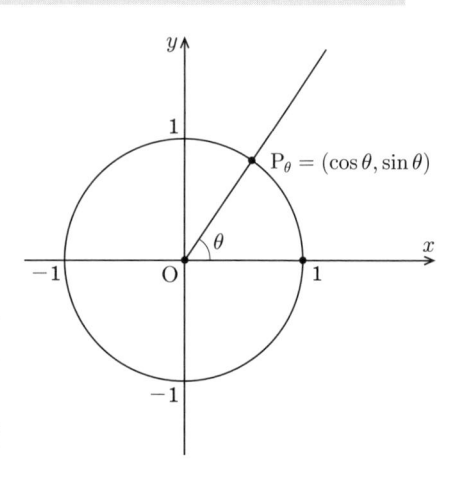

---

[3] ほかに三角関数とよばれるものとして，余接関数 $\cot x := \dfrac{1}{\tan x}$（コタンジェント $x$），正割関数 $\sec x := \dfrac{1}{\cos x}$（セカント $x$），余割関数 $\csc x := \dfrac{1}{\sin x}$（もしくは $\operatorname{cosec} x$, コセカント $x$）がある．

- $\sin x$ を区間 $[-\pi/2, \pi/2]$ に制限したものを $\mathbf{Sin}\, x$
- $\cos x$ を区間 $[0, \pi]$ に制限したものを $\mathbf{Cos}\, x$
- $\tan x$ を区間 $(-\pi/2, \pi/2)$ に制限したものを $\mathbf{Tan}\, x$

と表すことにすると，$\mathrm{Sin}\, x$ と $\mathrm{Tan}\, x$ は真に単調増加かつ連続，$\mathrm{Cos}\, x$ は真に単調減少かつ連続である．よって 命題4.4 より，逆関数を考えることができる．それが「逆三角関数」とよばれる関数たちである．

**定義（逆三角関数）** 上の $\mathrm{Sin}\, x$, $\mathrm{Cos}\, x$, $\mathrm{Tan}\, x$ の逆関数をそれぞれ $\mathbf{Sin^{-1}}\, x$, $\mathbf{Cos^{-1}}\, x$, $\mathbf{Tan^{-1}}\, x$ と表し，これらをあわせて**逆三角関数**とよぶ．さらに，
- $\mathrm{Sin}^{-1}\, x$ は**逆正弦関数**もしくは**サインインバース** $x$
- $\mathrm{Cos}^{-1}\, x$ は**逆余弦関数**もしくは**コサインインバース** $x$
- $\mathrm{Tan}^{-1}\, x$ は**逆正接関数**もしくは**タンジェントインバース** $x$

とよばれる．

**注意** 逆三角関数 $\mathrm{Sin}^{-1}\, x$, $\mathrm{Cos}^{-1}\, x$, $\mathrm{Tan}^{-1}\, x$ はそれぞれ $\arcsin x$, $\arccos x$, $\arctan x$ とも書かれ，それぞれ**アークサイン** $x$，**アークコサイン** $x$，**アークタンジェント** $x$ とよばれることも多い．

逆三角関数の性質をまとめておこう．

**定理5.4（逆三角関数の性質）** 逆三角関数は次の性質を持つ：
(1) 関数 $\mathrm{Sin}^{-1}\, x$ は定義域 $[-1, 1]$ 上で真に単調増加かつ連続であり，その値域は $[-\pi/2, \pi/2]$．
(2) 関数 $\mathrm{Cos}^{-1}\, x$ は定義域 $[-1, 1]$ 上で真に単調減少かつ連続であり，その値域は $[0, \pi]$．
(3) 関数 $\mathrm{Tan}^{-1}\, x$ は定義域 $\mathbb{R} = (-\infty, \infty)$ 上で真に単調増加かつ連続であり，その値域は $(-\pi/2, \pi/2)$．

**例1** $\mathrm{Sin}^{-1}\, 0 = 0$, $\mathrm{Sin}^{-1}\, 1 = \dfrac{\pi}{2}$, $\mathrm{Sin}^{-1}\, \dfrac{1}{\sqrt{2}} = \dfrac{\pi}{4}$, $\mathrm{Cos}^{-1}\left(\dfrac{\sqrt{3}}{2}\right) = \dfrac{\pi}{6}$, $\mathrm{Cos}^{-1}\left(-\dfrac{1}{2}\right) = \dfrac{2\pi}{3}$, $\mathrm{Tan}^{-1}\, 1 = \dfrac{\pi}{4}$, $\mathrm{Tan}^{-1}\left(-\dfrac{1}{\sqrt{3}}\right) = -\dfrac{\pi}{6}$, など．

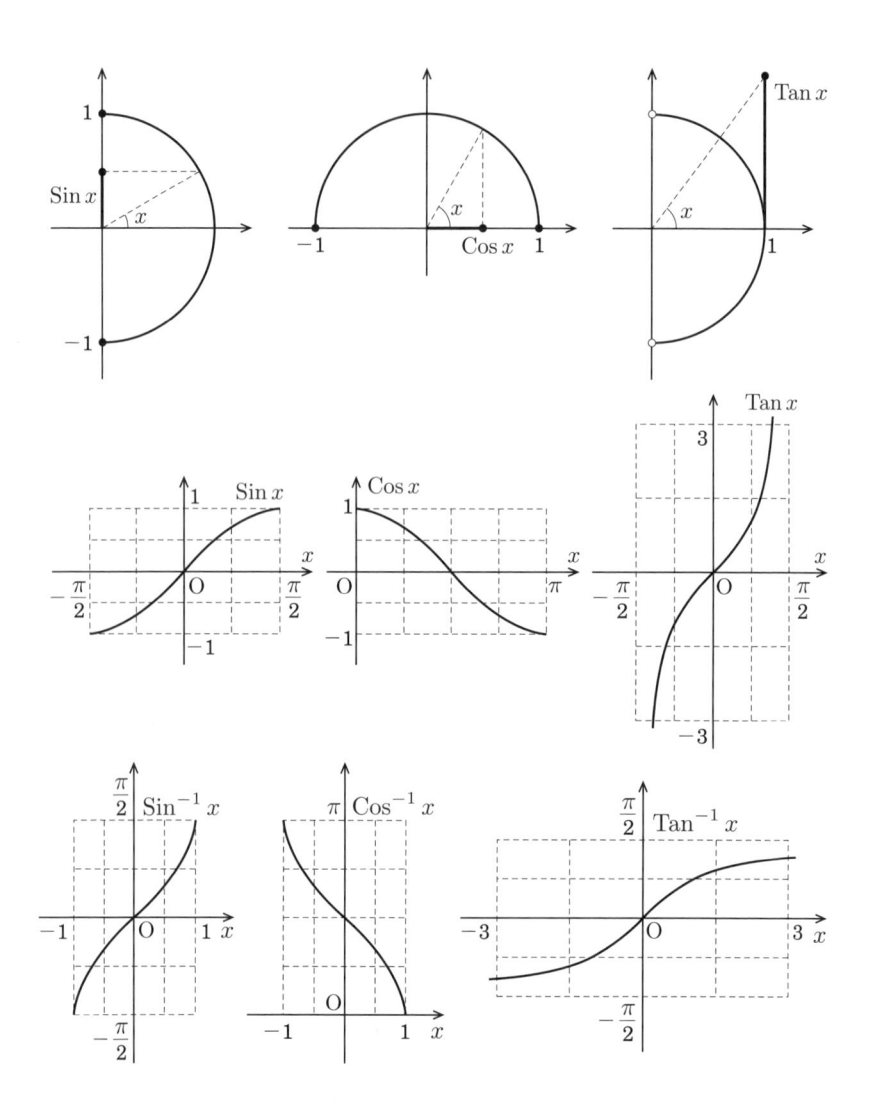

**例2** $x \in [0, 1]$ のとき，
$$\mathrm{Sin}^{-1} x + \mathrm{Cos}^{-1} x = \frac{\pi}{2}$$
が成り立つ．理由は次の図をぢっと眺めればわかるだろう（グラフを見ると $x \in [-1, 1]$ で正しいこともわかる．章末の演習問題，問5.3参照）．

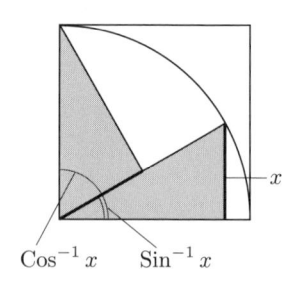

**例題 5.1** （逆三角関数の関係式） 次の関係式を示せ：

(1) $2\mathrm{Sin}^{-1}\dfrac{1}{10} = \mathrm{Cos}^{-1}\dfrac{49}{50}$ 　　(2) $4\mathrm{Tan}^{-1}\dfrac{1}{5} - \mathrm{Tan}^{-1}\dfrac{1}{239} = \dfrac{\pi}{4}$

**解** 　(1) $\alpha = \mathrm{Sin}^{-1}\dfrac{1}{10}$ とおくとき，$2\alpha = \mathrm{Cos}^{-1}\dfrac{49}{50}$ を示せばよい．$\sin\alpha = \dfrac{1}{10}$ $(0 < \alpha < \pi/2)$．$\cos 2\alpha = 1 - 2\sin^2\alpha = 1 - 2\left(\dfrac{1}{10}\right)^2 = \dfrac{49}{50}$．$0 < 2\alpha < \pi$ であるから，$2\alpha = \mathrm{Cos}^{-1}\dfrac{49}{50}$．

(2) $\alpha = \mathrm{Tan}^{-1}\dfrac{1}{5}$ とおくとき，$4\alpha - \dfrac{\pi}{4} = \mathrm{Tan}^{-1}\dfrac{1}{239}$ を示せばよい．$\tan\alpha = \dfrac{1}{5} < \dfrac{1}{\sqrt{3}}$．よって $0 < \alpha < \dfrac{\pi}{6}$．倍角の公式より，$\tan 2\alpha = \dfrac{2\tan\alpha}{1 - \tan^2\alpha} = \dfrac{5}{12}$，$\tan 4\alpha = \dfrac{2\tan 2\alpha}{1 - \tan^2 2\alpha} = \dfrac{120}{119}$．さらに加法定理より，

$$\tan\left(4\alpha - \dfrac{\pi}{4}\right) = \dfrac{\tan 4\alpha - \tan(\pi/4)}{1 + \tan 4\alpha \tan(\pi/4)} = \dfrac{1}{239}.$$

$-\dfrac{\pi}{4} < 4\alpha - \dfrac{\pi}{4} < \dfrac{5\pi}{12}$ が成り立つことから，$4\alpha - \dfrac{\pi}{4} = \mathrm{Tan}^{-1}\dfrac{1}{239}$．■

## 演習問題

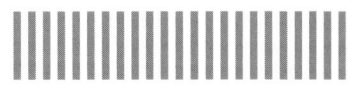

**問 5.1** （逆三角関数の値） 次の値を求めよ．

(1) $\mathrm{Cos}^{-1}\dfrac{1}{2}$ 　　(2) $\mathrm{Tan}^{-1} 1$ 　　(3) $\mathrm{Sin}^{-1}\left(-\dfrac{\sqrt{3}}{2}\right)$

(4) $\mathrm{Sin}^{-1}\left(\sin\dfrac{100\pi}{3}\right)$ 　　(5) $\mathrm{Cos}^{-1}\left(\sin\dfrac{77\pi}{4}\right)$

**問 5.2** （逆三角関数のグラフ） 次の関数のグラフを描け．

(1) $y = f(x) := \mathrm{Sin}^{-1}(\sin x)$ 　　(2) $y = g(x) := \mathrm{Cos}^{-1}(\sin x)$

**問 5.3** （逆三角関数の関係式） 以下の式を示せ．

(1) $\mathrm{Cos}^{-1}\dfrac{4}{5} = \mathrm{Sin}^{-1}\dfrac{3}{5}$ 　　(2) $\mathrm{Sin}^{-1}\dfrac{3}{5} + \mathrm{Sin}^{-1}\dfrac{5}{13} = \mathrm{Sin}^{-1}\dfrac{56}{65}$

(3) $\mathrm{Tan}^{-1}\dfrac{1}{2} + \mathrm{Tan}^{-1}\dfrac{1}{3} = \dfrac{\pi}{4}$ 　　(4) $\mathrm{Sin}^{-1} x + \mathrm{Cos}^{-1} x = \dfrac{\pi}{2}$ 　$(|x| \leqq 1)$

**問 5.4**　（双曲線関数）　次で与えられる関数を**双曲線関数**とよぶ[4]：

$$\sinh x := \frac{e^x - e^{-x}}{2}, \quad \cosh x := \frac{e^x + e^{-x}}{2}, \quad \tanh x := \frac{\sinh x}{\cosh x}$$

これらのグラフを描け．また，以下を示せ（複号同順）：

(1) $\cosh^2 x - \sinh^2 x = 1$ （ただし $\cosh^2 x = (\cosh x)^2$, $\sinh^2 x = (\sinh x)^2$）

(2) $\sinh(x \pm y) = \sinh x \cosh y \pm \cosh x \sinh y$

(3) $\cosh(x \pm y) = \cosh x \cosh y \pm \sinh x \sinh y$

(4) $\tanh(x \pm y) = \dfrac{\tanh x \pm \tanh y}{1 \pm \tanh x \tanh y}$

**問 5.5**　（逆双曲線関数）　$\sinh x, \cosh x, \tanh x$ はそれぞれ $(-\infty, \infty)$, $[0, \infty)$, $(-\infty, \infty)$ 上で真に単調増加であり，対応する逆関数は次のように与えられることを示せ．

(1) $\sinh^{-1} x = \log(x + \sqrt{x^2 + 1})$　　(2) $\cosh^{-1} x = \log(x + \sqrt{x^2 - 1})$ $(x \geqq 1)$

(3) $\tanh^{-1} x = \dfrac{1}{2} \log \dfrac{1+x}{1-x}$ $(|x| < 1)$

---

[4]　日本語ではハイパボリック・サイン $x$，ハイパボリック・コサイン $x$，ハイパボリック・タンジェント $x$ と読む．

# 第6章

# 微分と1次近似

本章から「微分積分」の主役のひとつ,「微分」を学ぶ. といっても,計算自体には高校以来慣れ親しんでいるだろうから,ここではその意味を掘り下げてみよう.
応用として,接線の方程式から関数の近似値(1次近似)を求める方法を紹介する.

## 6.1 微分可能性

まずは「微分可能性」と「微分係数」の定義を確認しよう.

**定義(微分可能性)** 関数 $y = f(x)$ が $x = a$ で**微分可能**であるとは,極限

$$A = \lim_{x \to a} \frac{f(x) - f(a)}{x - a} \tag{6.1}$$

が存在することをいう. この極限 $A$ を $a$ における**微分係数**とよび,$f'(a)$ と表す.

**顕微鏡の中の比例関数** 式 (6.1) の意味を詳しく解釈してみよう.

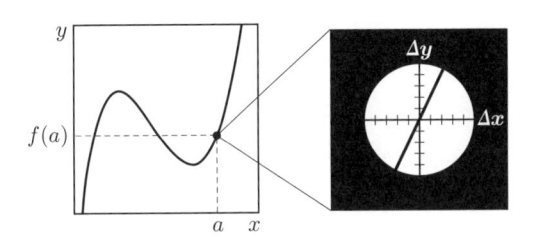

たとえば図のような関数 $y = f(x)$ のグラフを,点 $(a, f(a))$ を中心にして顕微鏡で拡大してみる. 倍率を上げていくと,拡大されたグラフの断片の凹凸は次第に和らぎ,いつかは線分のように見えてくるだろう. 直観的には,その線分の傾きが微分係数 $A$ だと考えられる. そこで,式 (6.1) が成り立つことを仮定して,実際に傾き $A$ の線分が見えてくることを確かめてみよう.

顕微鏡の接眼レンズには「$\Delta x \Delta y$ 座標系」が描かれているとしよう. ここで,$\Delta x$

と $\Delta y$ は「顕微鏡内の変数」であり，もとの関数 $y = f(x)$ を用いて

$$\Delta x := x - a, \quad \Delta y := f(x) - f(a) = y - f(a)$$

と定義できる[1]．このとき，式 (6.1) は

$$A = \lim_{\Delta x \to 0} \frac{\Delta y}{\Delta x}$$

と書き直される．よって，$\Delta x$ が 0 に十分近い値のとき，$\frac{\Delta y}{\Delta x}$ は $A$ にいくらでも近い値をとる．この「近い値をとる」という状況を，本書では「$\frac{\Delta y}{\Delta x} \approx A$」のように表すことにしよう[2]．両辺に $\Delta x$ を掛けて「$\Delta y \approx A \Delta x$」と変形すると，変数 $\Delta y$ はほぼ変数 $\Delta x$ に比例して変化し，その「比例定数」にあたるのが微分係数 $A$ だといえる．

関係式「$\Delta y \approx A \Delta x$」をもとの変数 $x$ で書き直すと，「$f(x) - f(a) \approx A(x-a)$」，すなわち $x \approx a$ のとき，近似式

$$f(x) \approx f(a) + A(x - a) \tag{6.2}$$

が成り立つ．この右辺の 1 次関数が，顕微鏡の中で見えていた「線分」の方程式なのである．

## 6.2 ランダウの記号と1次近似

式 (6.2) は等号 = ではなく $\approx$ を使う分あいまいであるから，もう少し「誤差の量」を意識できる形で表現してみよう．

**ランダウの記号** まず，0 に収束する関数の「相対的な速さ」を表現するために，「ランダウの記号」を導入する．

たとえば $x \to 0$ のとき，$x^2$, $x^3$, $x^4$ などはいずれも 0 に収束する．そこで，収束の「相対的な速さ」を $x^2$ を基準として調べてみよう．$x^2$ と $x^3$ について，0 と

---

[1] $\Delta x$ は「デルタ $x$」と読む．この2文字でひとつの変数を表し，変数 $x$ の微小な変化量を表現する．$\Delta y$ も同様．

[2] 「$X \approx Y$」は「$X$ と $Y$ はほぼ等しい」ことを表す記号である．「ほぼ等しい」の意味はきっちりと定義されることもあるし，あいまいに読み手の解釈（誤差の許容度）に任せることもある．ここでは後者の立場で使っている．

の距離（誤差）の比は

$$\frac{[x^3 と 0 の距離]}{[x^2 と 0 の距離]} = \frac{|x^3 - 0|}{|x^2 - 0|} = |x|$$

となる．もし $x = 1/100$ であれば，「$x^3$ と 0 の距離」はすでに「$x^2$ と 0 の距離」の100分の1にまで縮んでいる．私たちが $x^2$ と一緒に原点に向かって数直線上を移動しても，それを凌ぐ速度で原点に近づく $x^3$ の姿が見えるであろう．この意味で，$x^3$ は $x^2$ よりも「相対的に速く」0 に収束する．$x^4$ についても同様である．

与えられた関数 $f(x)$ がある基準となる関数 $g(x)$ よりも「相対的に速く」0 に収束することを，$f(x) = o(g(x))$ と表すのが**ランダウの記号（記法）**である[3]．厳密には，次のように定義する：

**定義（ランダウの記号）** 関数 $f(x)$ は $x \to a$ のとき 0 に収束し，さらに別の関数 $g(x)$ に対し

$$\frac{[f(x) と 0 の距離]}{[g(x) と 0 の距離]} = \frac{|f(x)|}{|g(x)|} \to 0$$

を満たすとき，$\boldsymbol{f(x) = o(g(x))}$ $\boldsymbol{(x \to a)}$ と表す．

$f(x) = o(g(x))$ のあとの $(x \to a)$ は文脈から明らかな場合しばしば省略される．

**例1** $x \to 0$ のとき，$\frac{|x^3|}{|x^2|} = |x| \to 0$ より $x^3 = o(x^2)$．同様に $\frac{|x^4|}{|x^2|} = |x|^2 \to 0$ より $x^4 = o(x^2)$．

**例2** 関数 $f(x)$ が $x \to a$ のとき $\frac{|f(x)|}{|x-a|} \to 0$ を満たすならば，$f(x) \to 0$ は自動的に満たされて，$f(x) = o(x-a)$ と表される．

**微分係数と接線の方程式** ランダウの記号を用いて，微分可能性から導かれた近似式 (6.2) を精密化しよう．まず式 (6.1) より，$x \to a$ のとき平均変化率 $\frac{f(x)-f(a)}{x-a}$ は微分係数 $f'(a) = A$ を近似するから，その誤差を表す関数として

$$\begin{cases} r_a(x) := \dfrac{f(x)-f(a)}{x-a} - A & (x \neq a) \\ r_a(a) = 0 & (x = a) \end{cases}$$

---

3] $o(g(x))$ は「スモールオー $g(x)$」と読む．

と定める．このとき，式 (6.1) は「$x \to a$ のとき $r_a(x) \to 0$ を満たす」ことだといいかえることができる．また，$r_a(x)$ の定義式を変形すると，関数 $f(x)$ は

$$f(x) = f(a) + A(x-a) + \underline{r_a(x)(x-a)}$$

のように式 (6.2) に似た形で表現できる．さらに下線部を引いた部分は

$$\frac{|r_a(x)(x-a)|}{|x-a|} = |r_a(x)| \to 0 \quad (x \to a)$$

を満たすから，ランダウの記号で $o(x-a)$ と置き換えてよい．以上をまとめると，「微分可能性」の定義は次のようにいいかえることができる．

**定義（微分可能性その2）** 関数 $y = f(x)$ が $x = a$ において**微分可能**であるとは，ある定数 $A$ が存在し，$x \to a$ のとき

$$f(x) = f(a) + A(x-a) + o(x-a) \tag{6.3}$$

と表されることをいう．この定数 $A$ を $a$ における**微分係数**とよび，$f'(a)$ と表す．また，式 (6.3) 右辺の1次関数部分 $y = f(a) + A(x-a)$ を $f(x)$ の $x = a$ における**接線の方程式**もしくは**1次近似**とよぶ．

この「接線」は，顕微鏡で拡大したときに見えてきた「線分」にほかならない．式 (6.3) 右辺の $o(x-a)$ は，関数 $f(x)$ を接線の方程式で近似したときの「誤差」にあたる量である．これは $|x-a|$ に比べて相対的に速く小さくなるから，顕微鏡の拡大率を上げると私たちには知覚できなくなってしまうのである[4]．

**例3** 2次関数 $f(x) = x^2$ は $f(x) = 1 + 2(x-1) + (x-1)^2$ と変形できる．よって

$$f(x) = f(1) + 2(x-1) + o(x-1) \quad (x \to 0)$$

を満たす．すなわち，$x = 1$ で微分可能であり，そこでの微分係数は 2，接線の方程式（1次近似）は $y = 1 + 2(x-1)$ である．

**連続性との関係** 「微分可能性」の定義には，「連続性」が仮定されていない．仮定しなくても，次の命題から自動的に導かれるからである：

---

[4] このように関数を「1次関数 + 誤差」の形で表現するというアイディアは，後にテイラー展開や多変数関数の微分へと発展していくのである．

**命題 6.1**（微分可能なら連続）関数 $y = f(x)$ が $x = a$ において微分可能であれば，$x = a$ において連続．

**証明** 式 (6.3) より $x \to a$ とすれば $f(x) \to f(a)$ は明らか． ■

## 6.3　1次近似の応用

高校で学んだ基本的な関数の微分は既知として，関数の接線の方程式（1次近似）を数値計算に応用してみよう．

**例題 6.1**（三角関数の近似値）　$\sin 47°$ の近似値を求めよ．

**解**　$47° = 45° + 2° = \pi/4 + \pi/90$ を用いる．式 (6.2) で $f(x) = \sin x$, $a = \pi/4$ とおくと，$f'(x) = \cos x$ より

$$f(x) \approx f\left(\frac{\pi}{4}\right) + f'\left(\frac{\pi}{4}\right)\left(x - \frac{\pi}{4}\right)$$
$$= \sin\frac{\pi}{4} + \cos\frac{\pi}{4}\left(x - \frac{\pi}{4}\right) = \frac{\sqrt{2}}{2} + \frac{\sqrt{2}}{2}\left(x - \frac{\pi}{4}\right).$$

これに $x = 47° = \pi/4 + \pi/90$ を代入する：

$$\sin 47° = f\left(\frac{\pi}{4} + \frac{\pi}{90}\right) \approx \frac{\sqrt{2}}{2} + \frac{\sqrt{2}}{2} \cdot \frac{\pi}{90} = 0.73179 \cdots .$$

ただし，$\sqrt{2} = 1.4142135 \cdots$，$\pi = 3.1415926 \cdots$ は既知として計算した．これは真の値（$0.7313537 \cdots$）と比べて約 $0.06\%$ の相対誤差におさまっている． ■

**例題 6.2**（平方根の近似値）　$\sqrt{26}$ の近似値を求めよ．

**解**　まず $\sqrt{26} = \sqrt{25+1} = 5\sqrt{1 + \dfrac{1}{25}}$ と変形する．式 (6.2) に $f(x) = \sqrt{x}$, $a = 1$ を代入すれば，$f'(x) = \dfrac{1}{2\sqrt{x}}$ より

$$f(x) \approx f(1) + f'(1)(x-1) = 1 + \frac{1}{2}(x-1).$$

よって $x = 1 + \dfrac{1}{25}$ を代入すると,

$$\sqrt{1 + \frac{1}{25}} = f\left(1 + \frac{1}{25}\right) \approx 1 + \frac{1}{2} \cdot \frac{1}{25} = 1 + \frac{1}{50}.$$

これより $\sqrt{26} \approx 5(1 + 1/50) = 5.1$ を得る. $(5.1)^2 = 26.01$ なので意外とよい近似になっている. 実際, 真の値 ($5.0990195\cdots$) との相対誤差は 約 $0.02\%$. ∎

## 6.4 導関数と微分の公式いろいろ

「導関数」という言葉を思い出しておこう.

**定義（導関数）** 集合 $I$ 上で定義された関数 $y = f(x)$ が ($I$ 上で) **微分可能**であるとは, $f(x)$ が $I$ 上のすべての $a$ において微分可能であることをいう.

このとき, $I$ 上を動く変数 $x$ に微分係数 $f'(x)$ を対応させる関数を $y = f(x)$ の**導関数**とよび,

$$y', \ \frac{dy}{dx}, \ f'(x), \ \frac{df}{dx}(x), \ \frac{d}{dx}f(x), \ Df(x)$$

のように表す（いずれの記号もよく用いられる）.

与えられた関数に対し, 微分係数もしくは導関数を求めることを**微分する**という.

高校以来おなじみの公式をまとめておこう.

**公式 6.2（微分の公式）** 関数 $f(x), g(x)$ が微分可能であるとき, 次が（左辺の関数が定義できる範囲で）成り立つ：

(1) $\{f(x) + g(x)\}' = f'(x) + g'(x).$

(2) ライプニッツ則： $\{f(x)g(x)\}' = f'(x)g(x) + f(x)g'(x).$

(3) $g(x) \neq 0$ であれば $\left\{\dfrac{f(x)}{g(x)}\right\}' = \dfrac{f'(x)g(x) - f(x)g'(x)}{\{g(x)\}^2}.$

(4) $\{g(f(x))\}' = g'(f(x)) \cdot f'(x).$ もし $y = f(x), z = g(y)$ と表すならば,

$$\frac{dz}{dx} = \frac{dz}{dy} \cdot \frac{dy}{dx}.$$

**(4) の直観的な意味**　(4) の合成関数は $x$ 軸上の数たちを関数 $f(x)$ で $y$ 軸へ，さらに関数 $g(y)$ で $z$ 軸へと，つづけて投影するものだと解釈できる．微分係数は「関数の局所的な拡大率」とも解釈できるから，$x = a \overset{f}{\longmapsto} f(a) \overset{g}{\longmapsto} g(f(a))$ という変化を顕微鏡で眺めたとき，$x$ 軸の目盛りは $y$ 軸にほぼ $f'(a)$ 倍されて投影され，さらに $z$ 軸へほぼ $g'(f(a))$ 倍されて投影されるのである．

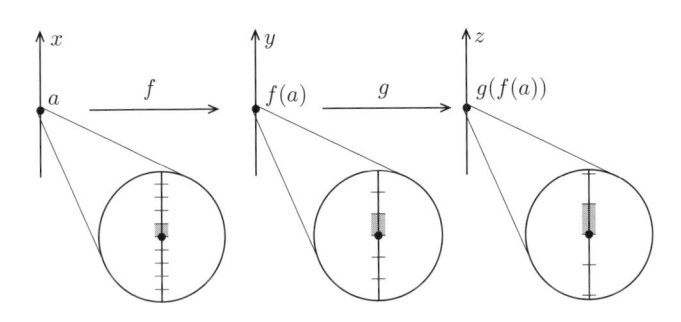

**証明**　(1)「微分可能性その2」の式 (6.3) に基づいて証明してみよう．$x = a$ で $f(x)$, $g(x)$ が微分可能であるとき，関数 $r_a(x)$, $R_a(x)$ で $r_a(x) \to 0$, $R_a(x) \to 0$ $(x \to a)$ を満たすものが存在して

$$f(x) = f(a) + f'(a)(x-a) + \underline{r_a(x)(x-a)} \tag{6.4}$$
$$g(x) = g(a) + g'(a)(x-a) + \underline{R_a(x)(x-a)} \tag{6.5}$$

と書ける．とくに，下線部はそれぞれ $o(x-a)$ と表される．これらを足し合わせると，

$$\begin{aligned}&f(x) + g(x)\\ &= f(a) + g(a) + \{f'(a) + g'(a)\}(x-a) + \underline{\{r_a(x) + R_a(x)\}(x-a)}.\end{aligned}$$

この式の下線部も $o(x-a)$ と表されるから，式 (6.3) より関数 $f(x) + g(x)$ の $x = a$ における微分係数は $f'(a) + g'(a)$．これは (1) を意味する．

(2) 同様に，式 (6.4) と式 (6.5) を掛け合わせて整理すれば，

$$f(x)g(x) = f(a)g(a) + \{f'(a)g(a) + f(a)g'(a)\}(x-a) + o(x-a)$$

と書ける．あとは (1) と同様である．

(3) と (4) は演習問題としよう（問 6.3）．■

**定理 6.3（逆関数の微分）** 真に単調増加［減少］かつ微分可能な関数 $y = f(x)$ が $f'(x) \neq 0$ を満たすとき，逆関数 $x = f^{-1}(y)$ も真に単調増加［減少］かつ微分可能であり，導関数は次の式で与えられる：

$$\frac{dx}{dy} = \frac{1}{\frac{dy}{dx}} \iff \frac{d}{dy}f^{-1}(y) = \frac{1}{\frac{d}{dx}f(x)}.$$

**注意** 定義域上に $f'(a) = 0$ となる $a$ が存在してはいけない．たとえば $y = f(x) = x^3$ と $x = g(y) = y^{1/3}$ は互いに逆関数でありともに真に単調増加であるが，$g(y)$ は $y = 0$ で微分可能でない．

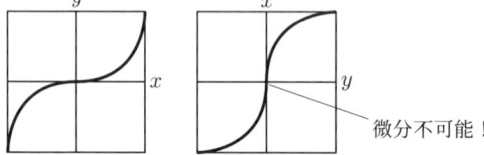

微分不可能！

**証明** 命題 4.4 より微分可能性を示せば十分．$x = a$ で $y = f(x)$ が微分可能（したがって連続，命題 6.1）と仮定する．$b = f(a)$，$\Delta x = x - a$，$\Delta y = f(x) - f(a) = y - b$ とおくと，$\Delta x = f^{-1}(y) - f^{-1}(b)$ である．$f(x)$ の連続性より $\Delta x \to 0$ ならば $\Delta y \to 0$．命題 4.4 より $f^{-1}$ も連続であるから，$\Delta y \to 0$ ならば $\Delta x \to 0$．よって

$$\frac{dx}{dy} = \lim_{\Delta y \to 0} \frac{\Delta x}{\Delta y} = \frac{1}{\lim_{\Delta x \to 0} \frac{\Delta y}{\Delta x}} = \frac{1}{\frac{dy}{dx}}. \qquad \blacksquare$$

応用として，逆三角関数の微分を計算してみよう．

**例題 6.3**（逆正弦関数の微分） 次を示せ：

$$\frac{d}{dx} \operatorname{Sin}^{-1} x = \frac{1}{\sqrt{1 - x^2}} \quad (|x| < 1)$$

**解** $y = \operatorname{Sin}^{-1} x \ (|x| < 1)$ より $x = \sin y \ (|y| < \pi/2)$．よって

$$\frac{dx}{dy} = \cos y \quad (> 0).$$

定理 6.3 より，

$$\frac{dy}{dx} = \frac{1}{\cos y} = \frac{1}{\sqrt{1 - \sin^2 y}} = \frac{1}{\sqrt{1 - x^2}}. \qquad \blacksquare$$

**対数微分法** 複雑な合成関数を微分するときは,「対数微分法」を用いるとよい.まずは次の公式を示す：

**公式 6.4**（対数微分）$y = f(x) \neq 0$ が微分可能であるとき,
$$\frac{d}{dx}\{\log |f(x)|\} = \frac{f'(x)}{f(x)} = \frac{y'}{y}.$$

**証明** $z = \log |y|$ とおくと, $\dfrac{dz}{dy} = \dfrac{1}{y}$. よって公式 6.2 (4) より
$$\frac{dz}{dx} = \frac{dz}{dy} \cdot \frac{dy}{dx} = \frac{1}{y} \cdot y'. \blacksquare$$

合成関数の微分に応用してみよう.

**例題 6.4**（対数微分法） 関数 $y = x^x$ $(x > 0)$ の導関数を求めよ.

**解** 関数の両辺の対数をとると, $\log y = x \log x$. 公式 6.2 と公式 6.4 を用いて $x$ で微分すると,
$$\frac{y'}{y} = 1 \cdot \log x + x \cdot \frac{1}{x} = \log x + 1.$$
ゆえに $y' = y(\log x + 1) = x^x(\log x + 1)$. $\blacksquare$

**有名な関数の微分公式** 今後よく用いる関数の微分をまとめておく.

**公式 6.5**（有名関数の微分） $\alpha$ を実数, $a$ を正の実数とする.

$(x^\alpha)' = \alpha x^{\alpha - 1}$

$(e^x)' = e^x$ $\qquad (\log |x|)' = \dfrac{1}{x}$

$(a^x)' = a^x \log a \qquad (\log_a |x|)' = \dfrac{1}{x \log a}$ $(a \neq 1)$

$(\sin x)' = \cos x \qquad (\mathrm{Sin}^{-1} x)' = \dfrac{1}{\sqrt{1 - x^2}}$

$(\cos x)' = -\sin x \qquad (\mathrm{Cos}^{-1} x)' = -\dfrac{1}{\sqrt{1 - x^2}}$

$(\tan x)' = \dfrac{1}{\cos^2 x} = \tan^2 x + 1 \qquad (\mathrm{Tan}^{-1} x)' = \dfrac{1}{1 + x^2}$

## 演習問題

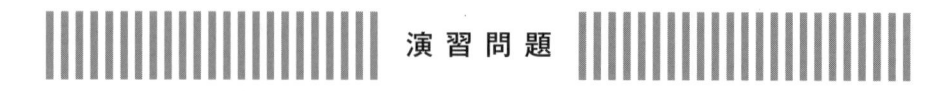

**問 6.1** （関数の微分）　関数の定義域に注意しつつ，以下を証明せよ．ただし $a > 0$ とする．

(1) $(\tan x)' = \dfrac{1}{\cos^2 x}$ 　　　(2) $(\log_a |x|)' = \dfrac{1}{x \log a}$

(3) $\left(\operatorname{Cos}^{-1} x\right)' = -\dfrac{1}{\sqrt{1-x^2}}$ 　　(4) $\left(\operatorname{Tan}^{-1} x\right)' = \dfrac{1}{1+x^2}$

**問 6.2** （関数の 1 次近似）　関数の 1 次近似を用いて，次の値の近似値を求めよ．また，得られた近似値と真の値との相対誤差が何％ 程度か計算せよ．ただし，普通の電卓は用いてもよい．

(1) $\cos 63°$ （真の値は $0.4539904997\cdots$）

(2) $\sqrt[3]{28}$ （真の値は $3.0365889718\cdots$）

必要なら $\pi = 3.1415926535\cdots$, $\sqrt{3} = 1.7320508075\cdots$ を適当に四捨五入して用いてよい．

**問 6.3** （微分の公式）　公式 6.2 の (3)(4) を式 (6.3) に基づいて証明せよ．

**問 6.4** （対数微分法）　必要なら対数微分法を用いて，次の関数を微分せよ．

(1) $(\sin x)^{\cos x}$ 　　　(2) $\sqrt[3]{\dfrac{x^2+1}{(x-1)^2}}$

(3) $x\sqrt{1-x^2} + \operatorname{Sin}^{-1} x$ 　　(4) $f(x)g(x)h(x)$

# 第7章

# 平均値の定理

「平均値の定理」とそのもととなる「ロルの定理」は，関数のグラフの形状を調べるときに本質的な役割を果たす重要な定理である．また，1変数微分積分学のハイライトともいえる「テイラー展開」に向けた，最初の一歩にあたる．
この章ではこれらの「定理」の解説に加え，極限計算に役立つ「ロピタルの定理」を若干の警告とともに紹介しよう．

## 7.1 ロルの定理と平均値の定理

定理4.3（閉区間における最大・最小値の存在）の主張によれば，「閉区間 $[a,b]$ 上で定義された連続関数 $y = f(x)$ は，最大値と最小値を持つ」のであった．

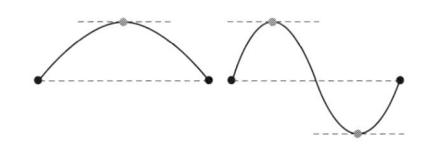

いま $f(a) = f(b)$ を仮定しよう．さらに開区間 $(a,b)$ 上で微分可能であれば，最大値もしくは最小値を実現する点では微分係数が 0 になるであろう（右図）．すなわち，次が成り立つ：

**定理 7.1**（ロルの定理）区間 $[a,b]$ 上で定義された連続関数 $y = f(x)$ は，$(a,b)$ 上で微分可能であり，$f(a) = f(b)$ を満たすとする．このとき，$f'(c) = 0$ となる $c$ が区間 $(a,b)$ に（少なくともひとつ）存在する．

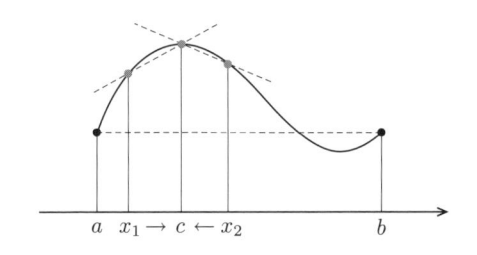

**証明** $f(x)$ が定数関数のとき定理は明らかなので，$f(x)$ は定数関数でないと仮定する．関数 $y = f(x)$ は閉区間 $[a,b]$ 上で連続なので最大値 $M$ と最小値 $m$ を

持つ（定理 4.3）が，定数関数ではないので $m < M$ を満たしている．このとき，$m \leqq f(a) = f(b) < M$ もしくは $m < f(a) = f(b) \leqq M$ のうち，少なくとも一方が成り立つ．

$m \leqq f(a) = f(b) < M$ のとき，最大値 $f(c) = M$ を実現する $c$ が区間 $(a,b)$ に存在する．いま $x_1 \to c - 0$ かつ $x_2 \to c + 0$ とすれば，$f(x_1) \leqq f(c)$ かつ $f(c) \geqq f(x_2)$ より

$$f'(c) = \lim_{x_1 \to c} \frac{f(x_1) - f(c)}{x_1 - c} \geq 0 \quad \text{かつ} \quad f'(c) = \lim_{x_2 \to c} \frac{f(x_2) - f(c)}{x_2 - c} \leq 0$$

が成り立つ．よって $f'(c) = 0$．$m < f(a) = f(b) \leqq M$ の場合は最小値 $f(c) = m$ を実現する $c$ が区間 $(a,b)$ に存在するので，同様の議論で $f'(c) = 0$ がわかる．■

**平均値の定理** ロルの定理（定理7.1）から，次の「平均値の定理」がただちに導かれる：

**定理7.2（平均値の定理）** 関数 $y = f(x)$ は区間 $[a, b]$ 上で連続，$(a, b)$ 上で微分可能とする．このとき

$$\frac{f(b) - f(a)}{b - a} = f'(c), \tag{7.1}$$

すなわち

$$f(b) - f(a) = f'(c)(b - a) \tag{7.2}$$

を満たす $c$ が区間 $(a, b)$ に（少なくともひとつ）存在する．

式（7.1）の図形的な意味は，「点 $(a, f(a))$ と点 $(b, f(b))$ を結ぶ線分と平行な接線をもつ点 $(c, f(c))$ が $y = f(x)$ のグラフ上に存在する」ということである（式（7.1）の左辺は $a$ から $b$ までの**平均変化率**とよばれる量であった）．とくに，$f(a) = f(b)$ のときはロルの定理そのものである．また，式（7.2）は次章で学ぶテイラー展開の特別な場合になっていて，応用上もこの形で用いられることが多い．

**証明** 点 $(a, f(a))$ と点 $(b, f(b))$ を結ぶ線分 $\ell$ の傾きを $A = \dfrac{f(b) - f(a)}{b - a}$ とおき，関数 $F(x)$ を

$$F(x) := f(x) - \{f(a) + A(x - a)\}$$

と定める（中括弧内は線分 $\ell$ の方程式である）．このとき $F(x)$ はロルの定理（定理7.1）の仮定をすべて満たすから，$F'(c) = 0$ を満たす $c$ が区間 $(a, b)$ に存在する．$F'(x) = f'(x) - A$ より，$f'(c) = A$. ■

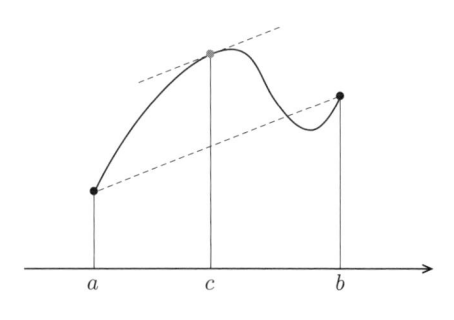

## 7.2 関数の増減への応用

高校で学んだように，微分係数の正負を確認することで関数の増減や極大・極小が判定できるのであった．ロルの定理（定理7.1）と平均値の定理（定理7.2）の応用として，その根拠を厳密な形で与えよう．

**極大と極小** まずは「極大値」と「極小値」について，その定義を確認する：

**定義（極大と極小）** $x = c$ の十分近くで「$x \neq c$ ならば $f(x) < f(c)$ [$f(x) > f(c)$]」が成り立つとき，$f(x)$ は $x = c$ で**極大**［**極小**］であるといい，$f(c)$ を**極大値**［**極小値**］とよぶ．極大値と極小値をあわせて**極値**とよぶ．

極値をとる点では，グラフの接線の傾きが $0$ となるのであった．ロルの定理（定理7.1）のアイディアで，それを証明してみよう．

**命題 7.3**（**極値なら微分が 0**） 微分可能な関数 $f(x)$ が $x = c$ で極値をとるならば，$f'(c) = 0$.

**注意** $f'(c) = 0$ であっても，極値とならない場合がある．たとえば定数関数，$f(x) = x^3$ の $x = 0$ など．

**証明** まず $x = c$ で極大と仮定する．すなわち，$x = c$ を含む十分小さな区間上で $x \neq c$ のとき $f(x) < f(c)$. ロルの定理の証明と同様に左右からの平均変化率の

極限をとることで $f'(c) \geqq 0$ かつ $f'(c) \leqq 0$ を得る．よって $f'(c) = 0$．$x = c$ で極小の場合も同様（もしくは，$-f(x)$ を考えれば極大の場合に帰着される）．■

**関数の増減**　グラフを描くときに重宝する次の定理は，平均値の定理（定理 7.2）を用いて証明される：

> **定理 7.4**（微分係数と増減）関数 $f(x)$ は閉区間 $[a,b]$ 上で連続であり，開区間 $(a,b)$ 上で微分可能とする．このとき，以下が成り立つ：
> 
> (1) 区間 $(a,b)$ 上で $f'(x) > 0$ ならば，$f(x)$ は $[a,b]$ 上で真に単調増加．
> 
> (2) 区間 $(a,b)$ 上で $f'(x) < 0$ ならば，$f(x)$ は $[a,b]$ 上で真に単調減少．
> 
> (3) 区間 $(a,b)$ 上で $f'(x) = 0$（一定）ならば，$f(x)$ は $[a,b]$ 上で定数関数．

**証明**　まず $a \leqq x_1 < x_2 \leqq b$ を満たす $x_1$ と $x_2$ を任意に選び，関数 $y = f(x)$ を閉区間 $[x_1, x_2]$ に制限する．これに平均値の定理（定理 7.2）を適用しよう．すなわちある $c$ が区間 $(x_1, x_2)$ に存在して，式 (7.2) より

$$f(x_2) - f(x_1) = f'(c)(x_2 - x_1)$$

を満たす．$x_2 - x_1 > 0$ より，左辺の符号は $f'(c)$ の符号で決まる．たとえば $f'(c) > 0$ であれば $f(x_2) > f(x_1)$ となり，$f'(c) < 0$ であれば $f(x_2) < f(x_1)$，$f'(c) = 0$ であれば $f(x_1) = f(x_2)$ となる．$x_1, x_2$ は自由に選べるので定理を得る．■

**応用**　定理 7.4 の応用として，不等式をひとつ証明してみよう．

**例題 7.1**（不等式への応用）　$x > 0$ のとき $x > \log(1+x)$ を示せ．

**解**　$f(x) = x - \log(1+x)$ とおくと，$f(x)$ は $x > -1$ のとき連続．さらに $x > 0$ のとき $f'(x) = 1 - 1/(1+x) > 0$ であり，$f(x)$ は真に単調増加．すなわち $f(x) > f(0) = 0$．これは $x > \log(1+x)$ を意味する．■

## 7.3 ロピタルの定理

**不定形の極限** $\lim_{x \to a} f(x) = \lim_{x \to a} g(x) = 0$ のとき，$\lim_{x \to a} \dfrac{f(x)}{g(x)}$ の値は存在するだろうか？ このような極限は $\dfrac{0}{0}$ 型の**不定形の極限**とよばれ，さまざまなパターンがありうる．たとえば，

$$\lim_{x \to 0} \frac{\sin x}{x} = 1, \quad \lim_{x \to 0} \frac{(\sin x)^2}{x} = 0, \quad \lim_{x \to \pm 0} \frac{\sin x}{x^2} = \pm\infty,$$

といった具合である．こうした不定形の極限を計算する「技術」として有名なが，次の「ロピタルの定理」である．

**定理 7.5（ロピタルの定理）** $x = a$ の近くで定義された関数 $f(x)$ と $g(x)$ は微分可能であり，$g'(x) \neq 0$ を満たすとする．さらに，

(a) $\lim_{x \to a} f(x) = \lim_{x \to a} g(x) = 0$；かつ

(b) $\lim_{x \to a} \dfrac{f'(x)}{g'(x)}$ が存在する

ならば，極限 $\lim_{x \to a} \dfrac{f(x)}{g(x)}$ が存在して $\lim_{x \to a} \dfrac{f(x)}{g(x)} = \lim_{x \to a} \dfrac{f'(x)}{g'(x)}$．

**説明** ロピタルの定理の意味を直観的に説明してみよう．

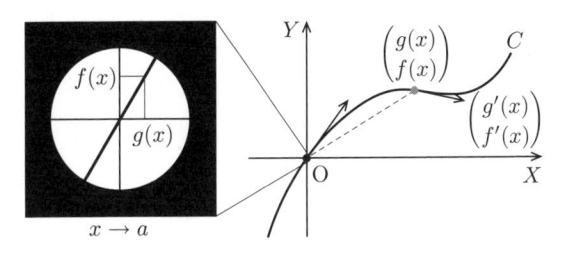

まず $x$ をパラメーターとする平面ベクトル $(X, Y) = (g(x), f(x))$ が定める曲線 $C$ を考える[1]．条件（a）から，$x = a$ のとき曲線 $C$ は原点まで連続に伸びる．また $\left(\dfrac{dX}{dx}, \dfrac{dY}{dx}\right) = (g'(x), f'(x))$ は速度ベクトルを与えるが，条件（b）はその速度ベクトルの「傾き」が $x = a$ で一定の値に近づくことを意味するから，曲線 $C$ は原点で接線を持つ．したがってベクトル $(g(x), f(x))$ とそこでの速度ベクトル

---

1] 「曲線」の定義については第 11.3 節を参照．

$(g'(x), f'(x))$ は $x \to a$ のとき限りなく平行に近づき，$X$ 座標と $Y$ 座標の比は極限で一致する．これが定理の主張である．

厳密な証明はあとにして，応用例を見ていこう．

**例題 7.2**（ロピタルの定理の応用） $\displaystyle\lim_{x \to 0} \frac{e^{2x} - \cos x}{x} = 2$ を示せ．

**解** $f(x) = e^{2x} - \cos x$, $g(x) = x$ とおくと，$x \to 0$ のとき $f(x) \to 0$ かつ $g(x) \to 0$, $g'(x) = 1 \neq 0$. さらに

$$\frac{f'(x)}{g'(x)} = \frac{2e^{2x} + \sin x}{1} \to 2 \quad (x \to 0)$$

であるから，ロピタルの定理（定理 7.5）の条件 (a), (b) を満たす．よって $\displaystyle\lim_{x \to 0} \frac{f(x)}{g(x)} = \lim_{x \to 0} \frac{f'(x)}{g'(x)} = 2$.

**バリエーション** ロピタルの定理（定理 7.5）は条件 (a) のかわりに

$$(a)' \qquad \lim_{x \to a} f(x) = \pm\infty, \quad \lim_{x \to a} g(x) = \pm\infty$$

を用いても正しい．ただし，複号は自由に選んで，いずれかが成り立てばよい（これは $\frac{\infty}{\infty}$ 型の不定形とよばれる）．さらに，定理中の $\displaystyle\lim_{x \to a}$ を

$$\lim_{x \to \infty}, \quad \lim_{x \to -\infty}, \quad \lim_{x \to a+0}, \quad \lim_{x \to a-0}$$

のいずれかにひとつに，まとめて置き換えてもよい．

**例題 7.3**（ロピタルの定理の応用 2） $\displaystyle\lim_{x \to +0} x^x = 1$ を示せ．

**解** $y = x^x$ とおき対数をとると，$\log y = x \log x = \dfrac{\log x}{1/x}$. $f(x) = \log x$, $g(x) = 1/x$ とおくと，$x \to +0$ のとき $f(x) \to -\infty$ かつ $g(x) \to +\infty$. さらに $x > 0$ のとき，$g'(x) \neq 0$ であり，$x \to +0$ のとき

$$\frac{f'(x)}{g'(x)} = \frac{1/x}{-1/x^2} = -x \to 0$$

であるから，ロピタルの定理の「バリエーション」に関して条件 (a)′, (b) を満たす．よって $\lim_{x \to +0} \log y = \lim_{x \to +0} \dfrac{f(x)}{g(x)} = \lim_{x \to +0} \dfrac{f'(x)}{g'(x)} = 0$. すなわち $y = x^x \to 1$ $(x \to +0)$．■

**ロピタルの定理（定理7.5）の証明**　まず，次の定理を証明する：

**定理7.6（コーシーの平均値定理）** 関数 $f(x)$ と $g(x)$ は区間 $[a,b]$ で連続かつ区間 $(a,b)$ で微分可能とする．さらに $g(a) \neq g(b)$ かつ $(a,b)$ 上で $g'(x) \neq 0$ が成り立てば，

$$\dfrac{f(b)-f(a)}{g(b)-g(a)} = \dfrac{f'(c)}{g'(c)}. \tag{7.3}$$

を満たす $c$ が区間 $(a,b)$ 内に（少なくともひとつ）存在する．

図形的な意味は，「曲線 $C : (g(x), f(x))$ $(a \leqq x \leqq b)$ を考えたとき，点 $(g(a), f(a))$ と点 $(g(b), f(b))$ を結ぶ線分と平行な接線をもつ点 $(g(c), f(c))$ が曲線 $C$ 上に存在する」ということである．

**証明**（定理7.6）　$B = \dfrac{f(b)-f(a)}{g(b)-g(a)}$ とおけば，関数 $F(x) := \{f(x)-f(a)\} - B\{g(x)-g(a)\}$ はロルの定理（定理7.1）の条件を満たす．よって $F'(c) = 0$ を満たす $c$ が区間 $(a,b)$ 内に存在する．$F'(x) = f'(x) - Bg'(x)$ より，$0 = f'(c) - Bg'(c)$. $g'(c) \neq 0$ より求める等式を得る．■

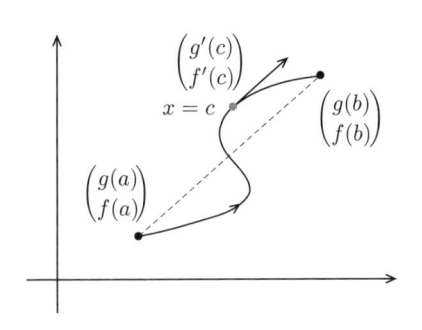

**注意**　$(a,b)$ 上で $g'(x) \neq 0$ が成り立てば，$a < b$ と平均値の定理（定理7.2）より，ある $c \in (a,b)$ が存在して $g(b) - g(a) = g'(c)(b-a) \neq 0$. よって，$g(a) \neq g(b)$ は自動的に得られる．

**注意**　$f(x)$ と $g(x)$ それぞれに平均値の定理（定理7.2）を適用して商をとっても，式 (7.3) にはならない．$c$ の値が分子と分母で違ってしまうからである．

**証明**（ロピタルの定理，定理7.5）　いま $f(a) = g(a) = 0$ とおけば，関数 $f(x)$ も $g(x)$ も $x = a$ において連続と仮定してよい．また，$g'(x) \neq 0$ という仮定と平均値の定理（定理7.2）より，$x \neq a$ のとき $g(x) \neq g(a)$（上の注意を参照）．このこと

から，$a$ に十分近い $x$ についてコーシーの平均値定理（定理7.6）が適用できて，
$$\frac{f(x)}{g(x)} = \frac{f(x)-f(a)}{g(x)-g(a)} = \frac{f'(c)}{g'(c)}$$
となる $c$ が $x$ と $a$ の間に存在する．$x \to a$ のとき $c \to a$ であるから，上の式の極限をとれば定理の式を得る．∎

---

### COLUMN | ロピタルの定理に関する警告

$f(x) = x + \sin x$, $g(x) = x$ に対して $\lim_{x \to \infty} \dfrac{f(x)}{g(x)}$ を計算したいとしよう．ロピタルの定理を適用すると，$\lim_{x \to \infty} \dfrac{f'(x)}{g'(x)} = \lim_{x \to \infty} \dfrac{1 + \cos x}{1}$ となってしまい極限が存在しないが，すなおに

$$\lim_{x \to \infty} \frac{f(x)}{g(x)} = \lim_{x \to \infty} \left(1 + \frac{\sin x}{x}\right) = 1$$

とやれば計算ができる．

別の例．$f(x) = \cos x$, $g(x) = 1 + x$ に対して $\lim_{x \to 0} \dfrac{f(x)}{g(x)}$ を計算したいとしよう．ロピタルの定理を適用すると，$\lim_{x \to 0} \dfrac{f'(x)}{g'(x)} = \lim_{x \to 0} \dfrac{-\sin x}{1} = 0$ だが，すなおに計算すると

$$\lim_{x \to 0} \frac{f(x)}{g(x)} = \lim_{x \to 0} \frac{\cos x}{1 + x} = 1 \neq \lim_{x \to 0} \frac{f'(x)}{g'(x)}.$$

このふたつの例について，**どこがおかしいか気がつかないようであれば，ロピタルの定理は使わないほうがよい**．変数変換やテイラー展開によって，多くの極限は問題なく求められるからである．

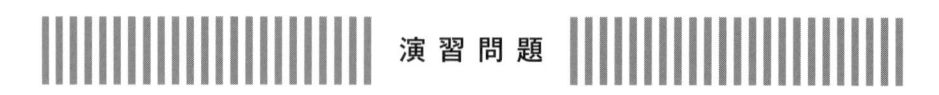

---

## 演習問題

**問7.1** （平均値の定理）$\lim_{x \to \infty} f'(x) = a$ のとき，任意の正の数 $L$ について $\lim_{x \to \infty} \{f(x+L) - f(x)\} = La$ となることを示せ．

**問7.2** （平均値の定理2） 平均値の定理を用いて，$x > 0$ のとき
$$\frac{1}{2\sqrt{x+1}} < \sqrt{x+1} - \sqrt{x} < \frac{1}{2\sqrt{x}}$$
を示せ．

**問7.3** （不等式の証明） 微分を用いて次の不等式を示せ．

(1) $\sin x < x < \tan x \quad (0 < x < \pi/2)$  　(2) $1 + x < e^x < \dfrac{1}{1-x} \quad (0 < x < 1)$

(3) $\log(1+x) > \dfrac{x}{1+x} \quad (0 < x)$  　(4) $\dfrac{2}{\pi} x < \sin x \quad (0 < x < \pi/2)$

**問7.4** （ロピタルの定理） ロピタルの定理を用いて次の極限を求めよ．

(1) $\displaystyle\lim_{x \to 0} \frac{\sin x}{x}$  　(2) $\displaystyle\lim_{x \to 0} \frac{x - \sin x}{x^3}$

(3) $\displaystyle\lim_{x \to \infty} x^{1/x}$  　(4) $\displaystyle\lim_{x \to 0} \left(\frac{a^x + b^x}{2}\right)^{1/x}$

（Hint．必要に応じて，ロピタルの定理を複数回用いる．もしくは，対数をとってからロピタルを適用する）

# 第8章
# テイラー展開

本章では1変数微分積分学のハイライト,「テイラー展開」を学ぶ.「テイラー展開」とは, 関数の多項式 (それは四則演算だけで計算できる) による近似を与えるためのものであり, 応用も幅広い.

## 8.1 $n$ 階導関数と $C^n$ 級関数

関数 $y = f(x)$ を繰り返し微分して得られる関数 (**高階導関数**ともよばれる) を考えよう.

> **定義 ($n$ 階導関数)** 関数 $y = f(x)$ に対し, 漸化式
> $$f^{(0)}(x) := f(x), \quad f^{(n+1)}(x) := \left(f^{(n)}(x)\right)'$$
> によって得られる関数 $f^{(n)}(x)$ $(n = 0, 1, 2, \cdots)$ を $f(x)$ の **$n$ 階導関数** (もしくは **$n$ 回微分**) といい,
> $$y^{(n)}, \quad \frac{d^n y}{dx^n}, \quad \frac{d^n}{dx^n} f(x), \quad D^n f(x)$$
> のようにも表す. また, $f^{(2)}(x), f^{(3)}(x)$ はそれぞれ $f''(x), f'''(x)$ のようにも表す.

ただし, 関数にいつでも $f^{(n)}(x)$ $(n \geqq 1)$ が存在するとは限らない (次ページの例2を参照).

**関数の等級** 数学では,「滑らかさ」に応じて関数に等級をつけるのがならわしである. 大雑把にいって,「滑らかさ」は微分できる回数によって決まる. ただの連続関数 (それはガタガタしているかもしれない) を最低の「滑らかさ」と考えて,「$C^0$ 級関数」とよぶ. さらに微分ができる回数をもとに

$$C^0 級 < C^1 級 < C^2 級 < \cdots < C^\infty 級$$

となるように等級を定めるのである：

**定義（$n$回微分可能性）** 関数 $f(x)$ に $f^{(n)}(x)$ が存在するとき，$f(x)$ は **$n$回微分可能**であるという．さらにその $f^{(n)}(x)$ が連続関数であるとき，$f(x)$ は **$C^n$級**であるという．

すべての自然数 $n$ に対し $f(x)$ が $n$回微分可能であるとき，$f(x)$ は**滑らか**もしくは **$C^\infty$級**とよばれる．

**注意** $C^n$級関数は $n$回連続微分可能な関数ともよばれる[1]．

**注意** （閉区間上の $C^1$ 関数） あとで積分を考えるとき，「閉区間 $[a,b]$ 上の $C^1$ 級関数 $f(x)$」を扱うことが多い．開区間 $(a,b)$ 上での導関数の値（微分係数）は式 (6.3) を用いて定義し，さらに区間の端点での導関数の値（**片側微分係数**とよばれる）を次で定義する：たとえば $f'(a)$ は，式 (6.3) において $x \to a$ のかわりに $x \to a+0$ とした式が成り立つような定数 $A$ として定義する．$f'(b)$ も $x \to b-0$ を考えればよい．こうして閉区間 $[a,b]$ 上で定義された導関数 $f'(x)$ が端点まで含めて連続であるとき，**$f(x)$ は閉区間 $[a,b]$ で $C^1$級**というのである．

**例1** $y = x^k$，$y = e^x$，$\sin x$，$\log x$ などは滑らか（$C^\infty$ 級）．滑らかな関数の和・差・積・商および合成は，定義可能な範囲で滑らかである．

**例2** $y = |x|^{3/2}$ は1回連続微分可能（$C^1$ 級）だが，2回微分可能ではない（ただし，$x = 0$ を除けば滑らか）．下の図は左から，$y = |x|^{3/2}, y', y''$（$x \neq 0$）のグラフの概形を描いたものである．

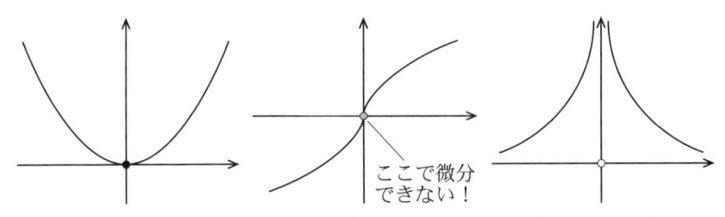

ここで微分できない！

**ライプニッツの公式** 関数の積の高階導関数について，次の公式が知られている：

**公式 8.1** （ライプニッツの公式） $\{f(x)g(x)\}^{(n)} = \sum_{k=0}^{n} {}_nC_k f^{(k)}(x) g^{(n-k)}(x)$．

証明は数学的帰納法による（演習問題，問 8.1）．

---

[1] 「$n$回連続微分可能」は「$n$回連続で微分できる」という意味ではなく，「$n$回微分できて，結果が連続」ということなので注意しよう．

## 8.2 テイラー展開

実数の小数展開を思い出そう．たとえば $\sqrt{2} = 1.4142\cdots$ は，級数
$$\sqrt{2} = 1 + \frac{4}{10} + \frac{1}{10^2} + \frac{4}{10^3} + \frac{2}{10^4} + \cdots$$
にほかならない．これを有限項で打ち切ることで，$\sqrt{2} \approx 1.41$ といった近似値が得られるのである．

同じことを関数でやってみよう．たとえば $f(x) = x^3$ を
$$x^3 = 1 + 3(x-1) + 3(x-1)^2 + (x-1)^3 \tag{8.1}$$
のように変形してから，さらに $x = 1.1 = 1 + 1/10$ を代入すると，
$$(1.1)^3 = 1 + 3 \cdot \frac{1}{10} + 3 \cdot \frac{1}{10^2} + \frac{1}{10^3} = 1.331$$
と楽に計算できる．同様に $x = 1.02$ とおくと，
$$(1.02)^3 = 1 + 3 \times 0.02 + 3 \times (0.02)^2 + (0.02)^3$$
$$= 1 + 0.06 + 0.0012 + 0.000008$$
$$= 1.061208$$
を得るが，実用上は必要な精度にあわせて計算を打ち切って，「1次近似」1.06，「2次近似」1.0612，「3次近似」1.061208 のいずれかを選ぶのが効率的だろう．

一般の関数を計算するときにも，同様の多項式展開ができれば単純な四則だけで満足のいく近似値が得られると期待される．その期待に応えてくれるのが，次の「テイラー展開」である：

**定理 8.2（テイラー展開）** 関数 $y = f(x)$ は開区間 $I$ 上で $n$ 回微分可能とする．$a \in I$ を固定するとき，すべての $x \in I$ に対して

$$\left. \begin{array}{r} f(x) = f(a) + f'(a)(x-a) + \dfrac{f''(a)}{2!}(x-a)^2 \\ + \cdots + \dfrac{f^{(n-1)}(a)}{(n-1)!}(x-a)^{n-1} \end{array} \right\} \text{(i)}$$

$$\left. + \dfrac{f^{(n)}(c)}{n!}(x-a)^n \right\} \text{(ii)}$$

を満たす $c$ が $a$ と $x$ の間に存在する．

**定義（テイラー展開・マクローリン展開）** 上の式を $f(x)$ の $x = a$ における $(n$ 次$)$ **テイラー展開**とよぶ．とくに $a = 0$ のとき，$(n$ 次$)$ **マクローリン展開**ともよばれる．また，(i) の部分を $(n-1)$ 次**テイラー多項式**，(ii) の部分を**剰余項**とよぶ．

テイラー展開の剰余項を「誤差項」として無視することで，関数の多項式近似が得られるわけである．この定理の証明は章末に与える．

**注意** テイラー展開について，いくつか注意事項をまとめておこう．

- **$c$ の表現** $c$ は $x$ に依存して決まる「正体不明の数」である．$a \ne x$ の場合，大小関係として $a < c < x$ の場合と $x < c < a$ の場合が考えられる．いずれの場合も $c$ は $a$ と $x$ の内分点なので，ある $0 < \theta < 1$ が存在して

$$c = (1-\theta)a + \theta x \iff c = a + \theta(x-a)$$

と表される（$\theta$ はやはり正体不明）．$a = x$ の場合，$c$ は何でもよい．

- **最良の多項式近似** $f(x)$ の $(n-1)$ 次テイラー多項式を $F(x)$ とおくと，これは

$$f(a) = F(a), \quad f'(a) = F'(a), \quad \cdots, \quad f^{(n-1)}(a) = F^{(n-1)}(a)$$

を満たす「唯一の」$(n-1)$ 次多項式である．この意味で，テイラー多項式は $(n-1)$ 次以下の多項式の中で関数 $f(x)$ のもっとも良い近似だといえる．たとえば，「1 次テイラー多項式」は接線の方程式にほかならない．

- **平均値の定理との関係** $n = 1$ のときテイラー展開は平均値の定理（定理 7.2）になっている．実際，$x = b$ とすればテイラー展開は

$$f(b) = f(a) + f'(c)(b-a) \iff f(b) - f(a) = f'(c)(b-a).$$

**例 3**（多項式のテイラー展開） $f(x) = x^3$ の例を再び見てみよう．$I = \mathbb{R}$，$a = 1$ として $n$ 次のテイラー展開を計算する．高階導関数を計算すると

$$f'(x) = 3x^2, \quad f''(x) = 6x, \quad f'''(x) = 6, \quad f^{(k)}(x) = 0 \quad (k \geqq 4)$$

となる．したがって，たとえば $n = 2$ のとき，ある $c$ が $x$ と 1 の間に存在して

$$f(x) = f(1) + f'(1)(x-1) + \frac{f''(c)}{2!}(x-1)^2$$

$$\iff x^3 = 1 + 3(x-1) + 3c(x-1)^2.$$

この右辺は「接線の方程式」 $1 + 3(x-1)$ と「誤差」 $3c(x-1)^2$ を足し合わせた

形になっている.

$n=3$ のときも,ある $c'$（一般に $c$ と異なる）が $x$ と $1$ の間に存在して

$$f(x) = f(1) + f'(1)(x-1) + \frac{f''(1)}{2!}(x-1)^2 + \frac{f'''(c')}{3!}(x-1)^3$$

$$\iff x^3 = 1 + 3(x-1) + 3(x-1)^2 + (x-1)^3.$$

$f'''(x) = 6$（定数）なので,剰余項に $c'$ の値は残らず,結果として式 (8.1) と同じ式が得られた.$n \geqq 4$ のときのテイラー展開も同じ式である.

**例4** （指数関数の展開） もっとも重要なテイラー展開を紹介しよう.$f(x) = e^x$,$I = \mathbb{R}$,$a = 0$ として,$n$ 次のテイラー展開をする（この場合 $a = 0$ なので,習慣的に「マクローリン展開」とよばれる）.指数関数の場合,$n$ によらず $f^{(n)}(x) = e^x$ であるから,ある $c$ が $x$ と $0$ の間に存在して

$$e^x = e^0 + e^0(x-0) + \frac{e^0}{2!}(x-0)^2 + \cdots + \frac{e^0}{(n-1)!}(x-0)^{n-1} + \frac{e^c}{n!}(x-0)^n$$

となる.これを整理して,次の公式を得る:

**公式 8.3**（指数関数のマクローリン展開）すべての実数 $x$ に対し,

$$e^x = 1 + x + \frac{x^2}{2!} + \cdots + \frac{x^{n-1}}{(n-1)!} + \frac{e^c}{n!}x^n \tag{8.2}$$

を満たす $c$ が $0$ と $x$ の間に存在する.

**例5** （三角関数の展開） 三角関数についても,高階微分のもつ周期性

$$\sin x \xmapsto{\text{微分}} \cos x \xmapsto{\text{微分}} -\sin x \xmapsto{\text{微分}} -\cos x \xmapsto{\text{微分}} \sin x$$

を用いてマクローリン展開が計算できる:

**公式 8.4（三角関数のマクローリン展開）**すべての実数 $x$ に対し，

$$\sin x = x - \frac{x^3}{3!} + \frac{x^5}{5!} - \cdots + \frac{(-1)^m}{(2m+1)!}x^{2m+1} + \frac{(-1)^{m+1}\sin c_1}{(2m+2)!}x^{2m+2} \tag{8.3}$$

$$\cos x = 1 - \frac{x^2}{2!} + \frac{x^4}{4!} - \cdots + \frac{(-1)^m}{(2m)!}x^{2m} + \frac{(-1)^{m+1}\sin c_2}{(2m+1)!}x^{2m+1} \tag{8.4}$$

を満たす $c_1, c_2$ が $x$ と $0$ の間に存在する．

右の図は $x=0$ における $\sin x$ のテイラー多項式をグラフにして比べたものである．$\sin x$ は周期性や対称性をもつので，実用上は $0 \leqq x \leqq \pi/2$ の範囲で十分な精度があればよい．

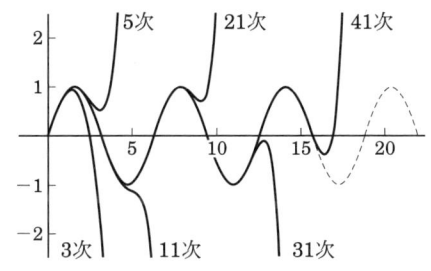

**例 6**（対数関数の展開）　対数関数 $\log x$ $(x>0)$ の展開はそのままの形ではなく，$\log(1+x)$ $(x>-1)$ をマクローリン展開したほうがよい．$n \geqq 1$ のとき帰納的に

$$\{\log(1+x)\}^{(n)} = \frac{(-1)^{n-1}(n-1)!}{(1+x)^n}$$

であることがわかるので，次の公式を得る：

**公式 8.5（対数関数のマクローリン展開）** $x > -1$ のとき，

$$\log(1+x) = x - \frac{x^2}{2} + \frac{x^3}{3} - \cdots + \frac{(-1)^{n-2}x^{n-1}}{n-1} + \frac{(-1)^{n-1}}{n(1+c)^n}x^n$$

を満たす $c$ が $0$ と $x$ の間に存在する．

## 8.3　マクローリン級数

テイラー展開（定理 8.2）において，各 $x$ を固定した上で $n \to \infty$ としたとき，(ii) の剰余項が $0$ に収束する場合がある[2]．このとき，級数展開

---

[2] もちろん，発散する場合もある．

$$f(x) = f(a) + f'(a)(x-a) + \frac{f''(a)}{2!}(x-a)^2 + \cdots = \sum_{n=0}^{\infty} \frac{f^{(n)}(a)}{n!}(x-a)^n$$

が成立することになる．これを**テイラー級数**とよび，$a=0$ のときは**マクローリン級数**とよぶ．この級数を用いれば，（原理的には）関数の値を任意の精度で計算できる．すなわち，私たちが最初に掲げた「理想的な目標」が実現されるのである．

具体例を見てみよう．

**指数関数のマクローリン級数**　任意の実数 $x$ を固定し定数だと思い，指数関数のマクローリン展開（公式8.3）を適用する．このとき $-|x| < c < |x|$ であるから，式 (8.2) の剰余項について

$$\left| \frac{e^c}{n!} x^n \right| \leq e^{|x|} \cdot \frac{|x|^n}{n!} \to 0 \quad (n \to \infty)$$

が成り立つ（公式2.2）．

よって次の等式が導かれる：

**公式 8.6**（**指数関数のマクローリン級数**）すべての $x$ に対し，次が成り立つ：

$$e^x = 1 + x + \frac{x^2}{2!} + \cdots + \frac{x^n}{n!} + \cdots$$

（すなわち右辺の級数は収束し，その値は左辺と一致する）この式は指数関数の**マクローリン級数**ともよばれる．とくに $x=1$ のとき，

**公式 8.7**（$e$ の級数公式）$e = 1 + 1 + \dfrac{1}{2!} + \dfrac{1}{3!} + \cdots + \dfrac{1}{n!} + \cdots$

が成立する．次章で確認するように，$e$ の値を計算するときには定義式（第2.2節）を用いるより，右辺の級数展開を用いたほうが圧倒的に速い．

**三角関数のマクローリン級数**　実数 $x$ を固定し定数だと思い，公式 8.4 を適用しよう．たとえば $\sin x$ の展開式 (8.3) の剰余項について，

$$\left|\frac{(-1)^{m+1}\sin c_1}{(2m+2)!}x^{2m+2}\right| \leqq |\sin c_1|\frac{|x|^{2m+2}}{(2m+2)!} \leqq \frac{|x|^{2m+2}}{(2m+2)!} \to 0 \quad (m \to \infty)$$

が成り立つ（$|\sin x| \leqq 1$ と公式 2.2 を用いた）．$\cos x$ についても同様であり，次のマクローリン級数を得る．

**公式 8.8**（三角関数のマクローリン級数）すべての実数 $x$ に対し，次が成り立つ：

$$\sin x = x - \frac{x^3}{3!} + \frac{x^5}{5!} - \frac{x^7}{7!} + \cdots + \frac{(-1)^m}{(2m+1)!}x^{2m+1} + \cdots$$

$$\cos x = 1 - \frac{x^2}{2!} + \frac{x^4}{4!} - \frac{x^6}{6!} + \cdots + \frac{(-1)^m}{(2m)!}x^{2m} + \cdots$$

**対数関数のマクローリン級数**　公式 8.5 において，$0 \leqq x \leqq 1$ のとき $0 \leqq c \leqq 1$ であるから，剰余項は

$$\left|\frac{(-1)^{n-1}}{n(1+c)^n}x^n\right| \leqq \frac{1}{n} \to 0 \quad (n \to \infty)$$

を満たす．じつは $-1 < x < 0$ の場合もこの剰余項は 0 に収束することが知られているので，次のマクローリン級数を得る：

**公式 8.9**（対数関数のマクローリン級数）$-1 < x \leqq 1$ のとき

$$\log(1+x) = x - \frac{x^2}{2} + \frac{x^3}{3} - \frac{x^4}{4} + \cdots$$

が成り立つ．とくに $x = 1$ のとき

$$\log 2 = 1 - \frac{1}{2} + \frac{1}{3} - \frac{1}{4} + \cdots.$$

## 8.4　テイラー展開の証明

　テイラー展開（定理 8.2）の証明では，ロルの定理（定理 7.1）が本質的な役割を果たす．少し技巧的なので，一度 $n = 3$ ぐらいで計算を書き下してみるとよいだろう．

**定理 8.2 の証明** 便宜的に定理中の $x$ を $b$ に置き換えて証明する．また，$b \neq a$ の場合を示せば十分である．いま定数 $A$ を

$$A := \frac{f(b) - \left\{ f(a) + f'(a)(b-a) + \cdots + \frac{f^{(n-1)}(a)}{(n-1)!}(b-a)^{n-1} \right\}}{(b-a)^n}$$

と定めると，次が成り立つ：

$$f(b) = f(a) + \sum_{k=1}^{n-1} \frac{f^{(k)}(a)}{k!}(b-a)^k + A(b-a)^n \tag{8.5}$$

このとき，$a$ と $b$ の間にある数 $c$ が存在して，$A = \dfrac{f^{(k)}(c)}{n!}$ と表されることを示そう．

区間 $I$ 上の関数 $F(x)$ を

$$F(x) := f(b) - \left\{ f(x) + \sum_{k=1}^{n-1} \frac{f^{(k)}(x)}{k!}(b-x)^k + A(b-x)^n \right\}$$

とおく．明らかに $F(b) = 0$ であり，式 (8.5) より $F(a) = 0$ がわかる．$f(x)$ は $n$ 回微分可能なので，$F(x)$ は微分可能であり，

$$F'(x)$$
$$= -\left\{ f'(x) + \sum_{k=1}^{n-1} \left( \frac{f^{(k+1)}(x)}{k!}(b-x)^k - \frac{f^{(k)}(x)}{(k-1)!}(b-x)^{k-1} \right) - nA(b-x)^{n-1} \right\}$$
$$= -\frac{f^{(n)}(x)}{(n-1)!}(b-x)^{n-1} + nA(b-x)^{n-1}$$

と計算できる．よってロルの定理（定理7.1）より，$a$ と $b$ を端点にもつ開区間の中に $F'(c) = 0$ を満たす $c$ が存在する．そのような $x = c$ を $F'(x)$ の式に代入すると，$b \neq c$ より求める等式 $A = f^{(n)}(c)/n!$ を得る．■

## 演習問題

**問 8.1** （ライプニッツの公式） 公式8.1を数学的帰納法により証明せよ．

**問 8.2** （高階導関数） 以下で与えられる $x$ の関数に対し，$n$ 階導関数を求めよ．ただし，$n$ は自然数，$a$ は実数．

(1) $\dfrac{1}{x-a}$  (2) $\dfrac{2x^2}{x^2-1}$
(3) $\sin x$  (4) $xe^x$

**問 8.3** （テイラー展開） 次の関数の $x=0$ における $n$ 次テイラー展開を求めよ．

(1) $\dfrac{1}{1-x}$ ($|x|<1$)  (2) $\cosh x$  (3) $(1+x)^\alpha$ ($\alpha \in \mathbb{R}$)  (4) $xe^x$

**問 8.4** （多項式のテイラー展開） $n$ 次多項式関数 $f(x)$ が $f(x) = \sum_{k=0}^{n} a_k(x-a)^k$ と表されるとき，この右辺は関数 $f(x)$ の $x=a$ における $n$ 次テイラー展開であり，$a_k = f^{(k)}(a)/k!$ ($0 \leqq k \leqq n$) を満たすことを示せ．

---

**COLUMN** | **べき級数の微分積分**

指数関数 $e^x$ を微分すると，$e^x$ となる．この性質は公式 8.6 のマクローリン級数 $e^x = 1 + x + x^2/2! + \cdots$ （これは各実数 $x$ を固定したときに成り立つ等式）にも現れていて，右辺の各項を「形式的に」微分すると

$$\left(1 + x + \frac{x^2}{2!} + \frac{x^3}{3!} + \cdots\right)' = 0 + 1 + x + \frac{x^2}{2!} + \cdots$$

となり，ちゃんともとの級数になっている．三角関数のマクローリン級数（公式 8.8）も同様で，$\sin x = x - x^3/3! + x^5/5! - \cdots$，$\cos x = 1 - x^2/2! + x^4/4! - \cdots$ の右辺をそれぞれ「形式的に」微分すると

$$\left(x - \frac{x^3}{3!} + \frac{x^5}{5!} - \cdots\right)' = 1 - \frac{x^2}{2!} + \frac{x^4}{4!} + \cdots$$

$$\left(1 - \frac{x^2}{2!} + \frac{x^4}{4!} - \cdots\right)' = -x + \frac{x^3}{3!} - \frac{x^5}{5!} - \cdots$$

となり，$(\sin x)' = \cos x$，$(\cos x)' = -\sin x$ という事実とつじつまが合う．

ほかにも例がある．$|x|<1$ を満たす各実数 $x$ に対し，等式

$$\frac{1}{1+x} = 1 - x + x^2 - x^3 + \cdots$$

が成立するが，この両辺を「形式的に積分」すると，公式 8.9 にあたる等式

$$\log(1+x) = x - \frac{x^2}{2} + \frac{x^3}{3} - \cdots$$

が（テイラー展開を経由せずに）得られる．こうした計算は，どこまで正当化できるのであろうか？

一般に，実数 $a$ と $x$，数列 $A_1, A_2, \cdots$ によって定まる級数

$$\sum_{n=0}^{\infty} A_n(x-a)^n = A_0 + A_1(x-a) + A_2(x-a)^2 + \cdots$$

を $a$ を中心とする**べき級数**という．また，ある関数 $f(x)$ について，$|x-a| < R$ を満たすすべての実数 $x$ に対し等式 $f(x) = \sum_{n=0}^{\infty} A_n(x-a)^n$ が成り立つ（すなわち右辺のべき級数は収束し，その極限が $f(x)$ と一致する）とき，この等式を関数 $f(x)$ の $a$ を中心とする**べき級数展開**とよぶ．上記のマクローリン級数はすべて，0 を中心とするべき級数展開の例である．$x$ の範囲を制限する定数 $R$ が（∞ もこめて）どの程度大きくとれるかは，係数の列 $\{A_n\}$ のみで決まり，中心 $a$ には依存しない．そのような $R$ で最大のもの（∞ も許す）はべき級数 $\sum_{n=0}^{\infty} A_n(x-a)^n$ の**収束半径**とよばれる．

べき級数については，次の事実が知られている：

> **べき級数の性質** 0 を中心とするべき級数 $F(x) = \sum_{n=0}^{\infty} A_n x^n$ は，$x = x_0 \neq 0$ のとき収束すると仮定する．このとき，
>
> (1) 区間 $I_0 = (-|x_0|, |x_0|)$ 内のすべての $x$ に対し，べき級数 $F(x)$ は収束する．
>
> (2) 関数 $F(x)$ は $I_0$ 上で微分可能であり，$F'(x) = \sum_{n=1}^{\infty} n A_n x^{n-1}$ が成り立つ．
>
> (3) $x \in I_0$ のとき，$\int_0^x F(t)\,dt = \sum_{n=0}^{\infty} \frac{A_n}{n+1} x^{n+1}$ が成り立つ．
>
> ただし (2) と (3) の等式は，「$x \in I_0$ のとき右辺のべき級数は収束し，その値は左辺の関数の値と一致する」と解釈する．

べき級数のこうした性質は，複素関数の理論によって見通しよく説明され，上記の「形式的な」微分と積分も正当化されるのである．

# 第9章
# テイラー展開の応用

テイラー展開（定理8.2）のさまざまな応用を紹介しよう．

## 9.1　$e$ の計算

**$e$ の数値計算**　パソコンの関数電卓機能を用いれば自然対数の底 $e$ の値も簡単に求まるが，ここでは無人島に行ったつもりで近似値と誤差の評価式を手計算で求めてみよう．

指数関数 $e^x$ の $x = 0$ でのテイラー展開（マクローリン展開）は

$$e^x = 1 + x + \frac{x^2}{2!} + \cdots + \frac{x^{n-1}}{(n-1)!} + \frac{e^c}{n!}x^n$$

であった（公式8.3）．ただし $c$ は 0 と $x$ の間の数である．いま $x = 1, n = 6$ としてみよう．このとき

$$e = \underbrace{1 + 1 + \frac{1}{2!} + \frac{1}{3!} + \frac{1}{4!} + \frac{1}{5!}}_{(\mathcal{T})} + \underbrace{\frac{e^c}{6!}}_{(\mathcal{A})} \quad (0 < c < 1)$$

である．まず（ア）の部分を計算すると，

$$(\mathcal{T}) = 1 + 1 + \frac{60 + 20 + 5 + 1}{120} = 2 + \frac{43}{60} = 2.7166\cdots$$

となる．これを $e$ の近似値として採用した場合，相対誤差はわずかに 0.06% 程度である．絶対誤差は正確に（イ）の部分で与えられるから，この値を詳しく調べてみよう．$0 < c < 1$ より $1 < e^c < e \leqq 3$ であるから（定理2.1），

$$\frac{1}{720} = \frac{1}{6!} < (\mathcal{A}) = \frac{e^c}{6!} \leqq \frac{3}{6!} = \frac{1}{240}.$$

よって（ア）$+ 1/720 < e \leqq$（ア）$+ 1/240$ を満たす．これより，評価式

$$2.718055\cdots < e \leqq 2.720833\cdots$$

が成り立つ．

**収束速度の比較**　次の表は $e$ に対する $a_n = \left(1 + \dfrac{1}{n}\right)^n$ と $b_n = 1 + 1 + \dfrac{1}{2!} + \dfrac{1}{3!} + \cdots + \dfrac{1}{n!}$ との絶対誤差を比較したものである．$e$ の近似としては，$b_n$ を用いたほうが圧倒的に速いことがわかる．

| $n$ | $a_n$ | $\|a_n - e\|$ | $b_n$ | $\|b_n - e\|$ |
|---|---|---|---|---|
| 1 | 2.000000000 | 0.718 | 2.000000000 | 0.718 |
| 2 | 2.250000000 | 0.468 | 2.500000000 | 0.218 |
| 3 | 2.370370370 | 0.348 | 2.666666667 | $5.16 \times 10^{-2}$ |
| 4 | 2.441406250 | 0.277 | 2.708333333 | $9.95 \times 10^{-3}$ |
| 5 | 2.488320000 | 0.230 | 2.716666667 | $1.62 \times 10^{-3}$ |
| 6 | 2.521626372 | 0.197 | 2.718055556 | $2.26 \times 10^{-4}$ |
| 7 | 2.546499697 | 0.172 | 2.718253968 | $2.79 \times 10^{-5}$ |
| 8 | 2.565784514 | 0.152 | 2.718278770 | $3.06 \times 10^{-6}$ |
| 9 | 2.581174792 | 0.137 | 2.718281526 | $3.03 \times 10^{-7}$ |
| 10 | 2.593742460 | 0.125 | 2.718281801 | $2.73 \times 10^{-8}$ |

## 9.2　極限の計算

次は極限の計算への応用である．

**例題9.1**　（極限の計算）すべての自然数 $k$ に対し，$\displaystyle\lim_{x \to \infty} \dfrac{x^k}{e^x} = 0$ となることを示せ．

**解**　たとえば $k=2$ のときを示そう．$x > 0$ とする．指数関数の 4 次のマクローリン展開より

$$e^x = 1 + x + \frac{x^2}{2!} + \frac{x^3}{3!} + \frac{e^c}{4!}x^4 \quad (0 < c < x)$$

であるから，

$$e^x > 1 + x + \frac{x^2}{2!} + \frac{x^3}{3!} > \frac{x^3}{3!}.$$

よって

$$\frac{x^2}{e^x} < \frac{x^2}{x^3/3!} = \frac{6}{x} \to 0 \quad (x \to \infty).$$

$k$ が 3 以上の場合もまったく同様である．■

## 9.3　二項級数

いわゆる「二項展開」より，自然数 $n$ と任意の実数 $x$ について

$$(1+x)^n = 1 + nx + \frac{n \cdot (n-1)}{1 \cdot 2} x^2 + \cdots + \frac{n \cdot (n-1) \cdots 2 \cdot 1}{1 \cdot 2 \cdots (n-1) \cdot n} x^n$$

が成り立つ．この $n$ を任意の実数 $\alpha$ に拡張したのが，次の「二項級数」である（そのかわり $x$ に制限がつく）：

**公式 9.1**（二項級数）実数 $\alpha$ と $|x|<1$ を満たす実数 $x$ に対し，次が成り立つ：

$$(1+x)^\alpha = 1 + \alpha x + \frac{\alpha(\alpha-1)}{2!} x^2 + \cdots + \frac{\alpha(\alpha-1)\cdots(\alpha-n+1)}{n!} x^n + \cdots$$

ここで，$\frac{\alpha(\alpha-1)\cdots(\alpha-n+1)}{n!}$ は $\binom{\alpha}{n}$ と書かれることが多い．$\alpha$ が自然数で $0 \leq n \leq \alpha$ のとき $\binom{\alpha}{n}$ は ${}_\alpha C_n$ と一致する．

この展開式を得るには，まず $(1+x)^\alpha$ をまじめに $x=0$ でテイラー展開して，剰余項（$\binom{\alpha}{n}(1+c)^{\alpha-n} x^n$ の形）が $n \to \infty$ のとき $0$ に収束することを示す．

**例題 9.2**（例題 6.2 の改良）$\alpha = 1/2$ のときの二項級数

$$\sqrt{1+x} = 1 + \frac{x}{2} - \frac{x^2}{8} + \frac{x^3}{16} + \cdots \qquad (|x|<1)$$

を用いて，再度 $\sqrt{26}$ を計算せよ．

**解**　例題 6.2 で得た近似値（1次近似）は 5.1 だった．次は 3 次近似を求めてみよう．

$x = 1/25$ とすると，

$$\sqrt{1 + \frac{1}{25}} \approx 1 + \frac{1}{2} \cdot \frac{1}{25} - \frac{1}{8} \cdot \frac{1}{25^2} + \frac{1}{16} \cdot \frac{1}{25^3} = 1 + \frac{2 \cdot 100^2 - 2 \cdot 100 + 4}{100^3}$$

より，

$$\sqrt{26} = 5\sqrt{1 + \frac{1}{25}} \approx 5 + \frac{10 \cdot 100^2 - 10 \cdot 100 + 20}{100^3} = 5 + \frac{9902}{10^5} = 5.09902.$$

真の値は $\sqrt{26} = 5.0990195\cdots$ であるから，単純な計算の割には驚異的な精度になっている．■

## 9.4 グラフの凹凸と極大・極小の判定

関数のグラフがある点で極値（第 7.2 節）をとるとき，それが極大か極小か判定する方法を考えよう．普通は増減表を用いるが，極値をとる点でのグラフの凹凸がわかれば，極大か極小かの判定はある程度可能なのである（その証明にテイラー展開を用いる）．

まず関数の凹凸を定義しよう：

**定義（グラフの凹凸）** $C^2$ 級の関数 $y = f(x)$ が区間 $I$ で**上に凸**［**下に凸**］であるとは，$I$ 上で $f''(x) < 0$ ［$f''(x) > 0$］であることをいう．また，$x = a$ を境にして $f''(x)$ の符号が変化するとき，点 $(a, f(a))$ をグラフ上の**変曲点**という．

このとき，次が成り立つ：

**定理 9.2（極大・極小の判定）** $C^2$ 級の関数 $y = f(x)$ は $x = a$ において $f'(a) = 0$ を満たすとする．このとき，
(1) $f''(a) > 0$（すなわち下に凸）であれば，$x = a$ で極小値．
(2) $f''(a) < 0$（すなわち上に凸）であれば，$x = a$ で極大値．
(3) $f''(a) = 0$ のときは，さらに調べないとわからない．

**例 1** $y = f(x) = x^3 - 3x$ のとき，$f'(x) = 3x^2 - 3$，$f''(x) = 6x$．$f'(x) = 0$ となるのは $x = \pm 1$ であるから，命題 7.3 よりこれが極値を与える $x$ の候補である．$f''(-1) = -6 < 0$，$f''(1) = 6 > 0$ であるから，定理 9.2 より，$x = -1$ で極大値 2，$x = 1$ で極小値 $-2$ となる．

**例2** $y = f(x) = x^4$ のとき，$x = 0$ で明らかに極小だが $f'(0) = f''(0) = 0$. これは定理 9.2 の (3) にあたる．

**例3** $y = f(x) = x^3$ のときも同様で，$f'(0) = f''(0) = 0$ だが $x = 0$ では極値をとらない．このとき，$(0,0)$ は $y = f(x)$ のグラフの変曲点である．

| $f'(a) = 0$ | | |
|---|---|---|
| $f''(a) > 0$ | $f''(a) < 0$ | $f''(a) = 0$ |
| 極小 | 極大 | ? |

**定理9.2の証明** $f'(a) = 0$ と仮定する．このとき，$f(x)$ の $x = a$ における2次のテイラー展開は

$$f(x) = f(a) + \frac{f''(c)}{2!}(x-a)^2$$

と表される．ただし $c$ は $x$ と $a$ の間の実数である．いま $f(x)$ は $C^2$ 級なので，$f''(x)$ は連続である．よって $x \to a$ のとき $c \to a$ かつ $f''(c) \to f''(a)$ となる．とくに $f''(a) > 0$ のとき，$x$ が $a$ に十分近ければ $f''(c) > 0$ であり，$x \neq a$ のとき

$$f(x) - f(a) = \frac{f''(c)}{2!}(x-a)^2 > 0.$$

よって $x = a$ で $f(x)$ は極小となる．$f''(a) < 0$ のときも同様である．■

## 9.5 漸近展開とその応用

テイラー展開を極限の計算に応用しよう．

**ランダウの記号（再）** $n$ を 0 以上の整数とする．$x \to a$ のとき $f(x) \to 0$ となる関数が

$$\frac{f(x)}{(x-a)^n} \to 0 \quad (x \to a)$$

を満たすとき，第6章で導入した**ランダウの記号**を用いて

$$f(x) = o((x-a)^n) \quad (x \to a) \tag{9.1}$$

と表されるのであった．標語的には「$f(x)$ のほうが $(x-a)^n$ よりも相対的に速く 0 に収束する」ことを意味する．この形のランダウの記号は多項式のように計算ができて，使い勝手がよい．少し練習してみよう．

**例題9.3** (ランダウの記号1) $f(x) \to 0 \ (x \to a)$ のとき，$f(x) = o(1)$ と表されることを示せ．

**解** $f(x) \to 0$ のとき，$\dfrac{f(x)}{(x-a)^0} = \dfrac{f(x)}{1} \to 0 \ (x \to a)$. よって式 (9.1) の形にすると，$f(x) = o((x-a)^0) = o(1)$. ∎

**例題9.4** (ランダウの記号2) $x \to 0$ のとき次を示せ．

(1) $2015x^2 + x^3 = o(x)$   (2) $\sin x = o(1)$   (3) $x - \sin x = o(x^2)$

**解** 定義どおり確かめていく．
(1) $\dfrac{2015x^2 + x^3}{x} = 2015x + x^2 \to 0 \ (x \to 0)$.
(2) これは $n = 0$ の場合に対応する．$\dfrac{\sin x}{1} \to 0 \ (x \to 0)$.
(3) ロピタルの定理より $\displaystyle\lim_{x \to 0} \dfrac{x - \sin x}{x^2} = \lim_{x \to 0} \dfrac{1 - \cos x}{2x} = \lim_{x \to 0} \dfrac{\sin x}{2} = 0$. ∎

**例題9.5** (ランダウの記号3) $f(x) = o(x^2), g(x) = o(x^3) \ (x \to 0)$ のとき次を示せ．

(1) $x^2 f(x) = o(x^4)$   (2) $f(x) + g(x) = o(x^2)$   (3) $f(x)g(x) = o(x^5)$

**解** こちらも定義どおり確かめていく．
(1) $\dfrac{x^2 f(x)}{x^4} = \dfrac{f(x)}{x^2} \to 0 \quad (x \to 0)$.
(2) $\dfrac{f(x) + g(x)}{x^2} = \dfrac{f(x)}{x^2} + x \cdot \dfrac{g(x)}{x^3} \to 0 \quad (x \to 0)$.
(3) $\dfrac{f(x)g(x)}{x^5} = \dfrac{f(x)}{x^2} \cdot \dfrac{g(x)}{x^3} \to 0 \quad (x \to 0)$. ∎

**注意** $f(x) = o(x), g(x) = o(x)$ のとき，$f(x) - g(x) = 0$ としてはいけない．正しくは $f(x) - g(x) = o(x) - o(x) = o(x)$ である（理由を考えて納得せよ）．

**漸近展開** ランダウの記号を用いると，テイラー展開（定理8.2）において $x \to a$ としたときの関数の挙動がより鮮明に表現できるようになる：

**定理9.3** (漸近展開) $f(x)$ を $x = a$ のまわりで定義された $C^n$ 級関数とする．$x \to a$ のとき，次が成り立つ：

$$f(x) = f(a) + f'(a)(x-a) + \cdots + \dfrac{f^{(n)}(a)}{n!}(x-a)^n + o((x-a)^n) \tag{9.2}$$

**定義（漸近展開）** 式 (9.2) を $f(x)$ の $x=a$ における ($n$次) 漸近展開とよぶ.

$n=1$ のとき式 (9.2) は式 (6.3) と一致することに注意しよう.

**証明** $x$ が $a$ に近いとき, $n$ 次のテイラー展開ができて

$$f(x) = \sum_{k=0}^{n-1} \frac{f^{(k)}(a)}{k!}(x-a)^k + \frac{f^{(n)}(c)}{n!}(x-a)^n.$$

ただし $c$ は $x$ と $a$ の間の数である. これより

$$f(x) - \sum_{k=0}^{n} \frac{f^{(k)}(a)}{k!}(x-a)^k = \frac{f^{(n)}(c)}{n!}(x-a)^n - \frac{f^{(n)}(a)}{n!}(x-a)^n.$$

いま $f(x)$ は $C^n$ 級関数であり, $x \to a$ のとき $c \to a$ であるから, $f^{(n)}(c) \to f^{(n)}(a)$. よって $\dfrac{[\text{上の式の右辺}]}{(x-a)^n} \to 0 \quad (x \to a)$. ∎

**例4** 指数関数は $C^\infty$ 級なので, 任意の $n=0,1,2,\cdots$ について定理9.3を適用できる. すなわち $x \to 0$ のとき,

$$e^x = 1 + o(1), \quad e^x = 1 + x + o(x), \quad e^x = 1 + x + \frac{x^2}{2!} + o(x^2), \cdots.$$

**例5** $e^x \sin x = x + x^2 + o(x^2)$ を示そう. $e^x = 1 + x + o(x)$, $\sin x = x - x^3/3! + o(x^3) = x + o(x^2)$ より, (例題9.5を参考にしつつ計算すると)

$$\begin{aligned} e^x \sin x &= \{1 + x + o(x)\}\{x + o(x^2)\} \\ &= \{1 + x + o(x)\}x + \{1 + x + o(x)\}o(x^2) \\ &= x + x^2 + o(x^2) + o(x^2) + o(x^3) + o(x^3) \\ &= x + x^2 + o(x^2). \end{aligned}$$

**例題9.6** （漸近展開の応用） 漸近展開を用いて次の極限を求めよ.

(1) $\displaystyle\lim_{x \to 0} \frac{e^x \sin x - x}{x^2}$ 　　　　　　(2) $\displaystyle\lim_{x \to 0} \frac{\log(1+x) - x}{x^2}$

**解** (1) 例5の計算より $\dfrac{e^x \sin x - x}{x^2} = \dfrac{x + x^2 + o(x^2) - x}{x^2} = 1 + \dfrac{o(x^2)}{x^2} \to 1 \quad (x \to 0)$.

(2) 公式 8.5 より，$\dfrac{\log(1+x) - x}{x^2} = \dfrac{x - x^2/2 + o(x^2) - x}{x^2} = -\dfrac{1}{2} + \dfrac{o(x^2)}{x^2} \to -\dfrac{1}{2}$ $(x \to 0)$. ■

**例題 9.7**（漸近展開の応用 2） 漸近展開を用いて $\cos x = \sqrt{1 - x^2} + o(x^2)$ $(x \to 0)$ を示せ．

**解** 二項級数より $\sqrt{1+t} = 1 + t/2 + o(t)$ なので，$t = -x^2$ を代入して $\sqrt{1 - x^2} = 1 - \dfrac{x^2}{2} + o(x^2)$．一方 $\cos x = 1 - \dfrac{x^2}{2} + o(x^2)$ より，$\cos x - \sqrt{1 - x^2} = o(x^2) - o(x^2) = o(x^2)$．■

## 演習問題

**問 9.1** $0 \leq x \leq \pi/8$ の範囲で $\sin x$ を $S(x) = x - x^3/3! + x^5/5!$ で近似するとき，$|\sin x - S(x)| < \dfrac{1}{10^4}$ （すなわち小数点以下 4 桁一致相当）となることを示せ．(Hint: $\pi/8 < 1/2$ を用いてテイラー展開の剰余項を評価する)

**問 9.2** $e^x$ のテイラー展開を用いて，任意の正の実数 $\alpha$ に対し $\lim\limits_{t \to \infty} \dfrac{\log t}{t^\alpha} = 0$ を示せ．

**問 9.3** 指数関数の 5 次のテイラー展開を用いて，$\sqrt{e}$ の近似値を求めよ．

**問 9.4** 二項級数の 3 次までの項を用いて，$\sqrt[3]{28}$ の近似値を求めよ．

**問 9.5** （漸近展開の極限への応用） 漸近展開を利用し次の極限を求めよ．

(1) $\lim\limits_{x \to 0} \dfrac{1 - \cos x}{x \sin x}$ 　(2) $\lim\limits_{x \to 0} \dfrac{\tan x - \sin x}{x^3}$ 　(3) $\lim\limits_{x \to 0} \dfrac{\cos x - \sqrt{1 - x^2}}{x^4}$

---

**COLUMN** | 関数の凸性と 2 階微分

第 9.4 節では，関数が「下に凸」（上に凸）であることを 2 階導関数の正負によって定義した．2 回微分可能性を仮定しない一般の関数に対しては，「下に凸」を次のように幾何学的に定義する（「上に凸」も同様）：

**「下に凸」の幾何学的定義**　区間 $I$ 上の関数 $y=f(x)$ が下に凸であるとは，$I$ 内の任意の異なる2点 $p,q$ と任意の $t\in(0,1)$ に対し，次が成り立つことをいう：

$$f(tp+(1-t)q) < tf(p)+(1-t)f(q). \tag{9.3}$$

幾何学的には，グラフ上の2点を結ぶ線分がつねにグラフの上にある状態が「下に凸」である．実際，式 (9.3) の右辺はグラフ上の点 $\mathrm{P}(p,f(p))$ と点 $\mathrm{Q}(q,f(q))$ を $(1-t):t$ に内分する点 R の $y$ 座標にあたり，その $x$ 座標 $x=tp+(1-t)q$ における関数 $y=f(x)$ の値が式 (9.3) の左辺である．

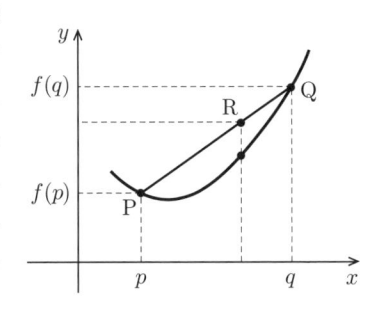

このとき，次が成り立つ：

**2階微分とグラフの凸性**　$y=f(x)$ を区間 $[a,b]$ 上の $C^2$ 級関数とする．$(a,b)$ 上 $f''(x) > 0$ ならば，$y=f(x)$ は（幾何学的定義の意味で）下に凸．

ただし，この逆は成り立たない．たとえば $f(x)=x^4$ は（幾何学的定義の意味で）下に凸だが，$f''(0)=0$.

証明してみよう．$a\leqq p<q\leqq b$ を満たす $p,q$ と $t\in(0,1)$ を任意に選び，$\alpha=tp+(1-t)q$ とおく．定理8.2（テイラー展開）より

$$f(p)-f(\alpha)=f'(\alpha)(p-\alpha)+\frac{1}{2}f''(c_p)(p-\alpha)^2,$$

$$f(q)-f(\alpha)=f'(\alpha)(q-\alpha)+\frac{1}{2}f''(c_q)(q-\alpha)^2$$

を満たす $p$ と $\alpha$ の内分点 $c_p$ と $q$ と $\alpha$ の内分点 $c_q$ が存在する．上の式を $t$ 倍，下の式を $(1-t)$ 倍して足し合わせると，

$$tf(p)+(1-t)f(q)-f(\alpha)=\frac{1}{2}\{tf''(c_p)(p-\alpha)^2+(1-t)f''(c_q)(q-\alpha)^2\}$$

となるが，仮定より $f''(c_p)>0$ かつ $f''(c_q)>0$ なので，この式の値は正．左辺は $tf(p)+(1-t)f(q)-f(tp+(1-t)q)$ であるから，不等式 (9.3) が成り立つ．■

# 第10章
# 微積分の基本定理

本章から,「微分積分」のもうひとつの主役である「積分」に入る.まもなく定義するように,「積分」とは本来「微分」と完全に独立して定義されるものである.ところが17世紀,「微積分の基本定理」の発見により,「積分」と「微分」が表裏一体のものであることが判明した.本来難しいものであった「積分」の計算が,「微分」という道具によってスラスラと計算できるようになったのである.この章では,そのような理論的な背景に目を向けてみよう.

## 10.1 定積分

**短冊による面積の近似** 「1変数微分積分学」の「理想的な目標」のひとつは,与えられた関数の「積分」を任意の精度で計算することであった.ここでいう「積分」とは,「定積分」を意味する量のことである.正確な定義はあとで述べるが,まずはその根底にある「区分求積法」のアイディアを把握しておこう.

区間 $[a,b]$ 上の連続関数 $y = f(x)$ が与えられているとき,そのグラフと $x$ 軸で囲まれた領域の(符号つき)面積を考えることができる.この領域をものすごく細い短冊で近似してみよう.短冊ひとつひとつは長方形なので,その面積は「幅 × 高さ」である.幅がものすごく小さいのでひとつの短冊の面積もまた小さいが,短冊たちが細くなると同時に短冊の数も増加するので,面積の合計はある程度の大きさを保つ.短冊がさらに細くなれば,短冊全体は関数のグラフと軸の間の領域を限りなく高い精度で近似して,面積の合計値はあるひとつの値に収束すると期待される.その値を,与えられた関数 $f(x)$ の区間 $[a,b]$ における **積分** もしくは **定積分** とよび,$\int_a^b f(x)\,dx$ と表すのである.

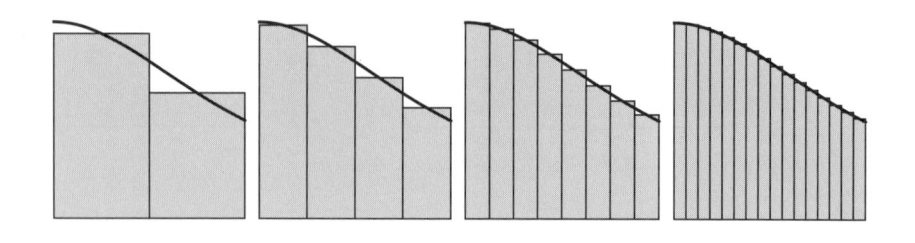

**区分求積法による定積分の定義**　「定積分」のより正確な定義を与えていこう[1]。

**Step 1**　区間 $[a,b]$ から**分割点** $\{x_k\}_{k=0}^{N}$ を

$$a = x_0 < x_1 < x_2 < \cdots < x_{N-1} < x_N = b$$

となるように選ぶ．これにより，区間 $[a,b]$ が $N$ 個の小区間 $[x_k, x_{k+1}]$ ($0 \leqq k \leqq N-1$) に細分される（区間を $N$ 等分するように分割点を選んでもかまわない）．

**Step 2**　さらに，各小区間 $[x_k, x_{k+1}]$ から代表点 $x_k^*$ を自由に選び，この区間において $y = f(x)$ のグラフと $x$ 軸で囲まれる部分の面積を，幅 $x_{k+1} - x_k$，高さ $f(x_k^*)$ の長方形（これを**短冊**とよぶ）の符号つき面積 $f(x_k^*)(x_{k+1} - x_k)$ で近似する．

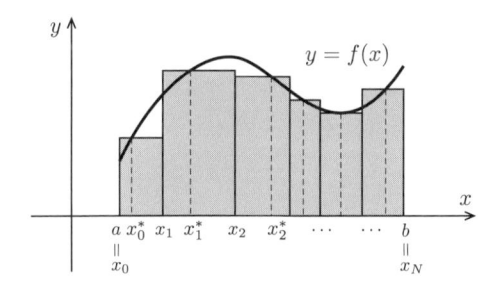

そのような $N$ 個の短冊の面積和を考えると，

$$[求めたい面積] \approx \sum_{k=0}^{N-1} f(x_k^*)(x_{k+1} - x_k)$$

となる．この右辺の「近似値」を分割 $\{x_k\}_{k=0}^{N}$ に関する**リーマン和**とよぶ．

**Step 3**　分割点 $\{x_k\}_{k=0}^{N}$ の選び方を，次のように変化させる：
- 点の個数を増やす．すなわち $N \to \infty$；　かつ
- 分割の幅を一様に細かくする．すなわち $\max_{0 \leqq k < N} |x_{k+1} - x_k| \to 0$

このとき，リーマン和はある一定の実数値 $I$ に収束することが知られている[2]．

---

[1]　積分を数値計算したければ，この定義に従って計算すればよい．
[2]　とくに，$I$ は分割点の変化のさせ方には依存しない．この事実の証明にはいわゆる $\epsilon$-$\delta$ 論法が必要なので省略する．

**定義（定積分）** 区間 $[a,b]$ $(a<b)$ 上の連続関数 $y=f(x)$ に対し，Step 1~3 のようにして定まる実数値 $I$ を

$$I = \int_a^b f(x)\,dx$$

と表し，連続関数 $f(x)$ の区間 $[a,b]$ における**定積分**とよぶ．また，$f(x)$ を定積分 $I$ の**被積分関数**，$a$ から $b$ に向かう数直線上の経路を**積分区間**とよぶ．
$a=b$, $a>b$ のときにはそれぞれ

$$\int_a^a f(x)\,dx := 0, \quad \int_a^b f(x)\,dx := -\int_b^a f(x)\,dx$$

と定義する．

**注意** 定積分に関して，注意事項をまとめておこう．

- Step 1~3 の方法で定積分を定める方法を**区分求積法**とよぶ．
- 関数 $f(x)$ が連続でないときには，「区分求積法」では一定の積分値 $I$ が定まらない可能性がある．一般に「区分求積法」で積分値が確定する（連続とは限らない）関数を**積分可能**な関数とよぶ．閉区間上の連続関数は積分可能である．
- 定積分の中の変数 $x$ は自由に変えてよい．たとえば $\int_a^b f(x)\,dx = \int_a^b f(t)\,dt$．これは $\sum_{k=1}^{10} k^2 = \sum_{j=1}^{10} j^2$ と同じ理屈である．
- **数値計算との関係** Step 1 と Step 2 によってリーマン和を計算すれば，そのまま積分の近似値が得られる．たとえば区間を等分割するように $N$ 個の分割点をとるとき，近似値（リーマン和）と積分値との誤差は少なくとも $1/N$ に比例して減少する（定理 13.2）．

**定積分の性質** 以下の公式も高校以来おなじみであろう（証明略）:

**公式 10.1**（定積分の性質）$f(x), g(x)$ を連続関数とするとき，次が成り立つ：

(1) 実数 $\alpha$ に対し，$\displaystyle\int_a^b \alpha f(x)\,dx = \alpha \int_a^b f(x)\,dx.$

(2) $\displaystyle\int_a^b \{f(x) + g(x)\}\,dx = \int_a^b f(x)\,dx + \int_a^b g(x)\,dx.$

(3) $\displaystyle\int_a^c f(x)\,dx = \int_a^b f(x)\,dx + \int_b^c f(x)\,dx.$

(4) $a \leqq x \leqq b$ で $f(x) \leqq g(x)$ のとき, $\displaystyle\int_a^b f(x)\,dx \leqq \int_a^b g(x)\,dx$.

(5) $a \leqq x \leqq b$ で $|f(x)| \leqq K$ のとき, $\left|\displaystyle\int_a^b f(x)\,dx\right| \leqq K|b-a|$.

## 10.2 不定積分と微積分の基本定理

「定積分」をもとに, 次の「不定積分」を定義する:

**定義（不定積分）** 区間 $I$ 上で定義された連続関数 $y = f(x)$ を考える. $I$ 上の点 $a$ を定数として固定し, $x$ を $I$ 上を動く変数として得られる関数

$$F(x) := \int_a^x f(t)\,dt$$

を $f(x)$ の **不定積分** とよぶ.

積分区間が $x$ に応じて変化し, 不定だからこのようによばれるのである.

次の定理は「微積分の基本定理」とよばれ, 本来は独立した概念である「微分」と「積分」の関係を明らかにするものである:

**定理 10.2（微積分の基本定理）** 関数 $f(x)$ が連続であるとき, 不定積分 $F(x) = \displaystyle\int_a^x f(t)\,dt$ は微分可能であり, $F'(x) = f(x)$ を満たす. すなわち,

$$\frac{d}{dx}\int_a^x f(t)\,dt = f(x).$$

標語的にいえば,「積分の微分はもとの関数」ということになる.

**証明** $\delta > 0$ のとき, 区間 $[x, x+\delta]$ における $f(x)$ の最小値と最大値をそれぞれ $m_x(\delta)$, $M_x(\delta)$ と表すと, $m_x(\delta) \leqq f(t) \leqq M_x(\delta)$ $(x \leqq t \leqq x+\delta)$. よって公式 10.1（4）より

$$\int_x^{x+\delta} m_x(\delta)\,dt \leqq \int_x^{x+\delta} f(t)\,dt \leqq \int_x^{x+\delta} M_x(\delta)\,dt$$

$$\iff m_x(\delta)\,\delta \leqq F(x+\delta) - F(x) \leqq M_x(\delta)\,\delta$$

$$\iff m_x(\delta) \leqq \frac{F(x+\delta)-F(x)}{\delta} \leqq M_x(\delta)$$

$f(x)$ の連続性より，$\delta \to +0$ のとき $m_x(\delta)$ と $M_x(\delta)$ はともに $f(x)$ に収束する．よって $\displaystyle\lim_{\delta \to +0} \frac{F(x+\delta)-F(x)}{\delta} = f(x)$．$\delta < 0$ のときも同様の議論で $\displaystyle\lim_{\delta \to -0} \frac{F(x+\delta)-F(x)}{\delta} = f(x)$ が示される．■

## 10.3　原始関数と微積分の基本定理2

定積分を定義どおりに（Step 1～3 にしたがって）計算するには，高さの違う無数の短冊の面積を足し合わせなくてはならない．これは明らかに至難の業で，Step 3 で極限に移行して真の値にまで到達できるのは，例外的なケースだといってよいだろう．ところが，「微積分の基本定理」のアイディアを用いると，定積分の計算が「原始関数を見つける」という単純なパズルに帰着されてしまうのである．

「原始関数」とは，次のような関数のことである：

**定義（原始関数）** 連続関数 $f(x)$ に対し，$F'(x) = f(x)$ となる関数 $F(x)$ を $f(x)$ の**原始関数**とよぶ．

命題6.1 より微分可能であれば連続なので，原始関数は連続関数である．また，与えられた連続関数の原始関数は無数に存在するが，いずれも定数分の差しかない：

**命題10.3（原始関数の性質）** 関数 $F(x)$ と $G(x)$ が同じ連続関数 $f(x)$ の原始関数であるとき，$F(x) - G(x)$ は定数関数．

**証明**　$\{F(x) - G(x)\}' = f(x) - f(x) = 0$．よって定理 7.4 より，$F(x) - G(x)$ は定数．■

例1　$\left\{\dfrac{x^3}{3}\right\}' = x^2$ であるから，$x^2$ の原始関数はすべて $F(x) = \dfrac{x^3}{3} + C$（$C$ は定数）の形で表される．

微積分の基本定理（定理10.2）からの帰結として，すべての原始関数は不定積分を用いて表現できる：

**定理 10.4（原始関数と不定積分）** 連続関数 $f(x)$ の原始関数 $G(x)$ はすべて「不定積分 + 定数」の形であらされる．すなわち，
$$G(x) = \int_a^x f(t)\,dt + C. \quad (a, C : 定数)$$

**証明** 微積分の基本定理（定理 10.2）より，不定積分 $F(x) = \int_a^x f(t)\,dt$ は $f(x)$ の原始関数である．よって命題 10.3 より主張を得る．■

**原始関数の積分表記** 定理 10.4 が成り立つことを根拠として，連続関数 $f(x)$ の原始関数（の任意のひとつ）を積分記号を用いて $\int f(x)\,dx$ と表す．また，「不定積分」という言葉はしばしば「原始関数」の意味で用いられる．

**例2** $\int x^2\,dx = \dfrac{x^3}{3} + C$ （$C$：定数）．この定数 $C$ は実数であれば何でもよい．原始関数（不定積分）に付随するこのような定数は **積分定数** とよばれる．

**原始関数による定積分の計算** 次の定理は高校以来おなじみだろう．これも「微積分の基本定理」とよばれており，1 変数微分積分学のハイライトのひとつである：

**定理 10.5（微積分の基本定理 2）** 関数 $F(x)$ が連続関数 $f(x)$ の原始関数であるとき，
$$\int_a^b f(x)\,dx = \Big[\,F(x)\,\Big]_a^b = F(b) - F(a).$$

すなわち，定積分の計算は「原始関数を見つけ，値を計算する」という操作に帰着された[3]．

**証明** 定理 10.4 より，任意の原始関数は $F(x) = \int_a^x f(t)\,dt + C$ と表される．よって

---

[3] 「原始関数」が存在しても，計算可能な数式で表現できるとは限らない．実際，そのような被積分関数も多く存在するのである（第 13.2 節参照）．

$$F(b) - F(a) = \left(\int_a^b f(t)\,dt + C\right) - \left(\int_a^a f(t)\,dt + C\right) = \int_a^b f(t)\,dt. \quad \blacksquare$$

**例題 10.1**（定積分の計算）$\int_0^{1/2} \dfrac{1}{\sqrt{1-x^2}}\,dx$ を求めよ．

**解** 定理 10.5 より，関数 $\dfrac{1}{\sqrt{1-x^2}}$ の原始関数を見つければよい．この場合，$(\mathrm{Sin}^{-1} x)' = \dfrac{1}{\sqrt{1-x^2}}$（例題 6.3）より，

$$\int_0^{1/2} \frac{1}{\sqrt{1-x^2}}\,dx = \Big[\,\mathrm{Sin}^{-1} x\,\Big]_0^{1/2} = \frac{\pi}{6} - 0 = \frac{\pi}{6}. \quad \blacksquare$$

## 10.4 置換積分と部分積分

積分計算の基本テクニックである「置換積分」と「部分積分」をおさらいしておこう（それぞれ，公式 6.2 の (4) と (3) に定理 10.5 を適用すれば導かれる）．

**公式 10.6**（置換積分）$x = x(t)$ ($\alpha \leqq t \leqq \beta$) を $C^1$ 級かつ単調な関数とし，$a = x(\alpha), b = x(\beta)$ とする．このとき，

$$\int_a^b f(x)\,dx = \int_\alpha^\beta f(x(t))\,\frac{dx}{dt}\,dt.$$

不定積分についても，次が成り立つ：

$$\int f(x)\,dx = \int f(x(t))\,\frac{dx}{dt}\,dt.$$

いわば積分の「変数変換」である．

**例題 10.2**（置換積分）次を示せ．

$$\int \sqrt{1-x^2}\,dx = \frac{1}{2}\left(\mathrm{Sin}^{-1} x + x\sqrt{1-x^2}\right) + C \quad (C：定数)$$

右辺の原始関数は図のような扇形と三角形の面積の和に相当する．

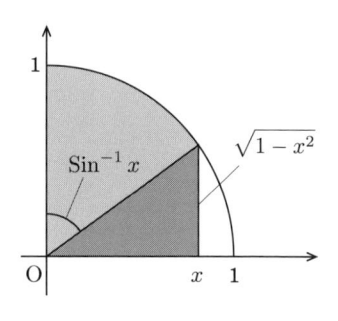

**解** $x = \sin t \ (-\pi/2 \leqq t \leqq \pi/2)$ とおくと,$\dfrac{dx}{dt} = \cos t$ より

$$\int \sqrt{1-x^2}\,dx = \int \sqrt{1-\sin^2 t}\,\cos t\,dt = \int \cos^2 t\,dt$$

$$= \int \frac{1+\cos 2t}{2}\,dt = \frac{1}{2}\left(t + \frac{\sin 2t}{2}\right) + C \quad (C:\text{定数})$$

$$= \frac{1}{2}(t + \sin t \cos t) + C$$

$$= \frac{1}{2}\left(\operatorname{Sin}^{-1} x + x\sqrt{1-x^2}\right) + C. \quad \blacksquare$$

**公式 10.7** (部分積分) 関数 $f(x), g(x) \ (a \leqq x \leqq b)$ がそれぞれ $C^1$ 級であるとき,

$$\int_a^b f'(x)g(x)\,dx = \Big[f(x)g(x)\Big]_a^b - \int_a^b f(x)g'(x)\,dx.$$

不定積分に関しても次が成り立つ:

$$\int f'(x)g(x)\,dx = f(x)g(x) - \int f(x)g'(x)\,dx.$$

**例題 10.3** (部分積分) $\left\{\log|x + \sqrt{x^2+1}|\right\}' = \dfrac{1}{\sqrt{1+x^2}}$ を用いて,次を示せ.

$$\int \sqrt{1+x^2}\,dx = \frac{1}{2}\left(x\sqrt{1+x^2} + \log|x + \sqrt{x^2+1}|\right) + C \quad (C:\text{定数})$$

**解** $f(x) = x, \ g(x) = \sqrt{1+x^2}$ として公式 10.7 を適用すると,

$$\int \sqrt{1+x^2}\,dx = \int (x)'\sqrt{1+x^2}\,dx = x\sqrt{1+x^2} - \int x \frac{x}{\sqrt{1+x^2}}\,dx$$

$$= x\sqrt{1+x^2} - \int \frac{x^2+1-1}{\sqrt{1+x^2}}\,dx$$

$$= x\sqrt{1+x^2} - \int \sqrt{1+x^2}\,dx + \int \frac{1}{\sqrt{1+x^2}}\,dx.$$

よって

$$\int \sqrt{1+x^2}\,dx = \frac{1}{2}\left\{x\sqrt{1+x^2} + \int \frac{1}{\sqrt{1+x^2}}\,dx\right\}$$

$$= \frac{1}{2}\left\{x\sqrt{1+x^2} + \log|x + \sqrt{x^2+1}|\right\} + C \quad (C:\text{定数})$$

あとは積分定数 $C/2$ を改めて $C$ と置けばよい． ∎

部分積分で積分の漸化式を作るのも常套手段である：

**例題 10.4** （積分の漸化式）$I_n = \displaystyle\int \cos^n x \, dx \ (n = 0, 1, 2, \cdots)$ と表すとき，次を示せ：

$$I_n = \frac{1}{n} \cos^{n-1} x \cdot \sin x + \frac{n-1}{n} I_{n-2} \quad (n \geq 2).$$

**解** $f(x) = \sin x, \ g(x) = \cos^{n-1} x$ として公式 10.7 を適用すると，

$$I_n = \int \cos x \cdot \cos^{n-1} x \, dx$$

$$= \sin x \cdot \cos^{n-1} x - \int \sin x \cdot \{(n-1) \cos^{n-2} x (-\sin x)\} \, dx$$

$$= \sin x \cdot \cos^{n-1} x + (n-1) \int (1 - \cos^2 x) \cos^{n-2} x \, dx$$

$$= \sin x \cdot \cos^{n-1} x + (n-1)(I_{n-2} - I_n).$$

これを変形すれば主張の式を得る． ∎

**例 3** $I_0 = \displaystyle\int 1 \, dx = x + C_0, \ I_1 = \int \cos x \, dx = \sin x + C_1$ より

$$I_2 = \frac{1}{2} \cos x \sin x + \frac{1}{2} x + C_2, \quad I_3 = \frac{1}{3} \cos^2 x \sin x + \frac{2}{3} \sin x + C_3$$

などが得られる（ただし $C_0, C_1, \cdots$ は積分定数）．

**例 4** $J_n = \displaystyle\int_0^{\pi/2} \cos^n x \, dx \ (n = 0, 1, 2, \cdots)$ とおく．このとき，$J_0 = \pi/2, J_1 = 1$，$J_n = \dfrac{n-1}{n} J_{n-2} \ (n = 2, 3, \cdots)$ が成り立つ．また，すべての $n$ で $\displaystyle\int_0^{\pi/2} \cos^n x \, dx = \int_0^{\pi/2} \sin^n x \, dx$ が成り立つ（演習問題，問 10.3）ので，次の公式を得る：

**公式 10.8（三角関数の積分）**

$$\int_0^{\pi/2} \cos^n x \, dx = \int_0^{\pi/2} \sin^n x \, dx$$

$$= \begin{cases} \dfrac{n-1}{n} \cdot \dfrac{n-3}{n-2} \cdots \dfrac{3}{4} \cdot \dfrac{1}{2} \cdot \dfrac{\pi}{2} & (n：偶数) \\ \dfrac{n-1}{n} \cdot \dfrac{n-3}{n-2} \cdots \dfrac{4}{5} \cdot \dfrac{2}{3} \cdot 1 & (n：奇数) \end{cases}$$

最後に，基本的な不定積分（原始関数）をまとめておこう：

**公式 10.9（有名関数の積分）**

$$\int x^\alpha \, dx = \frac{x^{\alpha+1}}{\alpha+1} \ (\alpha \neq -1) \qquad \int \frac{1}{x} \, dx = \log|x|$$

$$\int e^x \, dx = e^x \qquad \int a^x \, dx = \frac{a^x}{\log a} \ (a > 0, \ a \neq 1)$$

$$\int \sin x \, dx = -\cos x \qquad \int \cos x \, dx = \sin x$$

$$\int \tan x \, dx = -\log|\cos x| \qquad \int \frac{1}{x^2 + a^2} \, dx = \frac{1}{a} \mathrm{Tan}^{-1} \frac{x}{a} \ (a > 0)$$

$$\int \frac{1}{\sqrt{a^2 - x^2}} \, dx = \mathrm{Sin}^{-1} \frac{x}{a} \ (a > 0)$$

$$\int \frac{1}{\sqrt{x^2 + A}} \, dx = \log|x + \sqrt{x^2 + A}| \ (A \neq 0)$$

$$\int \sqrt{a^2 - x^2} \, dx = \frac{1}{2} \left( x\sqrt{a^2 - x^2} + a^2 \mathrm{Sin}^{-1} \frac{x}{a} \right) \ (a > 0)$$

$$\int \sqrt{x^2 + A} \, dx = \frac{1}{2} \left( x\sqrt{x^2 + A} + A \log|x + \sqrt{x^2 + A}| \right) \ (A \neq 0)$$

## 演 習 問 題

**問 10.1**　（不定積分）次の不定積分（原始関数）を求めよ．ただし，$a > 0$ とする．

(1) $\displaystyle\int \sqrt{a^2 - x^2} \, dx$　　　　(2) $\displaystyle\int \mathrm{Sin}^{-1} x \, dx$

(3) $\displaystyle\int \frac{1}{\sqrt{a^2 + x^2}} \, dx$　　　　(4) $\displaystyle\int \sqrt{a^2 + x^2} \, dx$

(Hint. (2) は $1 \cdot \mathrm{Sin}^{-1} x$ と思う．(3) は $t = x + \sqrt{a^2 + x^2}$ とおく．(4) は $1 \cdot \sqrt{a^2 + x^2}$ と思って部分積分)

**問 10.2** （定積分） 次の定積分を求めよ．

(1) $\displaystyle\int_0^{\pi/2} \cos^3 x \, dx$　　　(2) $\displaystyle\int_0^2 x^2 e^{2x} \, dx$　　　(3) $\displaystyle\int_1^e x \log x \, dx$

**問 10.3** （三角関数の積分） 連続関数 $y = f(x)$ に対し，
$$\int_0^{\pi/2} f(\cos x) \, dx = \int_0^{\pi/2} f(\sin x) \, dx$$
を示せ（公式 10.8 では $f(x) = x^n$ として適用した）．

**問 10.4** （積分の漸化式） 次の積分の漸化式を示せ．ただし，$a$ は 0 でない定数とする．

(1) $I_n = \displaystyle\int x^n e^{ax} \, dx$ のとき，$I_{n+1} = \dfrac{1}{a} e^{ax} x^{n+1} - \dfrac{n+1}{a} I_n$．

(2) $I_n = \displaystyle\int \tan^n x \, dx$ のとき，$I_{n+1} = \dfrac{1}{n} \tan^n x - I_{n-1}$．

(3) $I_n = \displaystyle\int \dfrac{1}{(x^2 + a^2)^n} \, dx$ のとき，$I_{n+1} = \dfrac{1}{a^2}\left\{\dfrac{1}{2n} \dfrac{x}{(x^2 + a^2)^n} + \dfrac{2n - 1}{2n} I_n\right\}$．

**問 10.5** （シュワルツの不等式） 任意の連続関数 $f(x)$, $g(x)$ ($a \leqq x \leqq b$) と実数 $t$ について $\{tf(x) - g(x)\}^2 \geqq 0$ が成り立つことを用いて，次の不等式を示せ：
$$\left(\int_a^b f(x) g(x) \, dx\right)^2 \leqq \left(\int_a^b f(x)^2 \, dx\right) \left(\int_a^b g(x)^2 \, dx\right).$$

# 第11章
# 定積分の計算と応用

「微積分の基本定理 2」（定理 10.2）より，原始関数が具体的に書き下せれば定積分が簡単に計算できるのであった．このような技法はすでに確立されていて，多くの数式処理アプリケーションに組み込まれている．要するに，パソコンで簡単に計算できてしまうのである．本章では，その基礎となる計算技法を紹介する．また，定積分の応用として曲線の長さの公式を与える．

## 11.1 有理式の積分

多項式の商として書かれた

$$f(x) = \frac{a_m x^m + \cdots + a_1 x + a_0}{b_n x^n + \cdots + b_1 x + b_0}$$

のような式を $x$ の**有理式**とよぶ[1]．有理式は次のような性質をもつ：

**定理 11.1**（有理式の分解）すべての有理式は
- (ア) 多項式
- (イ) $\dfrac{a}{(x+b)^m}$ $(m \in \mathbb{N})$
- (ウ) $\dfrac{ax+b}{(x^2+cx+d)^n}$ $(n \in \mathbb{N}, c^2 - 4d < 0)$

の形の式の有限個の和で表される．

証明は省略する．具体例を見ておこう．

**例1** 不定積分 $\displaystyle \int \frac{x^2 + 2x}{x+1}\, dx$ を求めてみよう．まず，被積分関数を多項式部分と分数部分に分ける．

$$\frac{x^2+2x}{x+1} = \frac{(x+1)^2 - 1}{x+1} = \underline{x+1}_{(ア)} - \underline{\frac{1}{x+1}}_{(イ)}.$$

---

[1] 普通は約分を済ませて，共通因数をもたない多項式の商として表したものを考える．

これより不定積分は
$$\int \frac{x^2 + 2x}{x+1}\,dx = \frac{x^2}{2} + x - \log|x+1|.$$
ただし積分定数は省略した（以下同様．定積分を計算する際には不要なので）．

**例2** 不定積分 $\displaystyle\int \frac{5x-4}{2x^2+x-6}\,dx$ を求めよう．被積分関数を $\dfrac{a}{2x-3} + \dfrac{b}{x+2}$ と
おき係数を比較することで，部分分数展開
$$\frac{5x-4}{2x^2+x-6} = \frac{1}{2}\cdot\underbrace{\frac{1}{x-3/2}}_{(\mathcal{A})} + \underbrace{\frac{2}{x+2}}_{(\mathcal{A})}$$
を得る．これより不定積分は
$$\int \frac{5x-4}{2x^2+x-6}\,dx = \frac{1}{2}\log\left|x-\frac{3}{2}\right| + 2\log|x+2|.$$

**有理式の不定積分** このように，（ア）と（イ）の形の式だけで表現できる場合は，簡単に原始関数を求めることができる．（ウ）の形の式を含む場合も，（原理的には）次の方法で原始関数を求めることができる．

まず（ウ）を
$$\frac{ax+b}{(x^2+cx+d)^n} = \frac{a(x+c/2) - ac/2 + b}{((x+c/2)^2 - c^2/4 + d)^n}$$
と変形し，$u = x + c/2$ と変数変換すると，
$$\frac{ax+b}{(x^2+cx+d)^n} = \frac{au+b'}{(u^2+c')^n} = a\frac{u}{(u^2+c')^n} + b'\frac{1}{(u^2+c')^n}.$$
ただし $b' = -\dfrac{ac}{2} + b,\ c' = \dfrac{4d-c^2}{4} > 0$ とおいた．よって $c' > 0$ を $c > 0$ に置き換えて $\dfrac{u}{(u^2+c)^n}$ および $\dfrac{1}{(u^2+c)^n}$ の原始関数が見つかればよい．前者は比較的簡単である：
$$\int \frac{u}{(u^2+c)^n}\,du = \int \frac{1}{2}\frac{(u^2+c)'}{(u^2+c)^n}\,du = \begin{cases} \dfrac{1}{2}\log(u^2+c) & (n=1) \\ \dfrac{1}{2}\dfrac{1}{(-n+1)(u^2+c)^{n-1}} & (n \geq 2) \end{cases}$$
後者は $u = \sqrt{c}\cdot t$ とおき

と変形する．下線部の積分を $I_n$ とおくと，部分積分により漸化式

$$\int \frac{1}{(u^2+c)^n} du = \frac{\sqrt{c}}{c^n} \int \frac{1}{(t^2+1)^n} dt$$

$$I_{n+1} = \frac{t}{2n(t^2+1)^n} + \frac{2n-1}{2n} I_n \quad (n \geq 1)$$

を満たすことがわかる（前章の演習問題，問10.4参照）．$n=1$ のときは $t = \tan\theta$ と置くことで

$$I_1 = \int \frac{1}{t^2+1} dt = \int \frac{1}{1+\tan^2\theta} \cdot \frac{d\theta}{\cos^2\theta} = \int d\theta = \theta = \mathrm{Tan}^{-1} t.$$

よって（原理的には）すべての自然数 $n$ について原始関数を書き下すことができる．以上を定理の形にまとめておこう．

**定理11.2（有理式の積分）** すべての有理式に対し，その原始関数を見つけることができる．よって，有理式の定積分は微積分の基本定理2（定理10.5）を用いて計算できる．

## 11.2 無理関数・三角関数の積分

根号や三角関数を含んだ式も，適当な変数変換により有理式に帰着できる場合がある．

**例3**（無理関数） 積分 $I = \int \frac{1}{x + 2\sqrt{x-1}} dx$ が有理式に帰着できることを確認してみよう．$t = \sqrt{x-1}$ とおくと，$t^2 + 1 = x$ より $2t\,dt = dx$．ゆえに

$$I = \int \frac{2t}{t^2 + 1 + 2t} dt.$$

**例4**（無理関数） $\int \frac{1}{\sqrt{x^2+1}} dx$ を求めよう．非常に巧妙なので覚える必要はない．$t = x + \sqrt{x^2+1}$ とおくと，$(t-x)^2 = x^2+1$ より $x = \frac{1}{2}\left(t - \frac{1}{t}\right)$．よって

$$\frac{1}{\sqrt{x^2+1}} = \frac{1}{t-x} = \frac{2t}{t^2+1} \text{ かつ } dx = \frac{t^2+1}{2t^2} dt \text{ を得る．求めたい不定積分に代入}$$

して，$\int \frac{1}{\sqrt{x^2+1}} dx = \int \frac{2t}{t^2+1} \cdot \frac{t^2+1}{2t^2} dt = \int \frac{1}{t} dt = \log|t| = \log(x + \sqrt{x^2+1}).$

**例5** （三角関数の有理式）　三角関数からなる式も有理式に帰着できる場合がある．いちばん汎用性が高いのは，次の変換公式を用いる方法である：

**公式 11.3**（三角関数の変換式）　$t = \tan \dfrac{x}{2}$ とおくとき，$dx = \dfrac{2\,dt}{1+t^2}$ かつ
$$\sin x = \frac{2t}{1+t^2}, \quad \cos x = \frac{1-t^2}{1+t^2}, \quad \tan x = \frac{2t}{1-t^2}.$$

たとえば $I = \displaystyle\int \frac{1+\sin x}{1+\cos x}\,dx$ を求めよう．上のような変数変換を行うと，

$$I = \int \frac{1 + 2t/(1+t^2)}{1 + (1-t^2)/(1+t^2)} \cdot \frac{2\,dt}{1+t^2} = \int \frac{1+t^2+2t}{2} \cdot \frac{2\,dt}{1+t^2}$$
$$= \int \left(1 + \frac{2t}{1+t^2}\right) dt = t + \log(1+t^2) = \tan\frac{x}{2} + \log\left(1 + \tan^2\frac{x}{2}\right).$$

## 11.3　曲線の長さ

定積分の応用として，曲線の長さを計算してみよう．

**定義**（滑らかな曲線）　変数 $t$ でパラメーター表示された点の集まり
$$C : \vec{p}(t) = (x(t), y(t)) \quad (a \leqq t \leqq b) \tag{11.1}$$
が**滑らかな曲線**であるとは，以下を満たすときをいう．
(1) 関数 $x(t), y(t)$ はそれぞれ閉区間 $[a,b]$ 上の $C^1$ 級関数．
(2) $a < t < b$ のとき，$(x'(t), y'(t)) \neq (0,0)$. このベクトル $(x'(t), y'(t))$ を $(x(t), y(t))$ における**速度ベクトル**という．

有限個の滑らかな曲線を端点でつないだものを，**区分的に滑らかな曲線**という．

条件 (1) の「閉区間 $[a,b]$ 上の $C^1$ 級関数」については第 8.1 節を参照せよ．これはとくに，速度ベクトルが端点まで連続に変化することを意味する．また，正方形や扇形の境界線のように，角をもった曲線は「区分的に滑らかな曲線」となる．このような曲線の長さ（動点 $\vec{p}(t)$ の道のり）は，次で定義される：

**定義**（曲線の長さ）　式 (11.1) で与えられる滑らかな曲線 $C$ の**長さ** $\ell(C)$ を
$$\ell(C) := \int_a^b \sqrt{\{x'(t)\}^2 + \{y'(t)\}^2}\,dt$$

と定義する．区分的に滑らかな曲線の**長さ**は，有限個の滑らかな曲線に分割して，それぞれの長さの和によって定める．

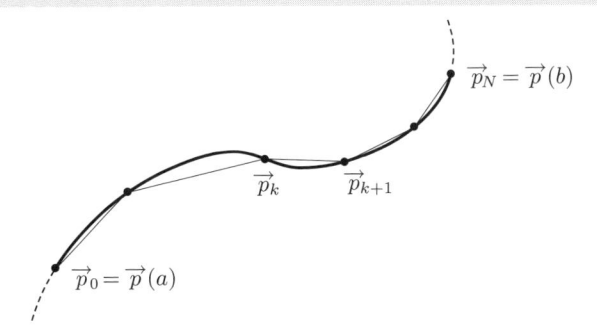

**説明** 被積分関数は $t$ の連続関数なので，積分値は存在する．その値が「曲線の長さ」として妥当な量であることを理解しよう．時刻の分割点 $\{t_k\}_{k=0}^{N}$ を $a = t_0 < t_1 < \cdots < t_{N-1} < t_N = b$ とし，$\vec{p_k} := \vec{p}(t_k) = \begin{pmatrix} x(t_k) \\ y(t_k) \end{pmatrix}$ とおく．このとき，曲線の分割点 $\{\vec{p}(t_k)\}_{k=0}^{N}$ を線分で結んだ「折れ線」で曲線 $C$ を近似していると考えるのである．すると，「曲線の長さ」は「折れ線の長さ」

$$\sum_{k=0}^{N-1} |\vec{p_{k+1}} - \vec{p_k}|$$

の分割点を細かくしていった極限だと考えるのが自然であろう．いま

$$|\vec{p_{k+1}} - \vec{p_k}| = \sqrt{\{x(t_{k+1}) - x(t_k)\}^2 + \{y(t_{k+1}) - y(t_k)\}^2}$$

だが，平均値の定理（定理 7.2）より $c_k, d_k \in (t_{k+1}, t_k)$ が存在して

$$x(t_{k+1}) - x(t_k) = x'(c_k)(t_{k+1} - t_k), \qquad y(t_{k+1}) - y(t_k) = y'(d_k)(t_{k+1} - t_k)$$

を満たしている．よって

$$|\vec{p_{k+1}} - \vec{p_k}| = \sqrt{\{x'(c_k)\}^2 + \{y'(d_k)\}^2} \cdot (t_{k+1} - t_k).$$

分割点を $N \to \infty$, $\max_{0 \leqq k < N} |t_{k+1} - t_k| \to 0$ となるように変化させると，

$$[\text{折れ線の長さ}] = \sum_{k=0}^{N-1} \sqrt{\{x'(c_k)\}^2 + \{y'(d_k)\}^2} \cdot (t_{k+1} - t_k)$$

$$\to \int_a^b \sqrt{\{x'(t)\}^2 + \{y'(t)\}^2} \, dt$$

となる．この定積分の値を曲線 $C$ の長さ $\ell(C)$ だと考えるのである．

**放物線の長さ** 身近な具体例として，放物線の長さを計算してみよう．

**例題 11.1** （放物線の長さ） $y = x^2$ $(0 \leq x \leq 1)$ のグラフ $C$ の長さを求めよ．

**解** $\vec{p}(t) = (t, t^2)$ $(0 \leq t \leq 1)$ とすれば，曲線の長さの定義より

$$\ell(C) = \int_0^1 \sqrt{1 + (2t)^2}\, dt.$$

$u = 2t$ として変数変換すれば，例題 10.3 より

$$\ell(C) = \int_0^2 \sqrt{1 + u^2}\, \frac{du}{2} = \frac{1}{4}\left[u\sqrt{1+u^2} + \log(u + \sqrt{1+u^2})\right]_0^2$$

$$= \frac{1}{4}\{2\sqrt{5} + \log(2 + \sqrt{5})\} = 1.4789\cdots. \blacksquare$$

一般に関数のグラフについては次が成り立つ：

**定理 11.4**（グラフの長さ）区間 $[a, b]$ 上の $C^1$ 級関数 $y = f(x)$ に対し，そのグラフ $\{(t, f(t)) \mid a \leq t \leq b\}$ の長さは

$$\int_a^b \sqrt{1 + \{f'(x)\}^2}\, dx.$$

**注意** 細かいことだが，被積分関数は積分される区間の端点まで連続でなくてはならない．そのためには，$f'(x)$ が区間の端点まで連続な関数である必要がある．

**円周率 $\pi$ の定義** 「曲線の長さ」がわかって，はじめて「円周の長さ」が意味を持つ．おなじみの「円周率」$\pi$ の定義を改めて確認してみよう．

**例題 11.2** （$\pi$ の定義） 半径 $r$ の円 $C_r$ の長さとその直径の比は半径 $r$ に依存しない一定の値になることを示せ（これを**円周率**とよび，$\pi$ と表すのである）．

**解** 半径 $r$ の円の方程式は $x^2 + y^2 = r^2$ すなわち $y = \pm\sqrt{r^2 - x^2}$ で表される．直線 $y = x$ に関する対称性より $0 \leq x \leq r/\sqrt{2}$ の範囲で関数 $y = \sqrt{r^2 - x^2}$ が定める円弧の長さを計算して 8 倍すれば円周の長さとなる．定理 11.4 より，

$$\ell(C_r) = 8\int_0^{r/\sqrt{2}} \sqrt{1+(y')^2}\,dx$$
$$= 8\int_0^{r/\sqrt{2}} \sqrt{1+\frac{x^2}{r^2-x^2}}\,dx = 8\int_0^{r/\sqrt{2}} \frac{r}{\sqrt{r^2-x^2}}\,dx.$$

$x = ru$ として変数変換すれば，$\ell(C_r) = 8r\int_0^{1/\sqrt{2}} \frac{1}{\sqrt{1-u^2}}\,du.$ よって

$$\frac{[C_r \text{の長さ}]}{[C_r \text{の直径}]} = \frac{\ell(C_r)}{2r} = 4\int_0^{1/\sqrt{2}} \frac{1}{\sqrt{1-u^2}}\,du.$$

この値は $r$ に依存しない．■

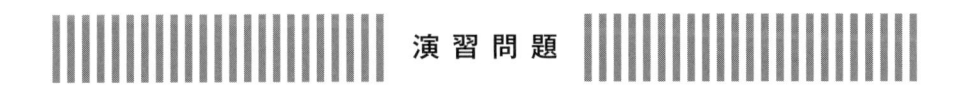

## 演習問題

**問 11.1** （不定積分） 次の関数の不定積分（原始関数）を求めよ．

(1) $\dfrac{x^2}{(x-1)(x-2)(x-3)}$　　(2) $\dfrac{1}{x(x+1)^2}$　　(3) $\dfrac{1}{e^x+e^{-x}}$

(4) $\dfrac{1}{a^2\cos^2 x + b^2\sin^2 x}$ $(ab \neq 0)$　　(5) $\dfrac{\sqrt{1+x}}{x}$　　(6) $\dfrac{1}{x\sqrt{x^2-1}}$

**問 11.2** （曲線の長さ） 次の曲線の長さを求めよ．

(1) カテナリー（懸垂線）：$y = \cosh x$ $(0 \leqq x \leqq a)$ のグラフの曲線．

(2) アストロイド：$x^{2/3} + y^{2/3} = 1$ で定義される平面上の曲線．

**問 11.3** （極方程式） 閉区間上の $C^1$ 級関数 $r = f(\theta)$ $(\alpha \leqq \theta \leqq \beta)$ が定める集合 $\{(r\cos\theta, r\sin\theta) \mid r = f(\theta)\}$ が滑らかな曲線

$$C : (x(\theta), y(\theta)) = (f(\theta)\cos\theta, f(\theta)\sin\theta) \qquad (\alpha \leqq \theta \leqq \beta)$$

を定めるとき，その長さは次で与えられることを示せ：

$$\int_\alpha^\beta \sqrt{\{f'(\theta)\}^2 + \{f(\theta)\}^2}\,d\theta.$$

# 第12章
# 広義積分

これまで考えてきた定積分は閉区間上の連続関数の積分に限定してきた．本章では，開区間や無限に広がった区間における定積分（「広義積分」）を考える．その応用として，ガンマ関数やベータ関数を導入する．

## 12.1 広義積分

「無限に広がる領域」の面積を考えることはできるだろうか．たとえば右の図のように，$y = 1/x^2$ の区間 $[1, +\infty)$ の部分と $x$ 軸で囲まれる部分の面積を考えることはできないだろうか？

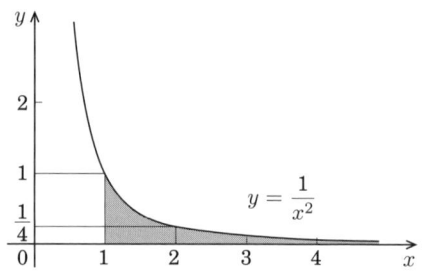

この場合，$\beta > 1$ として閉区間 $[1, \beta]$ における定積分を考えると，

$$\int_1^\beta \frac{1}{x^2}\,dx = \left[-\frac{1}{x}\right]_1^\beta = -\frac{1}{\beta} + 1.$$

さらに $\beta \to \infty$ とした極限をとると，

$$\lim_{\beta \to \infty} \int_1^\beta \frac{1}{x^2}\,dx = \lim_{\beta \to \infty}\left(-\frac{1}{\beta} + 1\right) = 1 \tag{12.1}$$

を得るから，「求める面積は $\int_1^\infty \frac{1}{x^2}\,dx = 1$」だといいたくなる．そこで，次のように「半開半閉区間」での積分を定義しよう．

**定義（半開半閉区間での積分）** 関数 $y = f(x)$ は区間 $[a, b)$（$b = +\infty$ も許す）上で連続と仮定する．定積分 $\int_a^\beta f(x)\,dx$ に $\beta \to b - 0$ としたときの左極限が存在するとき，それを $\int_a^b f(x)\,dx$ と表し，「$f(x)$ は $[a, b)$ 上で**積分可能**」もしくは「**広**

義積分 $\int_a^b f(x)\,dx$ は**収束する**」という.すなわち,

$$\int_a^b f(x)\,dx := \lim_{\beta \to b-0} \int_a^\beta f(x)\,dx.$$

この左極限が存在しないとき,「広義積分 $\int_a^b f(x)\,dx$ は**発散する**」という.

同様に $(a,b]$ 上の関数の積分可能性も右極限を用いて定義される.一般に,閉区間以外の区間での積分を**広義積分**とよぶ.

**例1** 式 (12.1) より,$f(x) = 1/x^2$ は $[1, +\infty)$ 上で積分可能であり,計算はしばしば

$$\int_1^\infty \frac{1}{x^2}\,dx = \left[ -\frac{1}{x} \right]_1^\infty = 0 + 1 = 1$$

のように lim を使わずに書かれる.

**例2** $f(x) = 1/x^2$ は $(0,1]$ 上で積分可能ではない.なぜなら,

$$\int_0^1 \frac{1}{x^2}\,dx := \lim_{\alpha \to +0} \int_\alpha^1 \frac{1}{x^2}\,dx = \lim_{\alpha \to +0} \left( -1 + \frac{1}{\alpha} \right) = +\infty.$$

となり,積分は発散するからである.

**基本公式と応用** 広義積分の収束・発散の判定に便利なのが,次の定理である(証明は演習問題,問 12.1):

**定理 12.1(べき乗関数の積分)** $a > 0$ のとき,
(1) 広義積分 $\int_a^\infty x^p\,dx$ は $p < -1$ のとき収束し,$p \geqq -1$ のとき発散.
(2) 広義積分 $\int_0^a x^p\,dx$ は $p \leqq -1$ のとき発散し,$p > -1$ のとき収束.

(1) と (2) の広義積分が表す面積を $p < 0$ と $0 < p < 1$ の場合に図示すると,次のようになる($p = 0, p \geqq 1$ の場合も同様に考えてみよ).

広義積分の考え方を用いると,級数の収束・発散を判定することができる.

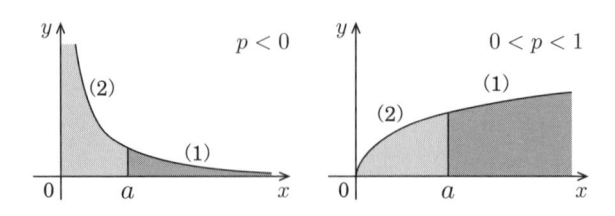

**例題 12.1**　（級数の収束・発散）　級数 $1 + \dfrac{1}{2} + \dfrac{1}{3} + \cdots$ は発散するが、級数 $1 + \dfrac{1}{2^2} + \dfrac{1}{3^2} + \cdots$ は収束することを示せ.

**解**　下図（左）のように級数を長方形の面積和と思うと，

$$1 + \frac{1}{2} + \frac{1}{3} + \cdots + \frac{1}{n} \geqq \int_1^{n+1} \frac{1}{x}\,dx = \log(n+1) \to \infty \quad (n \to \infty).$$

よって級数 $1 + \dfrac{1}{2} + \dfrac{1}{3} + \cdots$ は発散する．同様に，下図（右）のようにして

$$a_n := 1 + \frac{1}{2^2} + \frac{1}{3^2} + \cdots + \frac{1}{n^2} \leqq 1 + \int_1^n \frac{1}{x^2}\,dx < 1 + \int_1^\infty \frac{1}{x^2}\,dx$$

だが，定理 12.1（1），$p = -2$ の場合より，最右辺の広義積分は収束する．したがって数列 $a_n = 1 + \dfrac{1}{2^2} + \dfrac{1}{3^2} + \cdots + \dfrac{1}{n^2}$ は単調増加かつ有界であるから，収束する（実数の連続性）．■

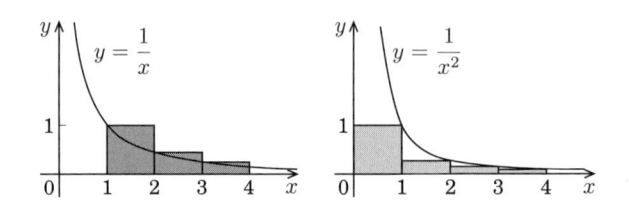

## 12.2　開区間での広義積分

開区間 $(a, b)$（$a = -\infty, b = +\infty$ も許す）での広義積分は，任意に $c \in (a, b)$ を選び

$$\int_a^b f(x)\,dx := \int_a^c f(x)\,dx + \int_c^b f(x)\,dx = \lim_{\alpha \to a+0} \int_\alpha^c f(x)\,dx + \lim_{\beta \to b-0} \int_c^\beta f(x)\,dx$$

とふたつの広義積分の和で定義する（この値は $c$ のとり方に依存しない）．

**例題 12.2** （広義積分）$\int_{-1}^{1} \dfrac{1}{\sqrt{1-x^2}}\,dx = \pi$ を示せ.

**解** $\int_{-1}^{1} = \int_{-1}^{0} + \int_{0}^{1}$ と分割すると,

$$\int_{-1}^{0} \frac{1}{\sqrt{1-x^2}}\,dx = \left[\mathrm{Sin}^{-1} x\right]_{-1}^{0} = 0 - \left(-\frac{\pi}{2}\right) = \frac{\pi}{2},$$

$$\int_{0}^{1} \frac{1}{\sqrt{1-x^2}}\,dx = \left[\mathrm{Sin}^{-1} x\right]_{0}^{1} = \frac{\pi}{2} - 0 = \frac{\pi}{2}.$$

よって求める等式をえる. ■

## 12.3 広義積分の収束・発散

このあと紹介するガンマ関数のように，広義積分で定義される重要な関数もたくさんある．そのとき，広義積分の値は確定できなくても，収束性だけでも確認しておけば関数が安全に定義されたことになる．そこで，広義積分 $\int_{a}^{b} f(x)\,dx$ が収束するための十分条件を与えよう．

まずは「優関数」という便利な言葉を準備する.

**定義（優関数）** 0 以上の値をとる関数 $g(x)$ が $f(x)$ の**優関数**であるとは，
- 積分区間上で $0 \leqq |f(x)| \leqq g(x)$; かつ
- 広義積分 $\int_{a}^{b} g(x)\,dx$ は収束

を満たすときをいう.

このとき，次が成り立つ（証明略）:

**定理 12.2**（優関数と収束）$f(x)$ に対し優関数 $g(x)$ が存在すれば，広義積分 $\int_{a}^{b} f(x)\,dx$ は収束する.

**例 3**（絶対収束） 広義積分 $\int_{a}^{b} |f(x)|\,dx$ が収束すれば，定理 12.2 より広義積分 $\int_{a}^{b} f(x)\,dx$ も収束する（$f(x)$ の優関数として $g(x) = |f(x)|$ がとれるので）．この

とき，広義積分 $\int_a^b f(x)\,dx$ は**絶対収束する**という．

**例題 12.3** （広義積分の収束性の判定） 次の広義積分は収束することを示せ．

(1) $\displaystyle\int_0^\infty \frac{1}{1+x^{3/2}}\,dx$  (2) $\displaystyle\int_0^1 \frac{\sin x}{\sqrt{1-x}}\,dx$

**解** (1) $\displaystyle\int_0^\infty = \int_0^1 + \int_1^\infty$ と分割する．$\displaystyle\int_0^1 \frac{1}{1+x^{3/2}}\,dx$ は閉区間上の連続関数の積分なので普通の定積分．よって値が確定する．$x>0$ のとき $\dfrac{1}{1+x^{3/2}} \leqq \dfrac{1}{x^{3/2}}$ であり，定理 12.1 より $\displaystyle\int_1^\infty \frac{1}{x^{3/2}}\,dx$ は収束するから，$\dfrac{1}{x^{3/2}}$ は $\dfrac{1}{1+x^{3/2}}$ の優関数である．よって定理 12.2 より，$\displaystyle\int_1^\infty \frac{1}{1+x^{3/2}}\,dx$ も収束する．

(2) $|\sin x| \leqq 1$ より $\left|\dfrac{\sin x}{\sqrt{1-x}}\right| \leqq \dfrac{1}{\sqrt{1-x}}$．ここで $t = 1-x$ とおくと，
$\displaystyle\int_0^1 \frac{1}{\sqrt{1-x}}\,dx = \int_1^0 \frac{1}{\sqrt{t}}(-dt) = \int_0^1 \frac{1}{\sqrt{t}}\,dt$．定理 12.1 より，この積分は収束する．すなわち $\dfrac{1}{\sqrt{1-x}}$ は優関数である．定理 12.2 より，広義積分 $\displaystyle\int_0^1 \frac{\sin x}{\sqrt{1-x}}\,dx$ は収束する． ∎

**発散の判定** 優関数と同様のアイディアで，広義積分が「発散する」十分条件を与えることができる．

**定理 12.3**（発散の判定）関数 $f(x), g(x)$ が定義域上で $0 \leqq g(x) \leqq f(x)$ を満たすとき，広義積分 $\displaystyle\int_a^b g(x)\,dx$ が発散すれば，広義積分 $\displaystyle\int_a^b f(x)\,dx$ も発散する．

**例 4** $x>1$ のとき $\dfrac{1}{x} \leqq \dfrac{1}{\sqrt{x^2-1}}$ が成り立つ．広義積分 $\displaystyle\int_2^\infty \frac{1}{x}\,dx$ は発散するから（定理 12.1），広義積分 $\displaystyle\int_2^\infty \frac{1}{\sqrt{x^2-1}}\,dx$ も発散する．

## 12.4 ガンマ関数

広義積分を用いて，応用上重要な「ガンマ関数」を定義しよう．

**定義（ガンマ関数）** 正の実数 $s$ に対し，広義積分

$$\Gamma(s) := \int_0^\infty e^{-x} x^{s-1} \, dx$$

で定まる $s$ の関数を**ガンマ関数**という（$\Gamma$ は $\gamma$ の大文字）．

あとで確認するように，ガンマ関数は階乗（$n!$）を拡張したものになっていて，定義は大変だが使い勝手のよい関数である．

まずは $\Gamma(s)$ を定義する積分が収束することを確かめよう．

**命題 12.4**（ガンマ関数）$s > 0$ のとき，広義積分 $\Gamma(s) = \int_0^\infty e^{-x} x^{s-1} \, dx$ は収束する．

**証明** $f(x) = e^{-x} x^{s-1}$ とおく．定理 12.1 と定理 12.2 より，各 $s > 0$ に対しある十分大きな $c$ が存在し，

(i) $[c, \infty)$ 上で $g(x) = x^{-2}$ は $f(x)$ の優関数； かつ

(ii) $(0, c]$ 上で $h(x) = x^{s-1}$ は $f(x)$ の優関数

であることを示せば十分である．

(i) $\dfrac{|f(x)|}{g(x)} = \dfrac{e^{-x} x^{s-1}}{x^{-2}} = \dfrac{x^{s+1}}{e^x}$．$s + 1 < N$ となる自然数 $N$ をとると $x \geq 1$ のとき $\dfrac{x^{s+1}}{e^x} \leq \dfrac{x^N}{e^x}$．第 9 章の例題 9.1 より，$\displaystyle\lim_{x \to \infty} \dfrac{x^N}{e^x} = 0$．よって適当な $c \geq 1$ が存在し，$x \geq c$ のとき $\dfrac{|f(x)|}{g(x)} \leq 1$，すなわち $|f(x)| \leq g(x)$．定理 12.1 より $\int_c^\infty x^{-2} \, dx$ は収束するから，$g(x) = x^{-2}$ は $f(x)$ の優関数．したがって $\int_c^\infty f(x) \, dx$ も収束する．

(ii) $x > 0$ のとき $e^{-x} < 1$ より，$f(x) = e^{-x} x^{s-1} < x^{s-1}$．$h(x) = x^{s-1}$ とおくと，$s - 1 > -1$ と定理 12.1 より $\int_0^c x^{s-1} \, dx$ は収束するから，$h(x)$ は $f(x)$ の優関数．よって $\int_0^c f(x) \, dx$ も収束する． ∎

**命題 12.5**（ガンマ関数の性質）$s > 0$ のとき $\Gamma(s+1) = s\Gamma(s)$．とくに，$n = 0, 1, 2, \cdots$ のとき，$n! = \Gamma(n+1)$．

**証明** 部分積分を用いると[1],

$$\Gamma(s+1) = \int_0^\infty e^{-x} x^s \, dx = \Big[ -e^{-x} x^s \Big]_0^\infty + \int_0^\infty e^{-x} s x^{s-1} \, dx = 0 + s\Gamma(s).$$

$\Gamma(1) = \displaystyle\int_0^\infty e^{-x} \, dx = 1$ は簡単に計算できるので，$\Gamma(n+1) = n\Gamma(n) \ (n \geqq 1)$ より帰納的に $n! = \Gamma(n+1)$ を得る． ■

**注意** 関係式 $\Gamma(s+1) = s\Gamma(s)$ を用いると，ガンマ関数を $s \neq 0, -1, -2, \cdots$ を満たす実数 $s$ にまで拡張できる．グラフは右のようになる：

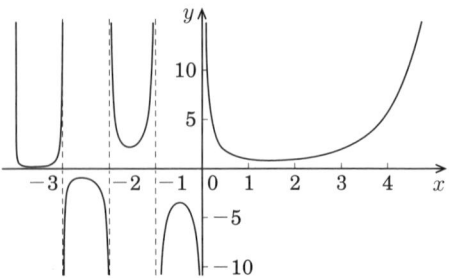

## 12.5 ベータ関数

最後に，ガンマ関数と関係の深い「ベータ関数」を定義しよう．

**定義（ベータ関数）** $p > 0, q > 0$ に対し，広義積分

$$B(p,q) := \int_0^1 x^{p-1}(1-x)^{q-1} \, dx$$

で定まる（2変数 $p, q$ の）関数を**ベータ関数**とよぶ（$B$ は $\beta$ の大文字）．

$B(p,q)$ が収束することは，やはり優関数を用いて証明される（演習問題）．

**ベータ関数の性質と応用** ベータ関数は次の性質をもっている．

**公式 12.6**

(1) $B(p,q) = B(q,p)$.

(2) $B(p+1,q) = \dfrac{p}{p+q} B(p,q), \quad B(p,q+1) = \dfrac{q}{p+q} B(p,q)$.

(3) $B(p,q) = 2 \displaystyle\int_0^{\pi/2} (\cos x)^{2p-1} (\sin x)^{2q-1} \, dx$.

(4) $B(1,1) = 1, \quad B\left(\dfrac{1}{2}, \dfrac{1}{2}\right) = \pi$.

(5) $B(p,q) = \dfrac{\Gamma(p)\Gamma(q)}{\Gamma(p+q)}$.

---

[1] まず $\displaystyle\int_0^R e^{-x} x^{s-1} \, dx$ について部分積分をしてから，$R \to \infty$ とした極限をとればよい．

(1) から (4) までの証明は演習問題としよう．(5) の証明には重積分を用いる（略）．

**例5** ベータ関数の公式12.6を用いると，たとえば次のような計算ができる．
$$\int_0^{\pi/2} (\cos x)^9 (\sin x)^7 \, dx = \frac{B(5,4)}{2} = \frac{\Gamma(5)\Gamma(4)}{2\Gamma(9)} = \frac{4! \cdot 3!}{2 \cdot 8!} = \frac{1}{560}.$$

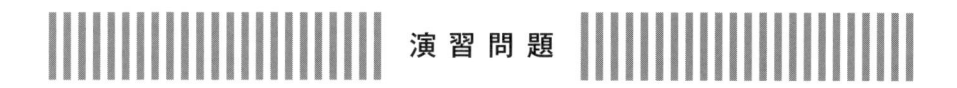

## 演習問題

**問 12.1** （べき乗の広義積分） 定理12.1を示せ．

**問 12.2** （広義積分の収束・発散） 次の級数の収束・発散を判定せよ．

(1) $\displaystyle\int_1^\infty \frac{1}{\sqrt{x^2+1}} \, dx$  (2) $\displaystyle\int_0^\pi \frac{1}{\sqrt{\sin x}} \, dx$  (3) $\displaystyle\int_0^\infty e^{-x^2} \, dx$

**問 12.3** （級数の収束） 次の級数の収束・発散を判定せよ．

(1) $\displaystyle\sum_{n=1}^\infty \frac{1}{\sqrt{n^2+1}}$  (2) $\displaystyle\sum_{n=1}^\infty \frac{2n+1}{n^3+2n}$  (3) $\displaystyle\sum_{n=1}^\infty \frac{\log n}{n^2}$

**問 12.4** （ベータ関数の定義） ベータ関数を定める広義積分
$$B(p,q) := \int_0^1 x^{p-1}(1-x)^{q-1} \, dx \quad (p > 0, \, q > 0)$$
は収束することを示せ．

**問 12.5** （ベータ関数の性質） 公式12.6 (1)〜(4) を示せ．

# 第13章

# 数値解析

第9章で学んだように，$\sin x$ や $e^x$ などの初等的関数に関しては，テイラー展開を用いることで（原理的には）任意に高い精度で値を求めることができた．
この章では「与えられた関数 $f(x)$ の値は任意の精度で計算できる」という仮定のもとで，方程式 $f(x) = 0$ の解，積分 $\int_a^b f(x)\,dx$ の値を任意の精度で数値計算する方法を紹介する．

## 13.1 ニュートン法

与えられた関数 $y = f(x)$ に対し，$f(\alpha) = 0$ となる $\alpha$ を数値的に求めたいとしよう．すなわち，方程式 $f(x) = 0$ の解の近似値を，できれば任意の精度で求めたい．

たとえば第4章で紹介した「二分法」は，単純だが関数の形に依存しない万能なアルゴリズムである．しかし，解の近似値を $n$ 桁の精度で得るためには，関数 $f(x)$ の値をだいたい $n$ に比例する回数計算しなくてはならない．これよりもっと効率よく，高速に解の近似値を計算できるのが，次の「ニュートン法」である．

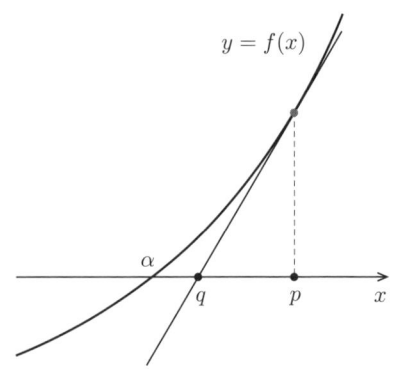

**ニュートン法のアルゴリズム**　ニュートン法は $C^1$ 級関数なら適用可能だが，以下では $C^\infty$ 級関数のみを考えることにする．

アイディアはこうである：まず関数のグラフ $y = f(x)$ の形状をある程度調べて，グラフが $x$ 軸と交わるあたりに目星をつけておく．たとえば計算したい未知の解が $x = \alpha$ だとして，その付近の値 $x = p$ をひとつ選ぼう．次に点 $(p, f(p))$ における関数 $f(x)$ のグラフの接線を引き，$x$ 軸との交点を求め，その $x$ 座標を $q$ とする．接線の方程式は $y = f(p) + f'(p)(x - p)$ であるから，$q = p - f(p)/f'(p)$ が成り立つ．

このとき，図からも類推されるように，$q$ は $p$ よりも $\alpha$ に近づくと期待される．したがって，「$p$ から $q = p - f(p)/f'(p)$ を計算する」という操作を反復すれば，$\alpha$ に収束する数列が得られるだろう．

ニュートン法のアルゴリズムをまとめておく：

**ニュートン法**
(1) $y = f(x)$ のグラフと $x$ 軸との交点 $\alpha$ に目星をつけ，その近くから初期値 $x_0$ を選ぶ．
(2) 漸化式
$$x_{n+1} = x_n - \frac{f(x_n)}{f'(x_n)} \quad (n = 0, 1, 2, \cdots) \tag{13.1}$$
で定まる数列を計算する．
(3) $|x_{n+1} - x_n|$ の値が一定以下になったところで計算を打ち切り，$x_{n+1}$ を $\alpha$ の近似値として採用する．

たとえば $|x_{n+1} - x_n| < \dfrac{1}{10^M}$ であれば，$x_{n+1}$ と $x_n$ は「小数点以下 $M$ 桁一致相当」の近さをもつ（第1.2節）．

**解への収束性**　ニュートン法が生成する数列 $\{x_n\}$ が本当に解に収束することを証明しよう[1]．まず，方程式の「重複度」を定義する：

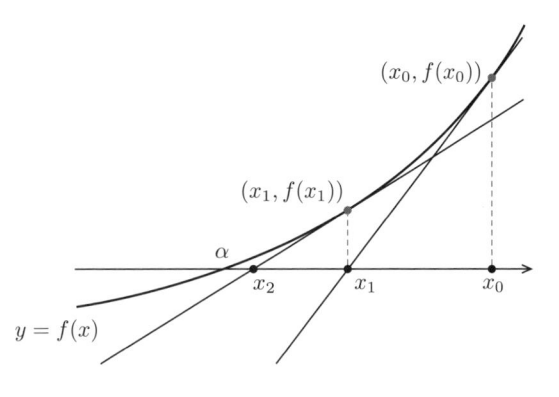

**定義（解の重複度）** 関数 $y = f(x)$ に対し，$x = \alpha$ が $f(\alpha) = f'(\alpha) = \cdots = f^{(m-1)}(\alpha) = 0$ かつ $f^{(m)}(\alpha) \neq 0$ を満たすとき，すなわち，関数 $f(x)$ の $x = \alpha$ におけるテイラー展開が

---

[1] 二分法は解の存在まで保証してくれるが，ニュートン法は「解の存在を仮定した上で」成立するアルゴリズムである．まずは二分法で解 $\alpha$ の位置をある程度特定してからニュートン法を用いるとよい．

$$f(x) = A(x-\alpha)^m + o((x-\alpha)^m)$$

(ただし $A \neq 0$) の形で書けるとき，$\alpha$ を関数 $f(x)$ の重複度 $m$ の零点，もしくは方程式 $f(x) = 0$ の重複度 $m$ の解とよぶ．

このとき，次が成り立つ：

**定理 13.1**（ニュートン法の収束性）$\alpha$ を関数 $f(x)$ の重複度 $m$ の零点とする．このとき，$\alpha$ に十分近い初期値 $x_0$ を選べば，漸化式 (13.1) が定める数列 $\{x_n\}$ は $\alpha$ に収束する．より精密に，ある定数 $\lambda$ $(0 < \lambda < 1)$ が存在して，すべての $n$ に対し

$$|x_{n+1} - \alpha| \leqq \lambda |x_n - \alpha| \tag{13.2}$$

が成り立つ．したがって $n \to 0$ のとき，

$$|x_n - \alpha| \leqq \lambda^n |x_0 - \alpha| \to 0. \tag{13.3}$$

とくに $m = 1$ のときは，ある定数 $K > 0$ が存在して，すべての $n$ に対し

$$|x_{n+1} - \alpha| \leqq K |x_n - \alpha|^2. \tag{13.4}$$

式 (13.3) より，$|x_n - \alpha| \leqq \lambda^n |x_0 - \alpha| = \dfrac{1}{10^{n \log_{10}(1/\lambda) - \log_{10}|x_0 - \alpha|}}$ であるから，単純に 1 ステップあたり「$\log_{10} \dfrac{1}{\lambda}$」桁ぐらい精度が上がる．この $\lambda$ はだいたい $\dfrac{m-1}{m}$ に近い値をとることができる．

重要かつ一般的なのは，$\alpha$ が重解ではない $m = 1$ の場合である．このとき式 (13.4) より，$|x_n - \alpha| < \dfrac{1}{10^M}$ であれば $|x_{n+1} - \alpha| < K \dfrac{1}{(10^M)^2} = \dfrac{1}{10^{2M - \log_{10} K}}$．大雑把にいって，$x_{n+1}$ は $x_n$ と比べて解と一致する小数点以下の桁数が 2 倍近くになるということである．

**例 1**（平方根）$A > 0$ に対し $\sqrt{A}$ を計算してみよう．それは関数 $f(x) = x^2 - A$ の重複度 1 の零点である．よって漸化式 (13.1) は

$$x_{n+1} = x_n - \frac{x_n^2 - A}{2x_n} = \frac{1}{2}\left(x_n + \frac{A}{x_n}\right)$$

となる．たとえば $A=2$ のとき，$x_0=2$ としてニュートン法のアルゴリズムを適用すると，

$$x_0=2,\ x_1=\frac{3}{2},\ x_2=\frac{17}{12},\ x_3=\frac{577}{408},\ x_4=\frac{665857}{470832},\ \cdots$$

これでは近似の様子が見えてこないから，数値化して表にすると次のようになる：

| $n$ | 近似値 $x_n$ | 誤差 $\|x_n-\sqrt{2}\|$ |
| --- | --- | --- |
| 0 | 2.0000000000000000000 | $5.86\times 10^{-1}$ |
| 1 | 1.5000000000000000000 | $8.58\times 10^{-2}$ |
| 2 | 1.4166666666666667 | $2.45\times 10^{-3}$ |
| 3 | 1.4142156862745098039 | $2.12\times 10^{-6}$ |
| 4 | 1.4142135623746899106 | $1.59\times 10^{-12}$ |
| 5 | 1.4142135623730950488 | $8.99\times 10^{-25}$ |
| 6 | 1.4142135623730950488 | $2.86\times 10^{-49}$ |

定理 13.1 の式（13.4）が示すとおりに，誤差は 1 ステップごとに，ほとんど 2 乗される勢いで減少している．

**定理 13.1 の証明のスケッチ**　関数 $f(x)$ に対し，$N(x):=x-\dfrac{f(x)}{f'(x)}$ で定まる関数を考えよう．このとき，漸化式（13.1）は $x_{n+1}=N(x_n)$ と表されることに注意する．

$\alpha$ を関数 $f(x)$ の重複度 $m$ の零点とし，そこでの漸近展開が

$$f(x)=A(x-\alpha)^m+B(x-\alpha)^{m+1}+o((x-\alpha)^{m+1}) \qquad (13.5)$$

（ただし $A\neq 0$）と表されると仮定しよう．このとき関数 $N(x)$ の $\alpha$ での漸近展開は

$$N(x)=\alpha+\frac{m-1}{m}(x-\alpha)+\frac{B}{m^2A}(x-\alpha)^2+o((x-\alpha)^2) \qquad (13.6)$$

となる（演習問題，問 13.2）．よって

$$N(x)-\alpha=\left\{\frac{m-1}{m}+\underline{\frac{B}{m^2A}(x-\alpha)+o(x-\alpha)}\right\}\cdot(x-\alpha).$$

ここで下線部は $x\to\alpha$ のとき 0 に収束するから，$x$ が十分に $\alpha$ に近ければ中括弧の中身はいくらでも $\dfrac{m-1}{m}$ に近くなる．たとえば，$\dfrac{m-1}{m}<\lambda<1$ となる定数 $\lambda$ を自由に選んで，「$|x-\alpha|\leqq\delta$ であれば中括弧の中身の絶対値が $\lambda$ 以下」とな

るように十分に小さな $\delta$ を選ぶことができる．このとき $|N(x) - \alpha| \leqq \lambda |x - \alpha|$ が成り立つから，ニュートン法の初期値 $x_0$ が $|x_0 - \alpha| \leqq \delta$ を満たせば，$|x_1 - \alpha| = |N(x_0) - \alpha| \leqq \lambda |x_0 - \alpha|$．さらに $|x_2 - \alpha| = |N(x_1) - \alpha| \leqq \lambda |x_1 - \alpha| \leqq \lambda^2 |x_0 - \alpha|$ などを得る．あとは帰納的に，式 (13.2) と式 (13.3) が導かれる．

$m = 1$ のときは，式 (13.6) より

$$N(x) - \alpha = \left\{\frac{B}{A} + o(1)\right\} \cdot (x - \alpha)^2.$$

ここで $o(1)$ とは，$x \to \alpha$ のとき $0$ に収束するという意味であった（例題 9.3）．よって $|B/A| < K$ を満たす定数を自由に選んで，上と同様の議論を行えばよい．∎

## 13.2 数値積分とリーマン和

積分 $\int_a^b f(x)\,dx$ を計算するときは，「微積分の基本定理」（定理 10.2, 定理 10.5）を用いるのが普通であろう．すなわち $f(x)$ の原始関数 $F(x)$ を見つけてきて，$F(b) - F(a)$ を計算するのである．しかし，

$$\int_a^b e^{-x^2}\,dx, \quad \int_a^b \frac{\sin x}{x}\,dx, \quad \int_a^b \frac{1}{\log x}\,dx$$

のように，原始関数が初等的な関数の組み合わせで表現できない関数もあり，「微積分の基本定理」は事実上役に立たない[2]．ここでは，これらの積分を数値的に求める方法を紹介しよう．

以下，関数 $f(x)$ は定義域上で $C^\infty$ 級であり，好きなだけ微分できるものとする．

**リーマン和による近似** 求めたい積分 $I = \int_a^b f(x)\,dx$ のリーマン和を考えよう．積分区間 $[a,b]$ を $N$ 分割する点 $a = x_0 < x_1 < \cdots < x_N = b$ を選び（等分割とは限らない），さらに各区間 $[x_k, x_{k+1}]$ から代表点 $x_k^*$ を選ぶ．このとき，リーマ

---

[2] これらの積分はそのまま特殊関数の定義として用いられている．たとえばガウスの誤差関数 $\mathrm{erf}(x) := \frac{2}{\sqrt{\pi}} \int_0^x e^{-t^2}\,dt$，正弦積分関数 $\mathrm{Si}(x) := \int_0^x \frac{\sin t}{t}\,dt$，対数積分関数 $\mathrm{Li}(x) := \int_2^x \frac{1}{\log t}\,dt$ （これは $x$ より小さい素数の数の近似値を与える）など．

また，ガンマ関数やベータ関数のように，広義積分を用いて定義される関数もある（第 12 章）．

ン和

$$\Sigma := \sum_{k=0}^{N-1} f(x_k^*)(x_{k+1} - x_k) \tag{13.7}$$

は積分値 $I$ の近似値としてどのくらいの精度をもっているのだろうか？

**定理 13.2 （リーマン和の誤差）** 式 (13.7) で定義される積分 $I$ のリーマン和 $\Sigma$ に対し，その分割の最大幅を $\Delta := \max_{0 \leqq k < N} \{|x_{k+1} - x_k|\}$ とおく．また，積分区間 $[a, b]$ 上では $|f'(x)| \leqq K_1$ が成り立つと仮定する．このとき，積分値 $I$ とリーマン和 $\Sigma$ の絶対誤差は次を満たす：

$$|I - \Sigma| \leqq (b-a)K_1 \Delta.$$

とくに，分割点 $\{x_k\}$ として $N$ 等分点をとったときのリーマン和を $\Sigma_N$ とおくと，

$$|I - \Sigma_N| \leqq \frac{K_1(b-a)^2}{N}.$$

ここで「$N$ 等分点」とは，$\Delta x := \dfrac{b-a}{N}$ に対して $x_k := a + k\Delta x$ ($0 \leqq k \leqq N-1$) とおいたものである．

すなわち，$N$ 等分するリーマン和の場合，積分との誤差が少なくとも $N$ に反比例して小さくなる．

**証明** $f(x_k^*)(x_{k+1} - x_k) = \displaystyle\int_{x_k}^{x_{k+1}} f(x_k^*) \, dx$ であることに注意すると，三角不等式（公式 2.3）より

$$|I - \Sigma| = \left| \int_a^b f(x) \, dx - \sum_{k=0}^{N-1} \int_{x_k}^{x_{k+1}} f(x_k^*) \, dx \right|$$

$$= \left| \sum_{k=0}^{N-1} \int_{x_k}^{x_{k+1}} \{f(x) - f(x_k^*)\} \, dx \right| \leqq \sum_{k=0}^{N-1} \left| \int_{x_k}^{x_{k+1}} \{f(x) - f(x_k^*)\} \, dx \right|.$$

$x_k \leqq x \leqq x_{k+1}$ のとき，平均値の定理（定理 7.2）より，$f(x) - f(x_k^*) = f'(c)(x - x_k^*)$ を満たす $c$ が $x$ ごとに存在するから，

$$|f(x) - f(x_k^*)| = |f'(c)(x - x_k^*)| \leqq K_1(x_{k+1} - x_k) \leqq K_1 \Delta.$$

よって公式 10.1 (5) より

$$|I - \Sigma| \leqq \sum_{k=0}^{N-1} K_1 \Delta (x_{k+1} - x_k) = K_1 \Delta (b - a).$$

後半の主張は $\Delta = (b-a)/N$ を代入しただけである。∎

## 13.3 シンプソン則

定理 13.2 より，十分大きな $N$ をとり，積分区間を $N$ 等分しリーマン和 $\Sigma_N$ を計算すれば，原理的には任意の精度で積分値 $I$ が計算できる．しかし，誤差は $N^{-1}$ にしか比例しないので，たとえば目標とする精度が誤差 $10^{-5}$ 以内であるとき，$10^5$ 個程度の分割点に対して関数 $f(x)$ の値を計算することになる．

一方，これから紹介する「シンプソン則」は，単純なリーマン和の計算よりも効率よく快速に目標精度を実現してくれる，すぐれた近似計算法である．

まず準備として，次の公式を証明しよう：

**公式 13.3（3 次以下の多項式の積分）** $P(x)$ を 3 次以下の多項式とするとき，

$$\int_a^b P(x)\,dx = \frac{b-a}{6}\{P(a) + 4P(m) + P(b)\}. \tag{13.8}$$

ただし，$m = \dfrac{a+b}{2}$（すなわち，$m$ は $a$ と $b$ の中点）．

**例 2**
$$\int_a^b (x-a)(x-b)^2\,dx = \frac{b-a}{6}\left\{0 + 4\left(\frac{a+b}{2} - a\right)\left(\frac{a+b}{2} - b\right)^2 + 0\right\}$$
$$= \frac{(b-a)^4}{12}.$$

**証明**（公式 13.3） $h := \dfrac{b-a}{2}$ とおき $t = x - m$ と変数変換すると，式 (13.8) は

$$\int_{-h}^h P(t+m)\,dt = \frac{h}{3}\{P(-h+m) + 4P(0+m) + P(h+m)\}$$

と変形される．したがって，最初から 3 次以下の多項式 $Q(t) := P(t+m)$ について

$$\int_{-h}^h Q(t)\,dt = \frac{h}{3}\{Q(-h) + 4Q(0) + Q(h)\} \tag{13.9}$$

を示せば十分である．また，$Q(t) = pt^3 + qt^2 + rt + s$ の形に書けるので，$Q(t) = t^3, t^2, t, 1$ の場合について式 (13.9) を示せば十分である．たとえば $Q(t) = t^3$（奇関数）のとき，式 (13.9) は $0 = \dfrac{h}{3}((-h)^3 + 4 \cdot 0 + (h^3))$ となり成立している．残りも同様に確認できる．∎

**積分の 2 次多項式近似** 関数 $y = f(x)$ の区間 $[a, b]$ 上での積分 $I = \int_a^b f(x)\,dx$ を数値計算したいとしよう．そのために，関数 $f(x)$ そのものを多項式で近似することを考えてみる．もし区間 $[a, b]$ の幅がそれほど大きくなければ，関数 $f(x)$ の凹凸は少なく，たとえば 2 次関数であってもそれなりによい近似が得られるだろう．

そこで $m = (a+b)/2$ として，区間 $[a,b]$ 上の関数 $y = f(x)$ を「$x = a, m, b$ のとき $P(x) = f(x)$」を満たす 2 次関数 $P(x)$ によって近似してみよう[3]．このとき，$P(x)$ の区間 $[a, b]$ 上での積分は，$P(x)$ を具体的に求めるまでもなく，公式 13.3 によって与えられる．さらに「$x = a, m, b$ のとき $P(x) = f(x)$」であったから，積分値 $I$ の近似式として

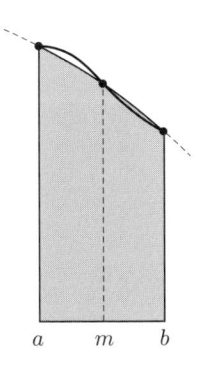

$$I = \int_a^b f(x)\,dx \approx \int_a^b P(x)\,dx = \frac{b-a}{6}\{f(a) + 4f(m) + f(b)\} \tag{13.10}$$

を採用することができる．

**シンプソン則** 積分の近似精度をあげるためには，まず区間 $[a, b]$ を細かく偶数個に等分し，それらをふたつずつ束にして近似式（13.10）を適用するのがよい．それが次の「シンプソン則」とよばれる公式である．

**公式 13.4（シンプソン則）** $N$ を偶数とする．積分区間 $[a, b]$ の $N$ 等分点を $x_k := a + k\Delta x$ $(\Delta x = (b-a)/N,\ 0 \leq k \leq N)$ とするとき，

$$S_N := \frac{\Delta x}{3}\{f(x_0) + 4f(x_1) + 2f(x_2) + 4f(x_3) + 2f(x_4) + \cdots$$
$$\cdots + 4f(x_{N-1}) + f(x_N)\} \tag{13.11}$$

は積分 $I$ の近似を与える．実際，区間 $[a, b]$ 上で $|f^{(4)}(x)| \leq K_4$ が成り立つとき，

---

[3] そのような $P(x)$ は $f(x)$ の「(2次) ラグランジュ補間」とよばれ，次のように一意的に定まる：
$$P(x) = \frac{(x-m)(x-b)}{(a-m)(a-b)}f(a) + \frac{(x-b)(x-a)}{(m-b)(m-a)}f(m) + \frac{(x-a)(x-m)}{(b-a)(b-m)}f(b).$$

$$|I - S_N| \leqq \frac{K_4(b-a)^5}{180N^4}.$$

式 (13.11) の積分近似式を**シンプソン則**とよぶ.

すなわち,少なくとも誤差は分割点の数 $N$ の 4 乗に反比例する.係数は

$$1, 4, 2, 4, 2, 4, \cdots, 4, 2, 4, 1$$

と並ぶことに注意しよう.

**例3** $[a,b] = [0,1]$, $f(x) = \dfrac{1}{x^2+1}$ とおき,シンプソン則を用いて積分 $I = \int_a^b f(x)\,dx$ の値を近似してみよう.真の値は $\mathrm{Tan}^{-1} 1 = \dfrac{\pi}{4} = 0.785398163397\cdots$ であるから,4 倍すれば円周率の近似計算にもなる.

たとえば $N=4$ のとき,$\Delta x = 1/4$ であり,式 (13.4) は

$$\begin{aligned} S_4 &= \frac{1/4}{3}\left\{f(0) + 4f\left(\frac{1}{4}\right) + 2f\left(\frac{1}{2}\right) + 4f\left(\frac{3}{4}\right) + f(1)\right\} \\ &= \frac{1}{12}\left\{1 + \frac{4}{1+(1/4)^2} + \frac{2}{1+(1/2)^2} + \frac{4}{1+(3/4)^2} + \frac{1}{1+1^2}\right\} \\ &= 0.78539215\cdots \end{aligned}$$

と計算される.真の値との誤差は約 $6.0 \times 10^{-6}$ で,相対誤差も約 0.00076%.また,$4S_4 = 3.141568\cdots$ は $\pi$ と小数点以下 4 桁まで一致する.簡単な計算のわりには,驚くべき精度である[4].

$N = 2, 4, 8, 16, 32$ に対しシンプソン則を用いた結果は次の表のようになる.

| $N$ | $S_N$ | $I - S_N$ | 相対誤差（%） |
|---|---|---|---|
| 2 | 0.7833333333 | $2.06 \times 10^{-3}$ | $2.63 \times 10^{-1}$ |
| 4 | 0.7853921569 | $6.01 \times 10^{-6}$ | $7.65 \times 10^{-4}$ |
| 8 | 0.7853981256 | $3.78 \times 10^{-8}$ | $4.81 \times 10^{-6}$ |
| 16 | 0.7853981628 | $5.91 \times 10^{-10}$ | $7.53 \times 10^{-8}$ |
| 32 | 0.7853981633 | $9.24 \times 10^{-12}$ | $1.18 \times 10^{-9}$ |

分割数が 2 倍になると誤差が 1/100 近くに減少するので,単純なリーマン和を計算するよりも速く高精度な値が得られる.次の図は,シンプソン則で計算している $f(x)$ の放物線近似を $N = 2, 4, 8, 16$ に対して描いたものである.

---

[4] ちなみに円に内接する正多角形の面積で同程度の精度を実現するには,正 927 角形が必要である.

## 演習問題

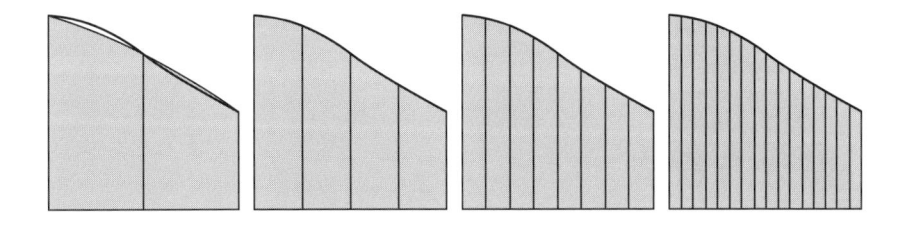

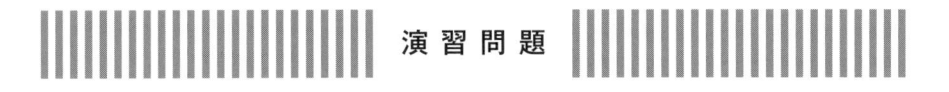

**問 13.1** （ニュートン法） ニュートン法を用いて $\sqrt[3]{2}$ の近似値 $a$ を求めよ．

**問 13.2** $\alpha$ を関数 $f(x)$ の重複度 $m$ の零点とし，そこでの漸近展開が式（13.5）のように与えられているとき，関数 $N(x) = x - f(x)/f'(x)$ の $\alpha$ での漸近展開は式（13.6）のように表されることを示せ．

**問 13.3** （$\log 2$ の近似計算） シンプソン則を用いて $\log 2 = \int_0^1 \dfrac{1}{1+x}\,dx$ の近似値を求めよ．

**問 13.4** （円周率の近似計算） $2 = \int_0^\pi \sin x\,dx$ の積分区間を 6 等分してシンプソン則を適用することで，円周率 $\pi$ の近似値を求めよ．

**問 13.5** （シンプソン則の応用） 右のような形の池がある（数字の単位はメートル）．シンプソン則を用いて池の面積の近似値を求めよ（シンプソン則を適用するだけで，放物線による近似が自動的に行われることになる）．

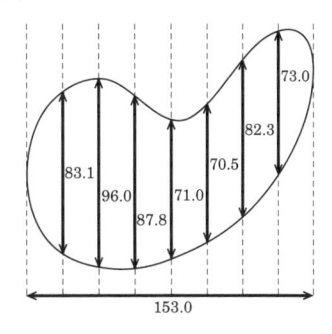

# 第14章
# 微分方程式

おそらく，微分積分のもっとも強力な応用は「微分方程式」である．多くの自然法則は微分方程式で表現されるから，「未来を予測する」ことはしばしば「微分方程式を解く」ことに帰着される．本章では微分方程式の理論のもっとも基礎的な部分について，具体例を通して学んでいこう．

以下では，関数を $y = f(x)$ の形ではなく，$y = y(x)$ の形で表すことにする．

## 14.1 微分方程式

指数関数 $y = e^x$ は $y' = e^x$ を満たしているから，$x$ の関数としての関係式 $y' = y$ ($y(x) = y'(x)$) を満たしている．すなわち，「導関数が自分自身と一致する関数」ということになるが，ほかにもそのような関数は存在するのだろうか？

同様に，$y = \sin x + \cos x$ のとき $y'(x) = \cos x - \sin x$, $y''(x) = -\sin x - \cos x$ であるから，$y'' = -y$ を満たす．このような関係式を満たす関数をすべて求めることは可能だろうか？

これらの問いは「微分方程式」の問題として定式化される．

> **定義（微分方程式）** 未知の関数 $y = y(x)$ とその導関数 $y', y'', \cdots$ の関係式を**微分方程式**とよぶ．とくに，関係式に含まれる最高階の導関数が $y^{(n)}$ であるとき，$n$ **階微分方程式**という．
> 
> 微分方程式を満たす関数をその**解**とよぶ．「微分方程式を解く」とは，そのような解をすべて求めることをいう．

微分方程式に解が存在していても，$x$ の式で具体的に表現できないことも多い．実用上は数値的に微分方程式を解く必要があり，数値解析学の主要なテーマとなっている．

**微分方程式の解法**　微分方程式の中には，完全な解法が知られているものもある．まずは先に掲げた問題（$y' = y$ と $y'' = -y$）を解いてみよう．

**例題 14.1**　（指数関数の微分方程式）　$k \neq 0$ とするとき，微分方程式
$$y' = ky \tag{14.1}$$
を解け．また，解のなかで $y(0) = 2$ を満たすものを求めよ．

**解**　$y = y(x)$ が定数関数 $y = 0$ の場合，明らかに $y' = ky$ を満たす．そうでない場合，

$$\begin{aligned} y' = ky &\iff \frac{y'}{y} = k \\ &\iff \frac{d}{dx}\log|y| = k \\ &\iff \log|y| = kx + C_0 \quad (C_0\text{は任意の定数}) \\ &\iff |y| = e^{kx+C_0} \\ &\iff y = \pm e^{C_0} e^{kx} \end{aligned}$$

と変形できる．よって $A := \pm e^{C_0} \neq 0$ とおくと，$y = Ae^{kx}$ が定数関数でないすべての解となる．$A = 0$ とすれば定数関数 $y = 0$ も解として含むので，微分方程式 $y' = ky$ の解は $y = Ae^{kx}$（$A$ は任意の定数）となる．

また，$y = Ae^{kx}$ が $y(0) = 2$ を満たすとき，$2 = A$．よってそのような解は $y = 2e^{kx}$．■

**例題 14.2**　（単振動の微分方程式）　$k > 0$ とするとき，微分方程式
$$y'' = -k^2 y \tag{14.2}$$
を解け．また，$k = 1$ のとき，解のなかで $y(0) = y'(0) = 1$ を満たすものを求めよ．

微分方程式 (14.2) は物理学で「ばねの運動方程式」として知られているものである．伸び縮みを繰り返す「ばね」の運動が示唆するように，その解（「単振動」ともよばれる）は周期性をもつことがわかる．

**解** すぐにわかる解として，$y = \cos kx$ と $y = \sin kx$ がある．$(u, v) = (\cos kx, \sin kx)$ は単位円上を等速円運動し，その速度ベクトルは $(u', v') = k(-v, u)$ と表されることから，次のような解法が示唆される．

以下，便宜的に関数の文字を変えて $u'' = -k^2 u$ を満たす $u = u(x)$ を求めることにしよう．$u = u(x)$ を解のひとつとするとき，別の関数 $v = v(x)$ を $v(x) := -u'(x)/k$ と定める．このとき，$u'' = -k^2 u$ より $v' = -u''/k = ku$ が成り立つ．したがって，連立微分方程式

$$\begin{cases} u' = -kv \\ v' = ku \end{cases}$$

を満たす関数のペア $(u, v)$ を求めればよい．

少し唐突だが $w(x) := u(x)^2 + v(x)^2$ で定まる関数を考えると，

$$w' = (u^2 + v^2)' = 2uu' + 2vv'$$
$$= 2u(-kv) + 2v(ku) = 0$$

であるから，$w = u^2 + v^2$ は（負でない）定数関数である．ゆえにある $x$ に依存しない定数 $r \geqq 0$ が存在し，

$$u^2 + v^2 = r^2$$

を満たす．これは，$uv$ 平面上で点 $(u, v)$ が半径 $r$ の円の上にあることを意味するから，

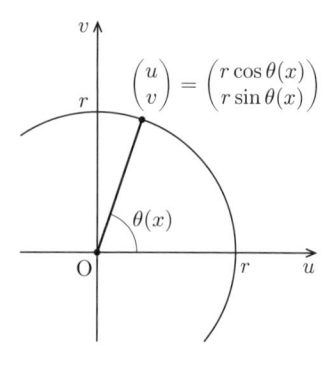

$$u = r\cos\theta(x), \quad v = r\sin\theta(x)$$

（ただし $\theta(x)$ は $x$ の関数）と表現できる．$u'(x) = -\theta'(x) r \sin\theta(x) = -kv(x)$ より，$\theta'(x) = k$．すなわち $\theta(x) = kx + C$（ただし，$C$ は任意の定数）である．よって $u = r\cos(kx+C)$ を得る．逆に，任意の定数 $r \geqq 0$ と $C$ に対し，$u = r\cos(kx+C)$ は方程式 $u'' = -k^2 u$ の解となっているから，これが求めるすべての解である．

次に $k = 1$ とする．関数 $u = r\cos(x+C)$ が $u(0) = u'(0) = 1$ を満たすとき，$r\cos C = -r\sin C = 1$．よって $r^2\cos^2 C + r^2\sin^2 C = 2$，すなわち $r^2 = 2$．$r \geqq 0$ より $r = \sqrt{2}$ を得る．このとき $\cos C = -\sin C = 1/\sqrt{2}$ となるので，$C = -\pi/4 +$

$2n\pi$ ($n$ は任意の自然数) と定まるが,三角関数の周期性より $u = \sqrt{2}\cos(x - \pi/4)$ が求める解となる. ∎

> **注意**
> - $v = r\sin(kx + C)$ の形だとわかるが,じつは $v'' = -k^2 v$ を満たすのでこれも求める方程式の解である.実際,$u = r\cos(kx + C)$ において $C = C' - \pi/2$ とおくと,$u = r\cos(kx + C' - \pi/2) = r\sin(kx + C')$ となり $v$ の形の解も含んでいるのである.
> - 加法定理より $u = \sqrt{2}\cos(x - \pi/4) = \sin x + \cos x$ が成り立つ.すなわち,本章の冒頭に紹介した $y = \sin x + \cos x$ は $y'' = -y,\ y(0) = y'(0) = 1$ を満たす唯一の関数ということになる.
> - この解法からわかるように,$y'' = -k^2 y$ の解は等速円運動する動点 $(u, v)$ のひとつの座標だけに着目したものだとわかる.これが「単振動」(すなわち「ばね」の運動) のもつ周期的な動きを説明するのである.

## 14.2 ウサギの数を予測する

自然環境にあるウサギの個体数の増減について,微分方程式によるモデルを作ってみよう.

**モデルその1(指数関数)** 餌(草)が無尽蔵にある環境では,ウサギは指数関数的に増加すると考えられる.そのような状況を数学的にモデル化してみよう.

時間 $x$ におけるウサギの個体数を $y = y(x)$ とおくと[1],期間 $\Delta x$ の間に増加する個体数 $\Delta y$ はその時点での個体数 $y$ に比例すると考えられるから,

$$\Delta y = ky \cdot \Delta x \iff \frac{\Delta y}{\Delta x} = ky \quad (\text{ただし } k \text{ は正の定数})$$

と表現できる.したがって微分方程式 $y' = ky$ をそのモデルとして採用すれば,例題14.1より,個体数は指数関数 $y = Ae^{kx}$ によって推定される.

**モデルその2(ロジスティック関数)** 実際の自然環境には餌が無尽蔵にあるわけではなく,また天敵(捕食者,たとえばキツネ)の存在も無視できない.その

---

[1] 実際には月や年を単位として観測するべきであろうが,モデルとしては連続的に変化する時間を考えるのが一般的である.

ような要素を考慮して，モデルその1の比例定数 $k$ から $y$ に比例する量を差し引いて，$k - ay$（ただし，$a$ は正の定数）としてみる．すなわち，微分方程式

$$y' = (k - ay)y$$

をウサギの個体数のモデルとして採用してみよう．

**例題 14.3** （ロジスティック方程式） $a$ と $k$ を正の定数とするとき，微分方程式

$$y' = (k - ay)y \tag{14.3}$$

を解け．また，$k = 1, a = 1$ のとき，解のなかで $y(0) = 1/4$ を満たすもののグラフを描け．

微分方程式 (14.3) は「個体生物学」とよばれる分野で**ロジスティック方程式**として知られているものである[2]．

**解** 定数関数 $y = 0$ および $y = k/a$ は微分方程式 (14.3) を満たす．
そうでないとき，

$$\frac{1}{(k-ay)y} = \frac{1}{k}\left(\frac{1}{y} + \frac{a}{k-ay}\right)$$

に注意すると，

$$
\begin{aligned}
y' = (k-ay)y &\iff \frac{y'}{(k-ay)y} = 1 \\
&\iff \frac{y'}{y} + \frac{ay'}{k-ay} = k \\
&\iff (\log|y|)' - (\log|k-ay|)' = k \\
&\iff \log|y| - \log|k-ay| = kx + C \quad (C \text{ は任意の定数}) \\
&\iff \log\left|\frac{k-ay}{y}\right| = -kx - C \\
&\iff \frac{k}{y} - a = \pm e^{-C} e^{-kx}.
\end{aligned}
$$

ここで $A := \pm e^{-C}$ とおくと，

---

2] 本来はウサギでなく，人口（ヒトの数）増加のモデルとしてベルギーの数学者フェルフルスト (Pierre-François Verhulst, 1804–1849) によって導入された．

$$\frac{y}{k} = \frac{1}{a + Ae^{-kx}} \iff y = \frac{k}{a + Ae^{-kx}}.$$

この式は $A = 0$ のとき定数関数 $y = k/a$ を表すので，$A$ を任意の実数として $y = k/(a + Ae^{-kx})$ および $y = 0$ が求める解である．

また，$k = a = 1$ のとき，$y(0) = 1/4$ より $1/4 = 1/(1+A)$，よって $A = 3$ である．増減表や凹凸を調べてグラフを描くと下のようになる（変曲点は $x = \log 3$ のとき）．■

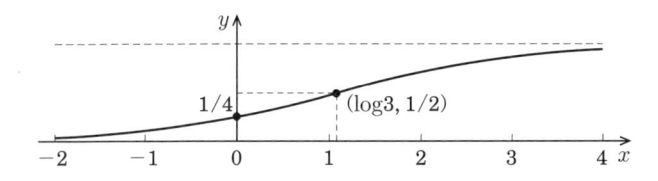

**例題の結果の解釈**　たとえばウサギ 1000 匹を 1 単位とみてグラフを解釈すると，ある時点で 250 匹だった（$y(0) = 1/4$）ウサギの数は時刻とともに順調に増加するが，環境的要因により増加が次第に抑制され，1000 匹を越えることはできない．

## 14.3　方向場

ロジスティック方程式（14.3）の定数関数でない解は**ロジスティック関数**とよばれている．その方程式と解の関係を視覚的に理解する方法を紹介しよう．

話を単純にするために，$k = a = 1$ の場合を考えよう．ロジスティック方程式は

$$y' = (1 - y)y \tag{14.4}$$

となる．この関係式から，もし解 $y = y(x)$ が点 $(0, 1/4)$ を通るならば，そこでの微分係数は $y'(0) = (1 - 1/4) \cdot (1/4) = 3/16$ で与えられることがわかる．一般に，

- $y < 0$ もしくは $y > 1$ のとき $y' < 0$
- $y = 0$ もしくは $y = 1$ のとき $y' = 0$
- $0 < y < 1$ のとき，$y' > 0$

である．そこで，$xy$ 平面の各点 $(x, y)$ に傾き $(1-y)y$ の短い線分を描くことにすれば，次の図のようにロジスティック方程式（14.4）の解の様子が推定できる．

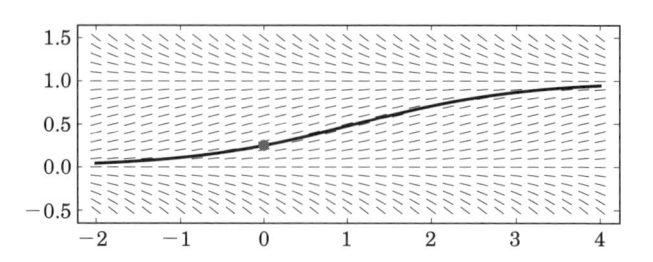

このような短い線分（微小線分）の分布を**方向場**とよぶ．これまでに紹介した微分方程式は式変形と積分によって「運良く」解けたが，一般には（たとえ解が存在しても）そのような式変形が見つかるとは限らない．そこで，解の挙動を推定するひとつの方法として方向場が用いられるのである．

**例題14.4**　（方向場）微分方程式 $y' = 1 - 2xy$ の方向場のおおよその形を求め，$y(0)$ がそれぞれ $0, 1, 2$ となる解のグラフを推定せよ．

**解**　$k$ を実数とするとき，$k = 1 - 2xy$ を満たす $(x, y)$ の集合 $E_k$ を求めてみよう[3]．$xy = (1-k)/2$ より，$k = 1$ のときは $x$ 軸と $y$ 軸の和集合である．また，$k \neq 1$ のときは $y = \dfrac{1-k}{2x}$ で表される関数のグラフ（双曲線）である．

このような $E_k$ 上に，傾き $k$ の微小線分を対応させたものが微分方程式 $y' = f(x, y)$ の方向場になっている．したがって方向場と予想されるグラフは次のようになる：

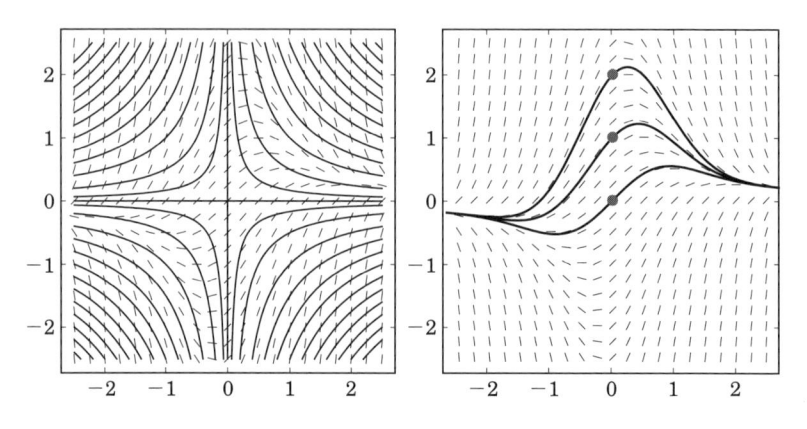

---

[3]　$E_k$ は2変数関数 $f(x, y) = 1 - 2xy$ の高さ $k$ の「等高線」のことである（第15章参照）．

## 14.4　1階線形微分方程式

最後に，

$$y' + P(x)y = Q(x)$$

の形の微分方程式の解法を紹介しよう．これを**1階線形微分方程式**とよぶ．この場合，$I(x) = e^{\int P(x)dx}$（すなわち $e^{[P(x)\text{の原始関数}]}$）を方程式の両辺にかけるとうまく解けることが知られている．具体例を見ていこう．

**例題14.5**　（1階線形微分方程式）　微分方程式

$$y' = 1 - 2xy \tag{14.5}$$

を解け．また，$y(0) = 1$ となる解を求めよ．

**解**

$$y' = 1 - 2xy \iff y' + 2xy = 1$$

であるから，1階線形微分方程式（$P(x) = 2x$, $Q(x) = 1$）である．そこで，$I(x) := e^{\int 2x dx} = e^{x^2 + C_0}$ の形の関数を考えよう．$C_0$ は任意だが，ここでは $C_0 = 0$ として $I(x) = e^{x^2}$ を採用する．これを上の方程式の両辺にかけて，

$$e^{x^2}(y' + 2xy) = e^{x^2} \iff \left(e^{x^2} y\right)' = e^{x^2}$$
$$\iff e^{x^2} y = \int e^{x^2} dx + C \quad (C\text{は任意の定数})$$
$$\iff y = e^{-x^2} \int e^{x^2} dx + Ce^{-x^2}$$

右辺の積分はこれ以上簡単にはできないが，もう少しだけ具体的に，たとえば

$$y = e^{-x^2} \int_0^x e^{t^2} dt + Ce^{-x^2} \quad (C\text{は任意の定数})$$

と表すことができる．$y(0) = 1$ を代入すると $C = 1$ となるので，そのような解は $y = e^{-x^2} \int_0^x e^{t^2} dt + e^{-x^2}$ である．■

## 演習問題

**問 14.1** （変数分離形） 以下の微分方程式を解け.

(1) $y' = y^2$

(2) $y' = \dfrac{x}{y}$

(3) $(x^2 + 1)y' = xy$

(4) $\left(1 + \dfrac{1}{\cos^2 y}\right)y' = x^2 + 1$

**問 14.2** （1階線形微分方程式） 以下の微分方程式を解け.

(1) $y' + (2\tan x)y = \sin x$

(2) $xy' - y = x$

(3) $y' + 3x^2 y = 6x^2$

(4) $x^2 y' + xy = 1 \quad (x > 0)$

# 第II部
# 2変数の微分積分

# 第15章

# 多変数の1次関数

本章から多変数関数について学ぶ．まずは 2 変数の 1 次関数 $z = Ax + By + C$ を完全に理解することから始めよう．

## 15.1 多変数関数の例

**多変数関数**とは複数の変数をもつ関数のことである．身近な例を挙げてみよう．

- 図（左）のように，底辺 $x$，高さ $y$ の長方形の面積 $S$ と周の長さ $L$ は

$$S = S(x,y) = xy,$$
$$L = L(x,y) = 2(x+y)$$

と表される．これらは $x$ と $y$ を独立変数とする **2 変数関数**である（すなわち，$x$ と $y$ の間に特別な関係はなく，それぞれを自由に変化させることができる）．

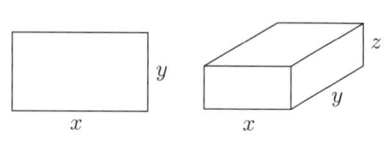

- 同じく図（右）のような直方体の体積 $V$ と表面積 $A$ は

$$V = V(x,y,z) = xyz, \qquad A = A(x,y,z) = 2(xy + yz + zx).$$

これらは $x, y, z$ を独立変数とする **3 変数関数**である．

- 一般に $n$ 個の独立変数 $x_1, x_2, \cdots, x_n$ をもつ $y = f(x_1, x_2, \cdots, x_n)$ の形の関数を $n$ **変数関数**という．

本書では，おもに 2 変数関数の微分積分を学ぶ．3 変数以上の多変数関数の微分積分へは，2 変数の場合のアナロジー（類推）によって難なく移行できるだろう．

## 15.2 多変数関数のグラフ

$n$ 個の実数の組 $(x_1, x_2, \cdots, x_n)$ 全体の集合を $n$ **次元ユークリッド空間**もしくは $n$ **次元数空間**とよび，$\mathbb{R}^n$ で表す．本書ではとくに断らない限り $\mathbb{R}^2$ を $xy$ 平面とみなし，$\mathbb{R}^3$ を $xyz$ 空間とみなす．

2変数関数 $z = f(x, y)$ とは，$xy$ 平面 $\mathbb{R}^2$ （の部分集合）上を動く変数 $(x, y)$ にある実数 $z$ を対応付けるものである．したがって，$xyz$ 空間 $\mathbb{R}^3$ に「3次元のグラフ」を描くことができる．厳密にいうと，関数 $z = f(x, y)$ の **3次元グラフ**とは，点 $(x, y)$ が関数 $z = f(x, y)$ の定義域（第16.1節参照）をくまなく動いて得られる空間内の点 $(x, y, f(x, y))$ 全体からなる集合を指す．グラフは，何らかの曲面となるのが普通である．

**例1**（3次元グラフ） 次の図は，$z = xy$ （左）と $z = (x^2 + 3y^2)e^{1-x^2-y^2}$ （右）の3次元グラフである．パソコンを用いれば，そのようなグラフを簡単に描かせることができるが，結局は平面（紙やモニターの上）に射影された2次元の絵になる．おのずと表現力には限界があり，実際のところあまり役に立たない[1]．

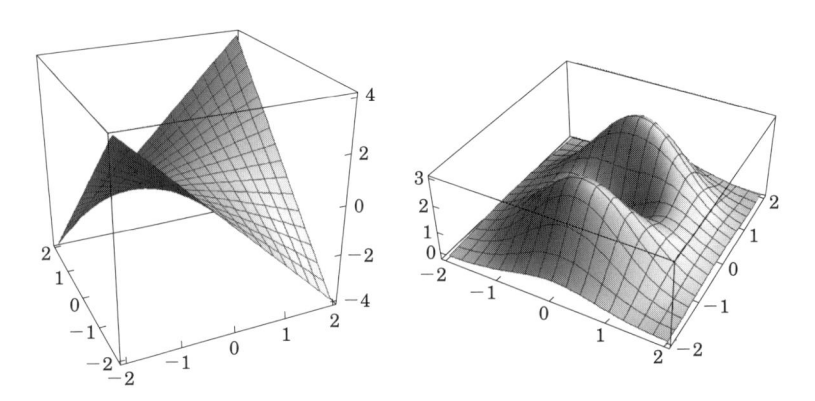

**等高線グラフ** 2変数関数 $z = f(x, y)$ であれば，**等高線グラフ**のほうが有用である[2]．地形図，気圧分布などで用いられるから，なじみがあるグラフだろう．こ

---

1] もちろんグラフの形状を把握するにはよいのだが，何らかの量的な情報を得るのは難しい．
2] 「等位線グラフ」ともいう．

ちらのほうが数学との親和性がよいので，本書でも頻繁に利用する．
　ここでいう「等高線」とは，次のような集合のことである：

> **定義（等高線）** 2変数関数 $z = f(x, y)$ と実数 $k$ に対し，集合
> $$E_k = \{(x, y) \mid f(x, y) = k\}$$
> を高さ $k$ の等高線とよぶ．

**注意**　等高線がいつも「線」とは限らない．たとえば定数関数の場合は全 $xy$ 平面であるし，極大値をとる点（山の頂上）では1点である．

**例2**（等高線グラフ）　次の図は $z = xy$ （左）と $z = (x^2 + 3y^2)e^{1-x^2-y^2}$ （右）の等高線グラフである．

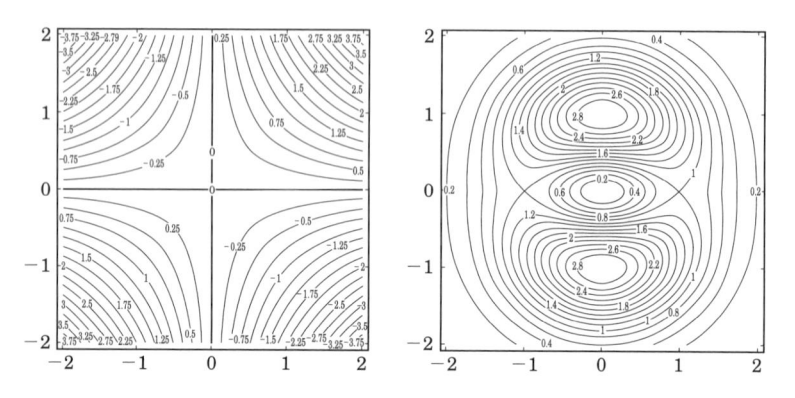

等高線が密なところほど関数の値の変化が大きく，粗なところほど変化は緩やかだといえる．

## 15.3　1次関数とベクトルの内積

　1変数の関数がある点で「微分可能」であることは，関数がその点で「1次関数で近似される」ことと同じ意味であった（第6章，式 (6.3)）．
　多変数関数の場合も，その点で「関数が1次関数で近似される」ことを「微分可能」であることの定義とする（第17章）．そのため，多変数の1次関数を理解することが，多変数関数の微分の理解と直結しているのである．

もちろん，微分の話をする前に極限や連続性の話をしないといけないが，ウォーミングアップとして，ここでは多変数の1次関数がどんなものか探ってみよう．

**1 次関数**　1 次関数とは次のような形の関数である（小文字が変数，大文字が定数）：

$$1変数： \quad y = Ax + B$$
$$2変数： \quad z = Ax + By + C$$
$$3変数： \quad w = Ax + By + Cz + D$$
$$n変数： \quad y = A_1 x_1 + A_2 x_2 + \cdots + A_n x_n + B$$

（$A_1 = \cdots = A_n = 0$ の場合は定数関数になるが，本書ではこの場合も1次関数とよぶことにする）．私たちはまず，**2変数の1次関数 $z = Ax + By + C$** を完全に理解することを目標にしよう．そのために，高校で学んだ平面ベクトルについて復習しておく．

**平面ベクトルの内積**　ふたつの平面ベクトル[3]

$$\vec{p_1} = \begin{pmatrix} a_1 \\ b_1 \end{pmatrix}, \quad \vec{p_2} = \begin{pmatrix} a_2 \\ b_2 \end{pmatrix}$$

の内積を

$$\vec{p_1} \cdot \vec{p_2} := a_1 a_2 + b_1 b_2$$

と定める．内積 $\vec{p_1} \cdot \vec{p_2}$ は成分を用いて $\begin{pmatrix} a_1 \\ b_1 \end{pmatrix} \cdot \begin{pmatrix} a_2 \\ b_2 \end{pmatrix}$ と表すこともある．また，ベクトル $\vec{p_1}$ の**長さ**を

$$|\vec{p_1}| := \sqrt{\vec{p_1} \cdot \vec{p_1}} = \sqrt{a_1^2 + b_1^2}$$

によって定義する．

内積は次の性質を満たす：

**命題 15.1（内積の性質）** $\vec{0}$（ゼロベクトル）でないふたつのベクトル $\vec{p_1}$ と $\vec{p_2}$ のなす角度を $\theta$ $(0 \leqq \theta \leqq \pi)$ とするとき，

---

[3] 本書ではとくに断らない限り縦ベクトルと横ベクトルを区別しない．たとえば，$\vec{p_1} = (a_1, b_1)$ のようにも表す．

$$\vec{p_1} \cdot \vec{p_2} = |\vec{p_1}||\vec{p_2}|\cos\theta.$$

さらにベクトル $\vec{p_1}$ と $\vec{p_2}$ の長さを固定して $\theta$ だけを変化させるとき，

- $\vec{p_1} \cdot \vec{p_2}$ が最大 $\iff \theta = 0 \iff \vec{p_1}$ と $\vec{p_2}$ が同じ方向．
- $\vec{p_1} \cdot \vec{p_2}$ が $0 \iff \theta = \pi/2 \iff \vec{p_1}$ と $\vec{p_2}$ が直交．
- $\vec{p_1} \cdot \vec{p_2}$ が最小 $\iff \theta = \pi \iff \vec{p_1}$ と $\vec{p_2}$ が逆の方向．

証明は不要であろう（この命題は多変数関数の微小変化を定量的に把握する際に暗に用いられる）．

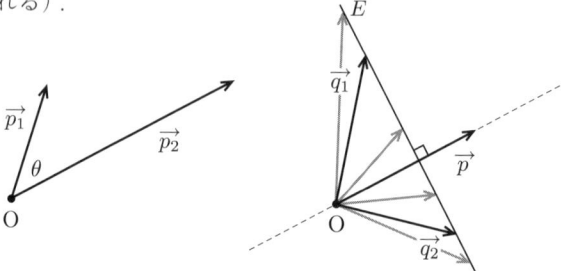

1次関数の等高線を記述するのに必要な命題を述べておこう．

**命題 15.2（内積一定の集合は直線）** $\vec{0}$ でない $\vec{p}$ と直線 $E$ が直交するとき（上の右図），$E$ 上にあるすべての位置ベクトル $\vec{q}$ に対し内積 $\vec{p} \cdot \vec{q}$ は一定値をとる．すなわち，$\vec{q_1}, \vec{q_2}$ が $E$ 上にあるとき，

$$\vec{p} \cdot \vec{q_1} = \vec{p} \cdot \vec{q_2}. \tag{15.1}$$

逆に，式 (15.1) が成り立つようなベクトル $\vec{q_1}$ と $\vec{q_2}$ ($\vec{q_1} \neq \vec{q_2}$) は $\vec{p}$ と直交する同一直線上にある．

証明は演習問題としよう（章末，問 15.2）．

**1次関数と内積** 内積を用いると，1次関数 $z = Ax + By + C$ とその等高線の幾何学的な意味が明確になる：

**命題 15.3（1次関数と内積）** 1次関数 $z = Ax + By + C$ は内積を用いて

$$z = C + \begin{pmatrix} A \\ B \end{pmatrix} \cdot \begin{pmatrix} x \\ y \end{pmatrix} \tag{15.2}$$

と表される．とくに $(A, B) \neq (0, 0)$ のとき，高さ $k$ の等高線は

$$E_k = \left\{ (x,y) \in \mathbb{R}^2 \mid \begin{pmatrix} A \\ B \end{pmatrix} \cdot \begin{pmatrix} x \\ y \end{pmatrix} = k - C \right\} \tag{15.3}$$

と表され，ベクトル $(A,B)$ に直交する直線となる．

**証明** 式 (15.2) はただの式変形である．これより，式 (15.3) も明らか．式 (15.3) より，高さ $k$ の等高線はベクトル $(A,B)$ との内積が一定値 $k-C$ となるようなベクトル $(x,y)$ の集合となる．よって命題15.2より，そのような集合はベクトル $(A,B)$ に直交する直線となる．■

## 15.4　1次関数の等高線グラフ

$(A,B) \neq (0,0)$ を満たす1次関数 $z = Ax + By + C$ の等高線グラフを詳しく調べてみよう．

命題15.3より，1次関数 $z = Ax + By + C$ の等高線はすべてベクトル $(A,B)$ に垂直な直線であった．さらに特徴的なのは，1次関数の等高線が次のような「一様性」（等間隔に並ぶこと）をもつことである：

**命題 15.4 （1次関数の等高線は等間隔）** 1次関数 $z = Ax + By + C$ （ただし $(A,B) \neq \vec{0}$ ）の高さ $k$ の等高線を $E_k$ とする．真に単調増加な等差数列 $k_1, k_2, \cdots$ （すなわち公差は正）に対し，対応する等高線 $E_{k_1}, E_{k_2}, \cdots$ はベクトル $(A,B)$ の方向に等間隔に並ぶ．

下の図の左側は，高さが整数となる等高線を描いた $z = Ax + By$ の等高線グラフである．点線で囲まれた円板に対応する部分を3次元グラフにすると，右側の

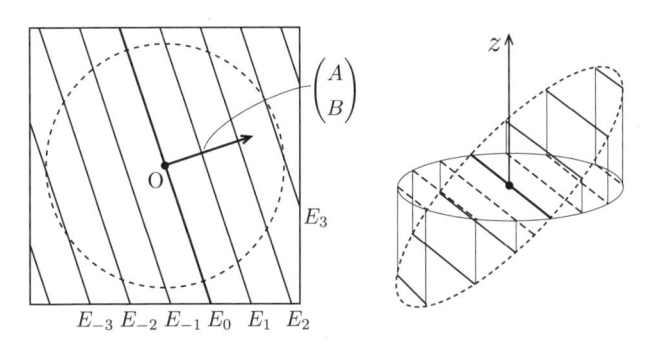

ようになる(すなわち,3次元グラフは平面である).一般の1次関数 $z = Ax + By + C$ の等高線グラフは,このグラフに一斉に高さ $C$ を加えただけである.

**証明** (命題15.4) $C = 0$ の場合を示せば十分であろう.数列の公差を $d > 0$ とすると,$k_2 = k_1 + d$ と表される.いま $(x_0, y_0) := \left(\dfrac{Ad}{A^2 + B^2}, \dfrac{Bd}{A^2 + B^2}\right)$ とおくと,これは $(A, B)$ を正の定数倍したベクトルであり,$\begin{pmatrix} A \\ B \end{pmatrix} \cdot \begin{pmatrix} x_0 \\ y_0 \end{pmatrix} = d$ を満たす.このとき,

$$\begin{aligned}(x, y) \in E_{k_2} &\iff \begin{pmatrix} A \\ B \end{pmatrix} \cdot \begin{pmatrix} x \\ y \end{pmatrix} = k_2 \ (= k_1 + d) \\ &\iff \begin{pmatrix} A \\ B \end{pmatrix} \cdot \begin{pmatrix} x \\ y \end{pmatrix} = k_1 + \begin{pmatrix} A \\ B \end{pmatrix} \cdot \begin{pmatrix} x_0 \\ y_0 \end{pmatrix} \\ &\iff \begin{pmatrix} A \\ B \end{pmatrix} \cdot \begin{pmatrix} x - x_0 \\ y - y_0 \end{pmatrix} = k_1 \\ &\iff (x - x_0, y - y_0) \in E_{k_1}.\end{aligned}$$

よって $E_{k_2}$ は $E_{k_1}$ をベクトル $(x_0, y_0)$ 分だけ平行移動させたものである.同様に,$E_{k_n}$ は $E_{k_1}$ をベクトル $((n-1)x_0, (n-1)y_0)$ 分平行移動させたものである.とくに,ベクトル $(x_0, y_0)$ は $(A, B)$ の正の定数倍であったから,等高線 $E_{k_1}, E_{k_2}$,…は $(A, B)$ と同じ方向に等間隔で並んでいる.■

**1次関数の平行移動** 1変数関数の場合,1次関数 $y = Ax$ を原点が $(a, b)$ を移るように平行移動したものは

$$y - b = A(x - a) \iff y = b + A(x - a)$$

と表された.同様に,2変数の1次関数 $z = Ax + By$ を原点が $(a, b, c)$ に移るように平行移動させたものは

$$z - c = A(x - a) + B(y - b) \iff z = c + A(x - a) + B(y - b)$$

と表される.あとで考える接平面の方程式(式(17.3))はこの形で表現される.また,$z = Ax + By + C$ は $(a, b, c) = (0, 0, C)$ の場合に相当する.

次の図の左側はもとの $z = Ax + By$ の等高線グラフであり,右側はそれを原点が $(a, b, c)$ に移るように平行移動したものの等高線グラフである.

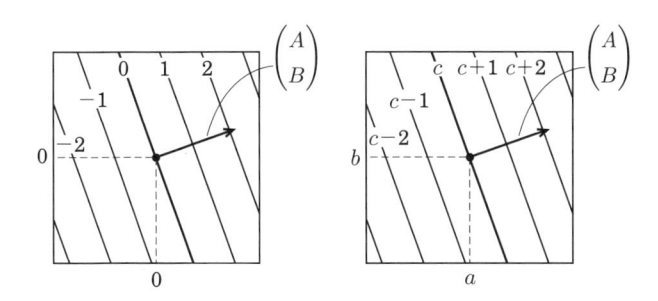

## 15.5　1次関数の3次元グラフ

次に3次元グラフを考えよう．まずは $C = 0$ とする．先の等高線グラフの考察から，$z = Ax + By$ の3次元グラフは原点を通る平面である（演習問題，問15.3）．

もし $A = B = 0$ であればこれは定数関数 $z = 0$ であるから，グラフは $xy$ 平面に平行である．そこから $A$ もしくは $B$ が変化し $0$ でなくなると，グラフはじわじわと傾いていくだろう．その「傾き具合」を理解するために，まずは $x, y$ の係数 $A, B$ の意味を命題の形で述べておく（証明は不要であろう）．

**命題 15.5**（1次関数の係数の意味）1次関数 $z = Ax + By$ の3次元グラフについて，

- $xz$ 平面（$y = 0$）による切り口（$z = Ax$）は傾き $A$ の直線である．
- $yz$ 平面（$x = 0$）による切り口（$z = By$）は傾き $B$ の直線である．

$z = Ax + By$ の3次元グラフはこれら2直線（「$y = 0$ かつ $z = Ax$」と「$x = 0$ かつ $z = By$」）を含むことになる．したがって，原点付近での様子（断片）は右の図のようになる：

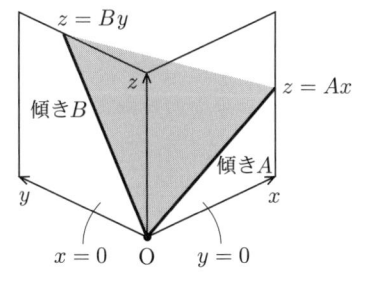

**$z = Ax + By$ の平行移動**　等高線グラフのときと同様に，$z = Ax + By$ をベクトル $(a, b, c)$ 分だけ平行移動させたグラフ $z = c + A(x - a) + B(y - b)$ の3次元グラフの断片は次の図のように表現できる．

## 演習問題

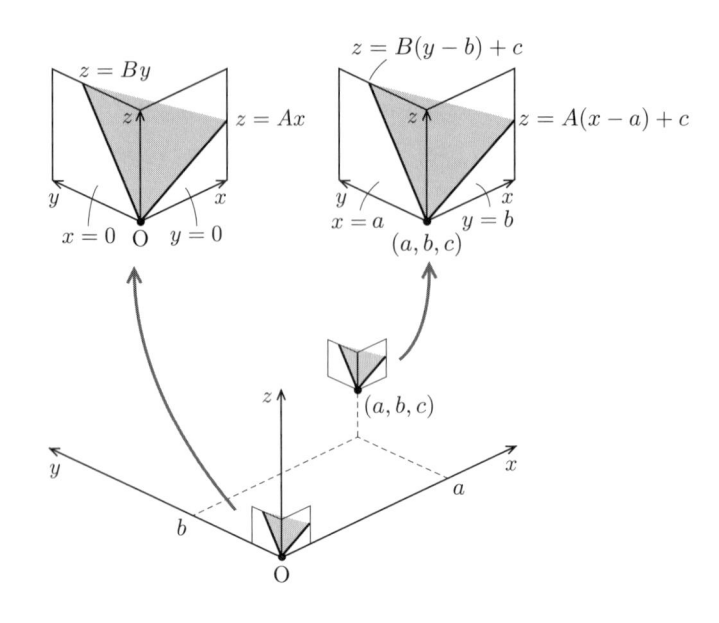

**問 15.1** （等高線グラフ） 次の関数の等高線グラフを描け．ただし，描き入れる等高線の高さや本数はグラフの形状が把握できるよう調整すること．

(1) $z = x + y$ 　　　　　(2) $z = xy$
(3) $z = \sqrt{x^2 + y^2}$ 　　(4) $z = x^2$

**問 15.2** （内積一定の集合） 命題 15.2 を示せ．

**問 15.3** （平面の方程式）

(1) 命題 15.2 を参考にして，$\vec{0}$ でない空間ベクトル $\vec{p}$ と実数 $k$ に対し，$k = \vec{p} \cdot \vec{q}$ （空間ベクトルの内積）となる空間ベクトル $\vec{q}$ 全体は平面をなすことを示せ．

(2) $z = Ax + By$ の 3 次元グラフは原点を通る平面であることを示せ．

## 第16章

# 多変数関数の極限と連続性

本章では多変数関数の微分を考えるための準備として，多変数関数の極限と連続性について解説する．前章にひきつづき，2変数関数に限って話をすすめるが，3変数以上の関数についてもまったく同様である．

## 16.1 言葉の準備

まずはいくつか新しい言葉を準備しておこう．

**(ア)** 1変数関数は開区間や閉区間に制限して考えることが多かった．2変数関数の場合も，区間の考えを拡張した「円板」と「区画」（長方形）の2種類の平面集合を考える．

$xy$平面上の点 $(x_0, y_0)$ と正の数 $r$ に対し，$\mathbb{R}^2$ 内の集合

$$\left\{ (x, y) \in \mathbb{R}^2 \mid \sqrt{(x-x_0)^2 + (y-y_0)^2} \leqq r \right\} \tag{16.1}$$

を点 $(x_0, y_0)$ 中心，半径 $r$ の**円板**（もしくは**閉円板**）という．

また，$a < b$ かつ $c < d$，のとき，$\mathbb{R}^2$ 内の長方形集合

$$\left\{ (x, y) \in \mathbb{R}^2 \mid a \leqq x \leqq b, c \leqq y \leqq d \right\} \tag{16.2}$$

を**区画**（もしくは**閉区画**）とよび，$[a, b] \times [c, d]$ と表す[1]．

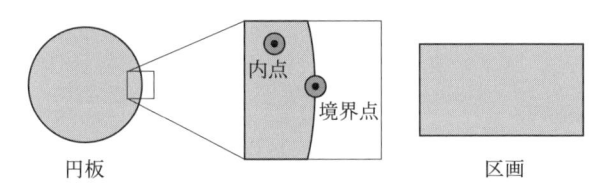

---

[1] 式 (16.1) および式 (16.2) の中の不等号 $\leqq$ をすべて $<$ に変えることで「開円板」や「開区画」を考えることもできるが，本書では扱わない．

**(イ)** 次に「開区間」「閉区間」を拡張した概念である「開集合」「閉集合」を定義する．

まず，ある点 $(x_0, y_0)$ が平面集合 $E$ の**内点**であるとは，十分小さな $r > 0$ を選ぶと，$(x_0, y_0)$ を中心とする半径 $r$ の円板がすべて $E$ に属することをいう．また，ある点 $(x_0, y_0)$ が平面集合 $E$ の**境界点**であるとは，$(x_0, y_0)$ を中心とする円板は（どんなに小さな半径であっても）$E$ に属する点と $E$ に属さない点の両方を必ず含むことをいう．集合 $E$ の境界点全体の集合を $\partial E$ と表し，$E$ の**境界**とよぶ．

集合 $D$ が**開集合**であるとは，$D$ 内のすべての点が集合 $D$ の内点であることをいう．一方，集合 $D$ が**閉集合**であるとは，$D$ の補集合 $\mathbb{R}^2 - D$ が開集合であることをいう[2]．標語的にいうと，開集合とは「境界点を含まない集合」のことであり，閉集合とは「境界点をすべて含む集合」のことである．

**(ウ)** 平面集合 $E$ が**有界**であるとは，$E \subset D$ を満たす（十分に大きな）区画 $D$ が存在することをいう．

また，平面集合 $D$ が**開領域**（もしくは単に**領域**）であるとは，ひとつながりの開集合であることをいう[3]．開領域 $E$ にその境界 $\partial E$ をつけ加えた閉集合を**閉領域**という．たとえば，円板と区画は閉領域である．

**(エ)** 1変数関数 $y = \sqrt{1 - x^2}$ が意味をもつのは $-1 \leq x \leq 1$ のみである．このように，関数とその値が定義されうる変数の範囲はペアで考えなくてはならない[4]．

同様に2変数関数の場合も，関数 $z = f(x, y)$ の値が定まるような $(x, y)$ の集合を関数 $f(x, y)$ の**定義域**とよぶ．また，実際に関数 $z = f(x, y)$ がとりうる値の集合

$$\{k \in \mathbb{R} \mid f(x, y) = k \text{ となる } (x, y) \text{ が定義域内に存在}\}$$

を $f(x, y)$ の**値域**とよぶ．

---

2) 集合 $X, Y$ に対し $X - Y := \{x \in X \mid x \notin Y\}$ と定義する．
3) 開集合 $D$ が「ひとつながり」であるとは，$D$ 内の任意の2点を結ぶ折れ線が $D$ 内にとれることをいう．
4) 普段はそれほど神経質にならなくてもよいが，数値実験用にプログラムを書くとき，うっかり定義域外の値を関数に代入してしまいエラーが出る，といったミスはよくある．

**例1** たとえば，
- $z = xy$ の定義域は $\mathbb{R}^2$ 全体，値域は $\mathbb{R}$ （実数全体）．
- $z = \sin \dfrac{1}{x-y}$ の定義域は $xy$ 平面から直線 $y = x$ を除いた集合（開集合）であり，値域は $[-1, 1]$．
- $z = \sqrt{1 - x^2 - y^2}$ の定義域は単位閉円板 $\{(x, y) \in \mathbb{R}^2 \mid x^2 + y^2 \leqq 1\}$ であり，値域は閉区間 $[0, 1]$．

**（オ）** 関数 $z = f(x, y)$ は定義域に含まれる変数の組（本書では**ベクトル変数**とよぶ）$(x, y)$ から $f(x, y)$ という実数を生成し，その値を変数 $z$ に割り当てる「しくみ」であった．現代の数学では，これをプロジェクターのように「関数 $f$ は $(x, y)$ を $z$ に写す」と解釈し，

$$f : (x, y) \mapsto z, \quad (x, y) \xmapsto{f} z = f(x, y)$$

のように表すことが多い．

## 16.2　2 変数関数の極限

私たちの目的は 2 変数関数の微分積分学を展開することである．まず「微分」を定義するためには，1 変数のときと同様に「極限」の概念が必要である．

まず「ベクトル変数 $(x, y)$ がベクトル定数 $(a, b)$ に限りなく近づく」という言葉を定式化しよう．

**定義（限りなく近づく）** $(x, y)$ が $(a, b)$ に限りなく近づくとは，$(x, y)$ が $(x, y) \neq (a, b)$ を満たし，かつ

$$\left| \begin{pmatrix} x \\ y \end{pmatrix} - \begin{pmatrix} a \\ b \end{pmatrix} \right| = \sqrt{(x-a)^2 + (y-b)^2} \to 0$$

となるように変化することをいう．これを $(x, y) \to (a, b)$ と表す．

**注意**（近づき方はいろいろ）1変数の場合と違って，「近づく」といってもその経路はさまざまである．あらゆる近づき方を考慮しなくてはならない．

**定義（極限）** $f(x,y)$ を点 $(a,b)$ のまわりで定義された関数とし，$A$ を実数とする．関数 $f(x,y)$ が $(x,y) \to (a,b)$ のとき $A$ に収束するとは，ベクトル変数 $(x,y)$ が $(a,b)$ に限りなく近づくとき，(その近づき方に依存せずに) $f(x,y)$ が $A$ に限りなく近づくことをいう．この実数 $A$ を関数 $f(x,y)$ の $(x,y) \to (a,b)$ のときの**極限**とよび，

$$\lim_{(x,y) \to (a,b)} f(x,y) = A \quad \text{もしくは} \quad f(x,y) \to A \quad ((x,y) \to (a,b))$$

と表す．

**注意**（下線部に関する注意）「点 $(a,b)$ のまわりで定義された関数」$f(x,y)$ といったとき，点 $(a,b)$ そのものが $f(x,y)$ の定義域に入っていないケースも許す．しかし，少なくとも「$(a,b)$ を中心としたある円板から1点 $(a,b)$ を除いた集合」は定義域に含まれていると仮定する．下の例3も参照せよ．

**例2** $f(x,y) = e^{x+y}$ とおくと，$(x,y) \to (1,1)$ のとき $e^{x+y} \to e^2$ である．

**例3** $f(x,y) = \dfrac{e^{x^2+y^2} - 1}{x^2 + y^2}$ とおくと，$(x,y) \to (0,0)$ のとき $f(x,y) \to 1$ である（原点 $(0,0)$ はこの関数の定義域には含まれないことに注意）．なぜなら，$t = x^2 + y^2$ とおくと $(x,y) \to (0,0)$ のとき $t \to 0$ であり，$f(x,y) = \dfrac{e^t - 1}{t} \to 1$ がいえるからである（公式3.2）．

**極限が存在しない例** ベクトル変数 $(x,y)$ が $(a,b)$ に「限りなく近づく」といっても，さまざまな近づき方が考えられる．一見簡単そうな関数でも，「その近づき方」によって値がまったく変わってしまうこともある．

次の例題を考えてみよう．

**例題 16.1**（極限の非存在）極限 $\displaystyle\lim_{(x,y) \to (0,0)} \dfrac{x^2 - y^2}{x^2 + y^2}$ は存在するか？

**解** 存在しない．$y = 0$ のまま $x \to 0$ とするとき，すなわち $(x,y)$ が水平方向から $(0,0)$ に近づくとき，

$$\lim_{(x,y) \to (0,0)} \frac{x^2 - y^2}{x^2 + y^2} = \lim_{x \to 0} \frac{x^2}{x^2} = 1.$$

同様に $x = 0$ のまま $y \to 0$ とするとき，すなわち $(x,y)$ が垂直方向から $(0,0)$ に近づくとき，

$$\lim_{(x,y) \to (0,0)} \frac{x^2 - y^2}{x^2 + y^2} = \lim_{y \to 0} \frac{-y^2}{y^2} = -1.$$

「収束する」というためには「近づき方によらず」一定値に近づかないといけないので，この場合はその条件を満たさない．よって極限は存在しない．■

**説明** 極限が存在できない理由をもう少し詳しく解説しておこう．まず変数 $x, y$ をそれぞれ $x = r\cos\theta$, $y = r\sin\theta$（ただし $r > 0$, $0 \leqq \theta < 2\pi$）と表してみよう．$\theta$ は一定値に固定し $r \to 0$ とした極限をとると（すなわち，$x$ 軸との角度 $\theta$ ラジアンを一定に保ちながら原点に近づくと）

$$\lim_{(x,y) \to (0,0)} \frac{x^2 - y^2}{x^2 + y^2} = \lim_{r \to 0} \frac{r^2(\cos^2\theta - \sin^2\theta)}{r^2(\cos^2\theta + \sin^2\theta)} = \cos 2\theta.$$

すなわち，$\theta$ に依存して結果が変わってしまうのである．次の図の左側は原点中心半径3の円板上で関数 $\dfrac{x^2 - y^2}{x^2 + y^2}$ の3次元グラフを描いたものである．

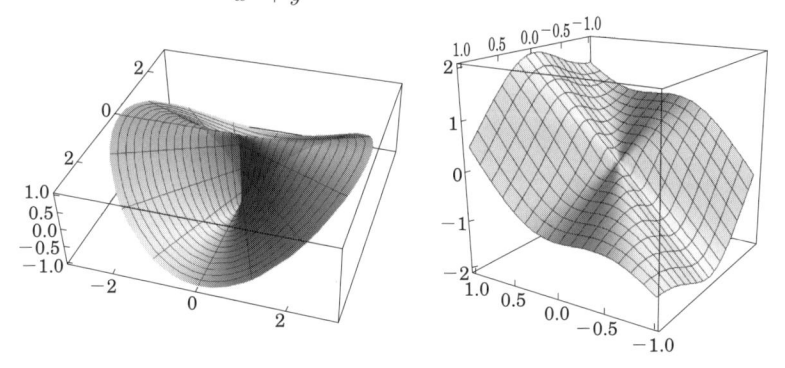

**極限が存在する例** 次の例題は先ほどの問題によく似ているが，極限が存在する：

**例題 16.2** （極限の存在） 極限 $\displaystyle\lim_{(x,y)\to(0,0)}\frac{2x^3-y^3}{x^2+y^2}$ は存在するか？

先の図の右側は区画 $[-1,1]\times[-1,1]$ 上で関数 $\dfrac{2x^3-y^3}{x^2+y^2}$ の3次元グラフを描いたものである.

**解** 存在する. $r=\sqrt{x^2+y^2}$ とおくと $|x|\leqq r, |y|\leqq r$ が成り立つ. よって三角不等式（公式 2.3）より

$$0\leq \left|\frac{2x^3-y^3}{x^2+y^2}\right| \leq \frac{|2x^3|+|-y^3|}{|x^2+y^2|} \leq \frac{2r^3+r^3}{r^2}=3r.$$

$(x,y)\to(0,0)$ のとき $r\to 0$ であるから，「はさみうちの原理」より

$$\lim_{(x,y)\to(0,0)}\left|\frac{2x^3-y^3}{x^2+y^2}\right|=0.$$

すなわち $\displaystyle\lim_{(x,y)\to(0,0)}\frac{2x^3-y^3}{x^2+y^2}=0.$ ■

**極限の性質** 2変数の極限についても，次が成り立つ：

**公式 16.1** （極限と四則） $\displaystyle\lim_{(x,y)\to(a,b)}f(x,y)=A$, $\displaystyle\lim_{(x,y)\to(a,b)}g(x,y)=B$ であるとき,

(1) $\displaystyle\lim_{(x,y)\to(a,b)}\{f(x,y)+g(x,y)\}=A+B.$

(2) $\displaystyle\lim_{(x,y)\to(a,b)}f(x,y)g(x,y)=AB.$

(3) $B\neq 0$ のとき, $\displaystyle\lim_{(x,y)\to(a,b)}\frac{f(x,y)}{g(x,y)}=\frac{A}{B}.$

## 16.3 関数の連続性

2変数関数の連続性も1変数の場合と同様に定義する.

**定義**（連続性）少なくとも点 $(a,b)$ を含む円板上で定義された関数 $f(x,y)$ に対し,

$$(x,y) \to (a,b) \text{ のとき } f(x,y) \to f(a,b)$$

すなわち

$$\lim_{(x,y)\to(a,b)} f(x,y) = f(a,b)$$

であるとき，関数 $f(x,y)$ は $(a,b)$ で**連続**であるという．

関数 $f(x,y)$ が**集合 $D$ 上で連続**であるとは，$D$ 内のすべての点 $(a,b)$ において $f(x,y)$ が連続であることをいう．

**例4**（1次関数） すべての1次関数 $z = f(x,y) = Ax + By + C$ は $xy$ 平面 $\mathbb{R}^2$ 上で連続である．実際，任意の $(a,b)$ に対し，三角不等式（公式2.3）より

$$|f(x,y) - f(a,b)| = |A(x-a) + B(y-b)| \leqq |A||x-a| + |B||y-b|.$$

$(x,y) \to (a,b)$ のとき $x \to a$ かつ $y \to b$ であるから，上の式は 0 に収束する．よって $f(x,y) \to f(a,b)$．

**関数の四則と連続性** 次が成り立つのも，1変数の場合と同様である．

**定理16.2**（四則と連続性）関数 $f(x,y)$ と関数 $g(x,y)$ が $(a,b)$ で連続であるとき，和 $f(x,y) + g(x,y)$，積 $f(x,y)g(x,y)$ も $(a,b)$ で連続．さらに $g(a,b) \neq 0$ であるとき，商 $\dfrac{f(x,y)}{g(x,y)}$ も $(a,b)$ で連続．

**例5**（多項式） 定数関数，1次関数は連続であるから，定理16.2 より $1 + xy$，$1 - x^2 - 3xy^2 + y^3$ といった多項式関数も連続となる．また，$\dfrac{x-y}{x^2+y^2}$ などの有理関数も分母が 0 にならない範囲で連続である．

**例6**（例3の関数） $f(x,y) = \dfrac{e^{x^2+y^2} - 1}{x^2 + y^2}$ は原点で分母が 0 になるので関数の値が定義できないように見えるが，$f(0,0) := 1$ と追加で定義すると $\mathbb{R}^2$ 全体で連続な関数となる．

**例7**（例題16.2の関数） 同様に $f(x,y) = \begin{cases} \dfrac{2x^3 - y^3}{x^2 + y^2} & (x,y) \neq (0,0) \\ 0 & (x,y) = (0,0) \end{cases}$ と定義

すると $\mathbb{R}^2$ 全体で連続な関数となる.

**例8** (例題16.1の関数) 今度は $f(x,y) = \begin{cases} \dfrac{x^2-y^2}{x^2+y^2} & (x,y) \neq (0,0) \\ 0 & (x,y) = (0,0) \end{cases}$ と定義
してみる. この関数は原点以外の点で連続だが, 原点では連続でない. そもそも例題16.1より, $f(0,0)$ としてどのような実数を割り当てても平面全体で連続な関数にはできないのである[5].

**有界閉集合上での最大・最小値の存在** 1変数のときの定理4.3 (閉区間における最大・最小値の存在) に対応する定理を証明抜きで紹介しておこう.

**定理16.3** (有界閉集合上での最大・最小値の存在) 有界な閉集合 $D$ 上で連続な関数 $z = f(x,y)$ は最大値と最小値をもつ.

**注意** 有界な閉集合は**コンパクト集合**ともよばれる. この定理は「コンパクト集合上の連続関数は最大値・最小値をもつ」という形で述べられることが多い.

また, 有界でも閉集合でなければ最大値・最小値が存在しないかもしれない. たとえば原点中心半径 $\pi/2$ の開円板上で定義された関数 $z = \tan\sqrt{x^2+y^2}$ は最大値を持たない.

## 演習問題

**問16.1** 次の極限値は存在するか？ 存在する場合はその値を求めよ.

(1) $\displaystyle\lim_{(x,y)\to(0,0)} \dfrac{x^2 y}{x^2+y^2}$  (2) $\displaystyle\lim_{(x,y)\to(0,0)} \dfrac{x^2+2y^2}{2x^2+y^2}$  (3) $\displaystyle\lim_{(x,y)\to(0,0)} \dfrac{\sqrt{x^2+y^2}}{|x|+|y|}$

**問16.2** 次の関数は原点において連続かどうか判定せよ.

(1) $\begin{cases} \dfrac{x^3+y^3}{x^2+y^2} & ((x,y) \neq (0,0)) \\ 0 & ((x,y) = (0,0)) \end{cases}$   (2) $\begin{cases} \dfrac{\sin(x^2+y^2)}{|x|+|y|} & ((x,y) \neq (0,0)) \\ 0 & ((x,y) = (0,0)) \end{cases}$

(Hint: (2) は $\sqrt{x^2+y^2} \leqq |x|+|y|$ を用いる)

---

[5] このような関数は例外的なので, 神経質になる必要はない.

# 第17章

# 全微分と接平面

微分可能な 1 変数関数は局所的に 1 次関数で近似できるのであった．2 変数関数についても，微分可能性を「1 次関数で近似できること」として定式化する．幾何学的には，「3 次元グラフに接平面が存在する」ということである．

## 17.1 1次近似と全微分

**1変数関数の1次近似**　1 変数関数の微分を思い出そう．$y = f(x)$ が $x = a$ で「微分可能」であるとは，ある定数 $A$ が存在し，$x \to a$ のとき

$$f(x) = f(a) + A(x-a) + o(x-a) \tag{17.1}$$

が成り立つことをいうのであった（第 6 章，式 (6.3)）．すなわち，

「$x$ が $a$ に近いとき $f(x)$ は 1 次関数 $f(a) + A(x-a)$ で近似され，その誤差は $o(x-a)$ 程度」

ということである．この 1 次関数 $f(a) + A(x-a)$ は $f(x)$ の $x = a$ における接線の方程式であり，「微分可能な点ではグラフに接線が引ける」という幾何学的な事実の数式による表現となっている．

**全微分：多変数関数の1次近似**　式 (17.1) をもとにして，2 変数関数の微分可能性を定式化しよう．

> **定義（全微分可能性）** 関数 $z = f(x,y)$ が $(x,y) = (a,b)$ で**全微分可能**であるとは，ある定数 $A, B$ が存在し，$(x,y) \to (a,b)$ のとき
> 
> $$\begin{aligned} f(x,y) = f(a,b) + A(x-a) + B(y-b) \\ + o(\sqrt{(x-a)^2 + (y-b)^2}) \end{aligned} \tag{17.2}$$
> 
> と表されることをいう．関数 $z = f(x,y)$ が集合 $D$ 上のすべての点で全微分可能であるとき，$f(x,y)$ は $D$ 上で**全微分可能**であるという．

**誤差部分の意味**　1次関数からの誤差にあたる $o\bigl(\sqrt{(x-a)^2+(y-b)^2}\bigr)$ の部分を正確に定義しておこう．これは2変数関数のランダウ記号であり，基本的な意味は1変数の場合（第6.2節）とかわらない．

$f(x,y)$ と1次関数 $f(a,b)+A(x-a)+B(y-b)$ の誤差の正確な値は関数

$$E(x,y) := f(x,y) - \{f(a,b)+A(x-a)+B(y-b)\}$$

で与えられる．この関数が $(x,y) \to (a,b)$ のとき

$$\frac{|E(x,y)|}{\sqrt{(x-a)^2+(y-b)^2}} \to 0$$

を満たすことを

$$E(x,y) = o\bigl(\sqrt{(x-a)^2+(y-b)^2}\bigr) \qquad ((x,y) \to (a,b))$$

と表すのである．私たちは，この誤差関数 $E(x,y)$ の具体的な形には興味がない．その大きさが，関数 $\sqrt{(x-a)^2+(y-b)^2}$（これは $(x,y)$ と $(a,b)$ の距離）に比べ相対的に速く0に収束する，という事実だけに着目するのである．すなわち式 (17.2) は

「$(x,y)$ が $(a,b)$ に十分近いとき，$f(x,y)$ は 1 次関数 $f(a,b)+A(x-a)+B(y-b)$ で近似され，その誤差は $o\bigl(\sqrt{(x-a)^2+(y-b)^2}\bigr)$ 程度」

と解釈される．したがって，顕微鏡で $f(x,y)$ の等高線グラフの $(a,b)$ 付近を十分に拡大すると，誤差は知覚できなくなって，1次関数 $z=f(a,b)+A(x-a)+B(y-b)$ の等高線グラフのように見えてくる（下の図．例題17.1の等高線グラフも参照）．

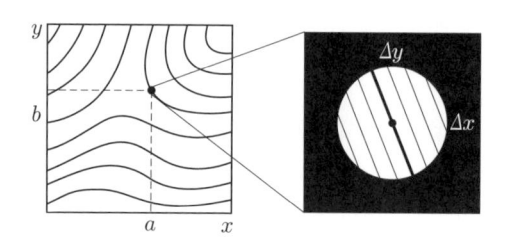

**例1** 1次関数 $z = f(x,y) = Ax + By + C$ はすべての点 $(a,b)$ で全微分可能である．実際，
$$f(x,y) - f(a,b) = (Ax+By+C) - (Aa+Bb+C)$$
$$= A(x-a) + B(y-b)$$
であるから，誤差ゼロで全微分可能性の式（17.2）を満たす．

**例題17.1**（全微分可能性）2次関数 $z = f(x,y) = x^2 + y^2$ は点 $(1,2)$ で全微分可能であることを示せ．

**解** $\Delta x = x-1, \Delta y = y-2$ とおく．このとき
$$f(x,y) = (\Delta x + 1)^2 + (\Delta y + 2)^2 = 5 + 2\Delta x + 4\Delta y + \Delta x^2 + \Delta y^2$$
であるから，
$$f(x,y) = 5 + 2(x-1) + 4(y-2) + \underline{(x-1)^2 + (y-2)^2}.$$
を得る．$f(1,2) = 5$ であり，下線部は $(x,y) \to (1,2)$ のとき
$$\frac{(x-1)^2 + (y-2)^2}{\sqrt{(x-1)^2 + (y-2)^2}} = \sqrt{(x-1)^2 + (y-2)^2} \to 0$$
を満たすので，$o\bigl(\sqrt{(x-1)^2 + (y-2)^2}\bigr)$ と表される．よって点 $(1,2)$ において全微分可能性の式（17.2）を満たす．■

次の図は左から，関数 $z = x^2 + y^2$ の区画 $[0,3] \times [0,3]$ における等高線グラフ，同じ関数の区画 $[0.8, 1.2] \times [1.8, 2.2]$ での等高線グラフ，1次関数 $z = 5 + 2(x-1) + 4(y-2)$ の区画 $[0.8, 1.2] \times [1.8, 2.2]$ におけるグラフである．

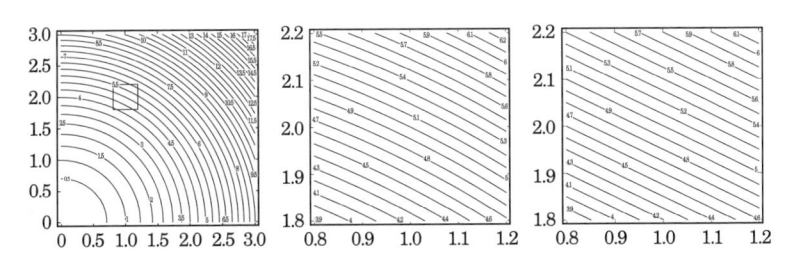

**連続性との関係** 「全微分可能性」の定義には，関数の「連続性」が仮定されていない．1変数のとき（命題6.1）と同様に，次の命題から「連続性」が自動的に導かれるからである．

**命題17.1（全微分可能なら連続）** 関数 $z = f(x,y)$ が $(x,y) = (a,b)$ で全微分可能であれば，$(x,y) = (a,b)$ で連続である．

**証明** 式 (17.2) より，$(x,y) \to (a,b)$ のとき明らかに $f(x,y) \to f(a,b)$ が成り立つ． ∎

## 17.2 接平面

1変数関数のグラフの「接線」にあたるものとして，2変数関数のグラフの「接平面」を定義しよう．

**定義（接平面）** 関数 $z = f(x,y)$ が $(a,b)$ において全微分可能であり式 (17.2) を満たすとき，1次関数

$$z = f(a,b) + A(x-a) + B(y-b) \qquad (17.3)$$

を関数 $f(x,y)$ の $(a,b)$ における**接平面の方程式**とよぶ．また，その3次元グラフにあたる $xyz$ 空間内の平面を関数 $f(x,y)$ の $(a,b)$ における**接平面**という．

右の図は $z = f(x,y)$ の $(a,b)$ における3次元グラフが，接平面によって近似される様子を表現したものである．

**例2（1次関数）** 1次関数 $z = f(x,y) = Ax + By + C$ の点 $(a,b)$ における接平面は自分自身である．実際，次が成り立つ：

$$\begin{aligned} z &= Ax + By + C \\ &= f(a,b) + A(x-a) + B(y-b). \end{aligned}$$

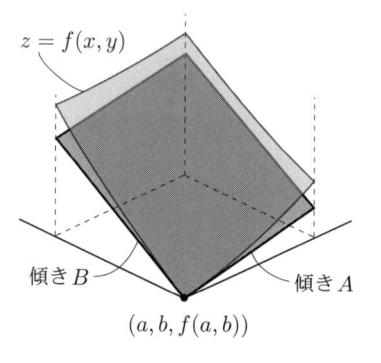

**例3** (2次関数)　例題 17.1 より，2次関数 $z = f(x,y) = x^2 + y^2$ の点 $(1,2)$ における接平面は $z = 5 + 2(x-1) + 4(y-2)$ である．

## 17.3　勾配ベクトル

　山の斜面に立ち，一歩だけ（たとえば距離にして 50 cm）移動する．このとき，高さをもっとも増加させるのはどの方向に進んだときだろうか？
　数学の問題として定式化してみよう．自分の周囲の海抜高度を表す関数を $z = f(x,y)$ とする．このとき式 (17.2) はベクトルの内積を用いて

$$f(x,y) = f(a,b) + \begin{pmatrix} A \\ B \end{pmatrix} \cdot \begin{pmatrix} x-a \\ y-b \end{pmatrix} + (誤差)$$

と変形できるから，誤差部分を無視すると

$$f(x,y) - f(a,b) \approx \begin{pmatrix} A \\ B \end{pmatrix} \cdot \begin{pmatrix} x-a \\ y-b \end{pmatrix} \tag{17.4}$$

という近似式を得る．この式は「$(x,y)$ の $(a,b)$ からの移動量」$\begin{pmatrix} \Delta x \\ \Delta y \end{pmatrix} := \begin{pmatrix} x-a \\ y-b \end{pmatrix}$ と，「海抜高度 $f(x,y)$ の $f(a,b)$ からの増加量」$\Delta z := f(x,y) - f(a,b)$ の間に，

$$\Delta z \approx \begin{pmatrix} A \\ B \end{pmatrix} \cdot \begin{pmatrix} \Delta x \\ \Delta y \end{pmatrix} \tag{17.5}$$

という関係があることを示している．
　この式を用いると，先の問題は次のように解釈できる：「移動量 $(\Delta x, \Delta y)$ の大きさをたとえば 50 cm で固定したとき，増加量 $\Delta z$ を最大にするのはベクトル $(\Delta x, \Delta y)$ がどの方向を向いているときか？」
　答は簡単である．式 (17.5) 右辺の内積を最大にすればよいのだから，内積の性質（命題 15.1）より，ベクトル $(A, B)$ と移動量 $(\Delta x, \Delta y)$ が完全に同じ方向であればよい．
　すなわち，ベクトル $(A, B)$ は「関数をもっとも増加させる移動方向」を示唆している．山の斜面でいえば，一歩で等高線をもっと

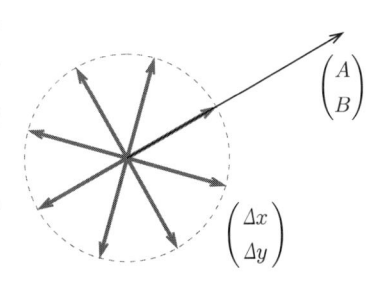

もたくさんまたぐことができる方向である．それは，もっとも急勾配の方向であり，等高線と垂直な方向である[1]．

このように，ベクトル $(A,B)$ には重要な意味があるので，名前をつけておこう．

**定義（勾配ベクトル）** 全微分可能性の式（17.2）から得られる定数の組 $(A,B)$ を関数 $f(x,y)$ の点 $(a,b)$ における**勾配ベクトル**（もしくは単に**勾配**）とよび，$\nabla f(a,b)$ と表す．

$\nabla$ は大文字のデルタ（$\Delta$）を逆さにした記号で，**ナブラ**（nabla）と読む[2]．勾配ベクトルは2変数関数の「微分係数」に相当する量（ベクトル量）である．

**例4** 例1より1次関数 $z = f(x,y) = Ax + By + C$ はすべての点 $(a,b)$ で勾配ベクトル $(A,B)$ をもつ．

**例5** 例題17.1より2次関数 $z = f(x,y) = x^2 + y^2$ は点 $(1,2)$ で勾配ベクトル $(2,4)$ をもつ．

## 演習問題

**問17.1** 次の関数が与えられた点で全微分可能であることを示せ．また，そこでの接平面の方程式と勾配ベクトルを求めよ．

(1) $z = x^2 + y^2$, $(x,y) = (a,b)$

(2) $z = xy$, $(x,y) = (1,1)$

(3) $z = (x+y)^3$, $(x,y) = (1,2)$

(4) $z = \sqrt{1-(x^2+y^2)}$, $(x,y) = (0,0)$

(Hint: 一般に $|XY| \leqq (X^2+Y^2)/2$, $|X+Y|^2 \leqq 2(X^2+Y^2)$ が成り立つことは用いてよい)

---

[1] もし点 $(a,b)$ にボールを置くと，$(-A,-B)$ の方向に転がり始める．重力の影響で，高さをもっとも「減少させる」方向に転がり始めるからである．

[2] 勾配ベクトルは $\mathrm{grad}\, f(a,b)$ とも表される．記号 grad は勾配を表す単語 gradient に由来する．

## COLUMN | 点と直線の距離の公式

高校で学んだ次の公式を思い出そう:

**点と直線の距離の公式** $(x_0, y_0)$ と直線 $\ell : ax + by + c = 0$ の距離 $d$ は

$$d = \frac{|ax_0 + by_0 + c|}{\sqrt{a^2 + b^2}}. \tag{17.6}$$

分子に直線の方程式 (っぽいもの) が出てくるのが不思議に感じられたことはないだろうか？ 2変数関数の勾配ベクトルを考えれば，これはごく自然なことなのだ．

1次関数 $z = f(x, y) = ax + by + c$ を考えよう．このとき，与えられた点 $(x_0, y_0)$ からベクトル $(\Delta x, \Delta y)$ だけ移動したときの関数の値の変化量は

$$f(x_0 + \Delta x, y_0 + \Delta y) - f(x_0, y_0) = a\Delta x + b\Delta y = \begin{pmatrix} a \\ b \end{pmatrix} \cdot \begin{pmatrix} \Delta x \\ \Delta y \end{pmatrix} \tag{17.7}$$

となる．これは，勾配ベクトル $(a, b)$ と移動量 $(\Delta x, \Delta y)$ の内積である．

いま $(\Delta x, \Delta y)$ を調整し，$(x_0, y_0)$ から直線 $\ell$ への垂線の足 $(p, q)$ がちょうど $(x_0 + \Delta x, y_0 + \Delta y)$ であったとしよう．このとき，$(x_0, y_0)$ と $\ell$ との距離 $d$ は $d = \sqrt{\Delta x^2 + \Delta y^2}$ で与えられる．また，勾配ベクトル $(a, b)$ とベクトル $(\Delta x, \Delta y)$ は互いに平行となるので，これらの内積は $\pm\sqrt{a^2 + b^2}\sqrt{\Delta x^2 + \Delta y^2} = \pm\sqrt{a^2 + b^2} \cdot d$ で与えられる．

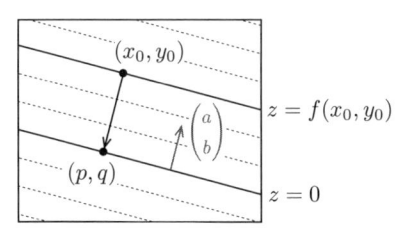

直線 $\ell$ は関数 $f(x, y)$ の高さ $0$ の等高線にほかならないから，$f(p, q) = f(x_0 + \Delta x, y_0 + \Delta y) = 0$. よって式 (17.7) より，

$$0 - f(x_0, y_0) = \pm\sqrt{a^2 + b^2} \cdot d.$$

両辺の絶対値をとれば，求める公式 (17.6) を得る．

# 第18章
# 偏微分

与えられた関数がある点で全微分可能かどうかを判定するとき，そのたびにわざわざ関数を式（17.2）の形に変形するのも面倒である．本章の目標は，「式（17.2）を経由しないで，全微分可能かどうか判定する方法」を与えることである．
そのために，「偏微分」や「偏導関数」といった概念を導入する．

## 18.1 全微分の係数の意味

関数 $z = f(x, y)$ が $(x, y) = (a, b)$ で「全微分可能」であるとは，$(x, y) \to (a, b)$ のとき，次の式（17.2）を満たす定数 $A, B$ が存在することであった：

$$f(x, y) = f(a, b) + A(x - a) + B(y - b) \\ + o(\sqrt{(x-a)^2 + (y-b)^2})$$ 
(17.2再)

まずはこの係数 $A$ と $B$ の幾何学的な意味を調べておこう．

$z = f(x, y)$ が $(a, b)$ で全微分可能であり，式（17.2）が成り立ったと仮定する．このとき，$z = f(x, y)$ の3次元グラフを $(a, b, f(a, b))$ のあたりで拡大していくと，接平面 $z = f(a, b) + A(x - a) + B(y - b)$ のように見えてくるはずである．

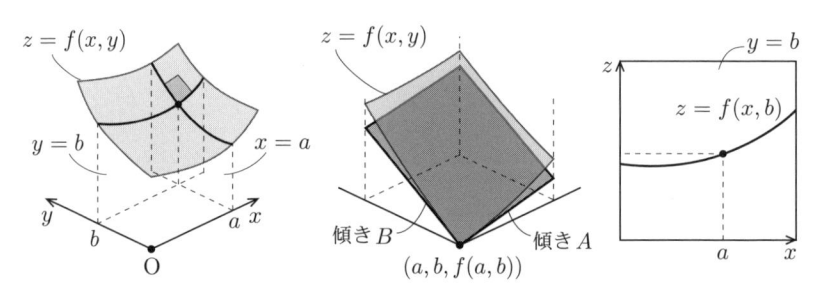

そこで，第15.5節での1次関数に対する考察を参考にして，$z = f(x, y)$ の3次元グラフの平面 $y = b$ と平面 $x = a$ による断面に着目してみよう．

まず平面 $y = b$ による断面は $z = f(x, b)$（$x$ のみの関数）で与えられ，$(x, b) \to (a, b)$ のとき式（17.2）は

$$f(x,b) = f(a,b) + A(x-a) + B\cdot 0 + o\left(\sqrt{(x-a)^2}\right)$$
$$\iff f(x,b) = f(a,b) + A(x-a) + o(|x-a|)$$

と表現される．よって $A$ は $z = f(x,b)$ の $x = a$ における微分係数であり，$x \to a$ のとき，

$$\frac{f(x,b) - f(a,b)}{x - a} = A + \frac{o(|x-a|)}{x-a} \to A$$

（第6.2節を参照せよ）．同様に，平面 $x = a$ による断面は $z = f(a,y)$ （$y$ のみの関数）で与えられ，$(a,y) \to (a,b)$ のとき式（17.2）は

$$f(a,y) = f(a,b) + B(y-b) + o(|y-b|)$$

と表現されることから，係数 $A$ と $B$ について次の命題を得る：

**命題 18.1（全微分の係数の意味）** 関数 $z = f(x,y)$ が $(a,b)$ で全微分可能であり，式（17.2）が成り立つとき，

$$A = \lim_{x \to a} \frac{f(x,b) - f(a,b)}{x - a} \quad \text{かつ} \quad B = \lim_{y \to b} \frac{f(a,y) - f(a,b)}{y - b}. \tag{18.1}$$

また，$z = f(x,y)$ の3次元グラフは次を満たす：

- 平面 $y = b$ による断面 $z = f(x,b)$ は，$(a,b,f(a,b))$ において傾き $A$ の接線をもつ．
- 平面 $x = a$ による断面 $z = f(a,y)$ は，$(a,b,f(a,b))$ において傾き $B$ の接線をもつ．

この式（18.1）を用いれば，係数 $A$ と $B$ だけをピンポイントで計算できる，ということである．

## 18.2 偏微分

式（18.1）より，（一般には全微分可能とは限らない）関数 $z = f(x,y)$ について，次のように「偏微分係数」を定義する．

**定義（偏微分）** 関数 $z = f(x,y)$ が $(x,y) = (a,b)$ で**偏微分可能**であるとは，ふたつの極限

$$A = \lim_{x \to a} \frac{f(x,b) - f(a,b)}{x - a} \quad と \quad B = \lim_{y \to b} \frac{f(a,y) - f(a,b)}{y - b} \quad (18.2)$$

が存在することをいう．このとき，$A$ と $B$ を $f(x,y)$ の $(a,b)$ における**偏微分係数**とよび，

$$A = f_x(a,b), \quad B = f_y(a,b)$$

と表す．関数 $z = f(x,y)$ が集合 $D$ 上のすべての点で偏微分可能であるとき，**$f(x,y)$ は $D$ 上で偏微分可能**であるという．

**注意** $A = f_x(a,b)$ は「$x$ 偏微分係数」，$B = f_y(a,b)$ は「$y$ 偏微分係数」とよび区別することもある．

**定義（偏導関数）** 関数 $z = f(x,y)$ が定義域上で偏微分可能であるとき，関数

$$(a,b) \mapsto f_x(a,b), \quad (a,b) \mapsto f_y(a,b),$$

をともに $f(x,y)$ の**偏導関数**とよび，それぞれ次のように表す：

$$z_x = f_x(x,y) \qquad z_y = f_y(x,y)$$
$$\frac{\partial z}{\partial x} = \frac{\partial f}{\partial x}(x,y) \qquad \frac{\partial z}{\partial y} = \frac{\partial f}{\partial y}(x,y)$$
$$\partial_x z = \partial_x f(x,y) \qquad \partial_y z = \partial_y f(x,y)$$

**注意** $z_x = f_x(x,y)$ は「$x$ 偏導関数」，$z_y = f_y(x,y)$ は「$y$ 偏導関数」とよび区別することもある．また，偏微分係数 $f_x(a,b)$ も

$$\frac{\partial f}{\partial x}(a,b), \quad \partial_x f(a,b), \quad \left.\frac{\partial f}{\partial x}\right|_{(x,y)=(a,b)}$$

といった多様な表現が可能である．

**例 1**（偏微分の計算例） 偏微分係数の求め方はいたって単純である．

たとえば $z = f(x,y) = x^2 y^3$ としよう．$z_x$ は「$y$ を定数だと思って固定し」関数 $x \mapsto z = x^2 y^3$ を $x$ に関して微分すればよい．よって $z_x = (2x)y^3 = 2xy^3$．

同様に $z_y$ は「$x$ は定数だと思って固定し」関数 $y \mapsto z = x^2 y^3$ を $y$ に関して微分すればよい．よって $z_y = x^2(3y^2) = 3x^2 y^2$．

**例題 18.1** （導関数の計算） 次の関数の偏導関数を求めよ.
(1) $z = Ax + By + C$  (2) $z = x^2 + y^2$  (3) $z = \sin(x^2 + y^3)$

**解** (1) $z_x = A$, $z_y = B$. (2) $z_x = 2x$, $z_y = 2y$. (3) $z_x = 2x\cos(x^2 + y^3)$, $z_y = 3y^2\cos(x^2 + y^3)$. ■

## 18.3 全微分 vs. 偏微分

全微分と偏微分の関係を詳しく調べてみよう．結論からいうと，全微分可能であれば偏微分可能だが，その逆が成り立つとは限らない．しかし，偏導関数が連続関数であれば，全微分可能性が導かれるのである.

まず命題18.1より，全微分可能性から偏微分可能性が導かれることがわかる:

**定理18.2**（全微分可能なら偏微分可能）$z = f(x,y)$ が点 $(a,b)$ で全微分可能であれば，偏微分可能である．とくに式 (17.2) が成り立つとき,

$$A = f_x(a,b) \quad かつ \quad B = f_y(a,b).$$

残念ながら，定理18.2の逆は成り立たない．偏微分ができても全微分ができない例が存在するからである（演習問題，問18.3）.

**偏微分可能性 と $C^1$ 級関数** 関数が全微分可能であることを保証するには，偏微分可能性にもっと強い条件を付け加えなくてはならない．そこで，1変数関数のときと同様に，2変数の「$C^1$ 級関数」を定義する[1]:

**定義**（$C^1$ 級関数）関数 $z = f(x,y)$ が $C^1$ 級であるとは，定義域内のすべての点で偏微分可能であり，偏導関数 $f_x(x,y)$, $f_y(x,y)$ がともに連続関数であることをいう.

**注意**（下線部に対する注意） 偏微分可能性は1点における性質であったが，まずそれが定義域内の「すべての点」において満たされている．さらに，得られた偏微分係数が定義域内で連続的に変化することが要請されているから，条件はかなり厳しくなっている．

しかし，多項式関数や三角関数・指数関数を合成したような関数など，私たちが「ふつうに」目にする関数はだいたい $C^1$ 級であるから，あまり気にする必要はない.

---

[1] 「$C^2$ 級」,「$C^3$ 級」などの等級もあとで必要になる（第22章）.

## $C^1$級ならば全微分可能

「$C^1$級関数」であれば,「全微分可能」である.

**定理18.3**（$C^1$級ならば全微分可能）関数 $z = f(x,y)$ が定義域上で $C^1$ 級ならば, 全微分可能である. とくに, $(x,y) \to (a,b)$ のとき

$$f(x,y) = f(a,b) + f_x(a,b)(x-a) + f_y(a,b)(y-b) \\ + o(\sqrt{(x-a)^2 + (y-b)^2}). \tag{18.3}$$

標語的には「偏導関数が連続関数であれば全微分可能」ということである. 偏導関数の形を見るだけで全微分可能性が確認できるので, 判定法としてはとても使い勝手がよい.

**例2** すべての多項式は全微分可能である. $\sin(1+3x+y^2)$ や $e^{\cos(1+x-y)}$ なども, 連続な偏導関数をもつことが簡単に確認できるから, 定義域（この場合は $\mathbb{R}^2$）上で全微分可能である.

**注意** 関数の全微分可能性, 偏微分可能性, 連続性の関係は右の図のようにまとめることができる. 一般にある点で「全微分可能ならば偏微分可能」であり,「全微分可能ならば連続」であるが, これらの逆は成り立たない. さらに厄介なことに,「連続性」と「偏微分可能性」の間には包含関係がない.

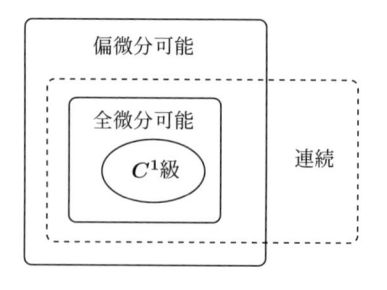

**証明**（定理18.3）$\Delta x := x - a$, $\Delta y = y - b$, $A = f_x(a,b)$, $B = f_y(a,b)$ とおく. $f(x,y)$ が $C^1$ 級という仮定のもと, 式 (17.2) を示せばよい. すなわち, $(\Delta x, \Delta y) \to (0,0)$ のとき

$$E(x,y) := \frac{|f(x,y) - \{f(a,b) + A\Delta x + B\Delta y\}|}{\sqrt{\Delta x^2 + \Delta y^2}} \to 0$$

であることを示せばよい. $y$ を固定して平均値の定理を用いると, $x$ と $a$ の間の実数 $c_1$ と, $y$ と $b$ の間の実数 $c_2$ が存在して,

$$\begin{aligned} f(x,y) - f(a,b) &= \{f(x,y) - f(a,y)\} + \{f(a,y) - f(a,b)\} \\ &= f_x(c_1, y)(x-a) + f_y(a, c_2)(y-b) \end{aligned}$$

$$= f_x(c_1, y)\Delta x + f_y(a, c_2)\Delta y$$

が成り立つ．よって

$$E(x,y) = \frac{|(f_x(c_1,y) - A)\Delta x + (f_y(a,c_2) - B)\Delta y|}{\sqrt{\Delta x^2 + \Delta y^2}}$$

$$\leqq |f_x(c_1,y) - A|\frac{|\Delta x|}{\sqrt{\Delta x^2 + \Delta y^2}} + |f_y(a,c_2) - B|\frac{|\Delta y|}{\sqrt{\Delta x^2 + \Delta y^2}}$$

$$\leqq |f_x(c_1,y) - f_x(a,b)|\cdot 1 + |f_y(a,c_2) - f_y(a,b)|\cdot 1 \to 0. \quad ((x,y) \to (a,b))$$

ただし，最初の不等号では三角不等式（公式2.3）を，次の不等号では偏導関数の連続性と $(x,y) \to (a,b)$ のとき $(c_1, c_2) \to (a,b)$ であることを用いた．∎

## 演習問題

**問 18.1** 次の関数の偏導関数（$f_x$ と $f_y$）を求めよ．

(1) $f(x,y) = x^2 + y^2$ (2) $f(x,y) = x^2 y^4 + 2xy^2 + 1$ (3) $f(x,y) = \dfrac{x^2 - y^2}{x^2 + y^2}$

(4) $f(x,y) = e^{x+y}$ (5) $f(x,y) = \sqrt{1 - x^2 - y^2}$

**問 18.2** 次の関数は与えられた点で全微分可能であることを示し，そこでの勾配ベクトルを求めよ．

(1) $f(x,y) = \sqrt{3 - x^2 - y^2}, \;\; (x,y) = (1,1)$

(2) $f(x,y) = \sin(x + 2y), \;\; (x,y) = (0,0)$

(3) $f(x,y) = e^{x+y}, \;\; (x,y) = (0,0)$

(Hint. 与えられた点のまわりで偏導関数が連続であることを確認する)

**問 18.3** 関数 $z = f(x,y) = \sqrt{|xy|}$ は原点で連続かつ偏微分可能だが，全微分可能ではないことを示せ．

**問 18.4** 関数 $z = f(x,y) = |x + y|$ は原点で連続だが偏微分可能でないことを示せ．

**問 18.5** 関数 $z = f(x,y)$ を $f(0,0) := 0$，それ以外の点で $f(x,y) := \dfrac{xy}{x^2 + y^2}$ と定める．このとき，$f(x,y)$ は原点で偏微分可能だが連続でないことを示せ．

# 第19章
# 合成関数と微分

本章から21章にかけて，2変数関数について「合成関数の微分公式」を求めていこう．ただし，関数を「合成する」，「微分する」といってもさまざまで，これからは重要性の高い
　　1変数 ↦ 2変数 ↦ 1変数（第19章）／2変数 ↦ 2変数（変数変換）（第20章）
　　2変数 ↦ 2変数 ↦ 1変数（第21章）
の順にその「微分」について考えていこう．

## 19.1　合成関数の微分

**「1変数 ↦ 1変数 ↦ 1変数」の場合**　$x$軸（数直線）上を移動する動点があり，時刻$t$における位置が実数$x(t)$で与えられているとする．

さらに$x$を変数とする関数$y = f(x)$があるとき，$x = x(t)$を合成した関数$y = f(x(t))$の微分は公式

$$\{f(x(t))\}' = \frac{df}{dx}(x(t)) \cdot x'(t) \iff \frac{dy}{dt} = \frac{dy}{dx} \cdot \frac{dx}{dt} \tag{19.1}$$

で与えられるのであった（第6章，公式6.2）．すなわち，合成関数の微分は

「$f(x)$の微分係数」と「$x(t)$の速度」の積

として与えられる．まずはこれを，2変数の場合に拡張しよう．

**「1変数 ↦ 2変数 ↦ 1変数」の場合**　時刻を表す変数$t$をパラメーターとする$xy$平面内の曲線

$$C : \begin{pmatrix} x \\ y \end{pmatrix} = \begin{pmatrix} x(t) \\ y(t) \end{pmatrix}$$

を考える．さらに$xy$平面には関数$z = f(x, y)$が定義されているとしよう．たとえば，ある列車の経路が$(x, y) = (x(t), y(t))$で，そこでの海抜高度が$z = f(x, y)$で与えられているような場合である（次ページの図）．

このとき，合成関数

$$t \mapsto \begin{pmatrix} x(t) \\ y(t) \end{pmatrix} \xmapsto{f} f(x(t), y(t)) = z \tag{19.2}$$

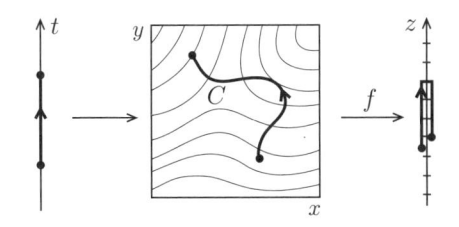

の，与えられた時刻 $t_0$ における微分係数 $\dfrac{dz}{dt}(t_0)$（これは $\left.\dfrac{dz}{dt}\right|_{t=t_0}$ とも表される）を与える公式はどんなものだろうか？ 結果だけを標語的に述べれば，それは

「$f(x,y)$ の勾配ベクトル」と「$(x(t),y(t))$ の速度ベクトル」の内積

となるのである[1]。

以下，$x = x(t)$, $y = y(t)$, $z = f(x,y)$ はすべて $C^1$ 級だと仮定する．このとき，定理18.3より，$f(x,y)$ は定義域上のすべての点で全微分可能であることに注意しよう．また，ダッシュ（$'$）は変数 $t$ による微分 $\dfrac{d}{dt}$ を表すものとする．

**公式 19.1（合成関数の微分公式1）** 関数 $x = x(t)$, $y = y(t)$, $z = f(x,y)$ が $C^1$ 級であるとき，式 (19.2) で与えられる合成関数 $z = z(t) = f(x(t), y(t))$ の $t$ による微分は，$f(x,y)$ の勾配ベクトル $(f_x(x,y), f_y(x,y))$ と $(x(t), y(t))$ の速度ベクトル $(x'(t), y'(t))$ の内積で与えられる．すなわち，

$$\{f(x(t),y(t))\}' = \begin{pmatrix} f_x(x,y) \\ f_y(x,y) \end{pmatrix} \cdot \begin{pmatrix} x'(t) \\ y'(t) \end{pmatrix} \tag{19.3}$$

$$= f_x(x,y)\,x'(t) + f_y(x,y)\,y'(t). \tag{19.4}$$

ただし，$f_x(x,y)$, $f_y(x,y)$ はそれぞれ $f_x(x(t),y(t))$, $f_y(x(t),y(t))$ を略記したものである．さらに，式 (19.4) は次のように表すこともできる：

$$\frac{dz}{dt} = \begin{pmatrix} \dfrac{\partial z}{\partial x} \\ \dfrac{\partial z}{\partial y} \end{pmatrix} \cdot \begin{pmatrix} \dfrac{dx}{dt} \\ \dfrac{dy}{dt} \end{pmatrix} = \frac{\partial z}{\partial x}\frac{dx}{dt} + \frac{\partial z}{\partial y}\frac{dy}{dt}. \tag{19.5}$$

---

[1] 前章で述べたように，「勾配ベクトル」とは2変数関数の「微分係数」にあたる概念であることに注意しよう．

**証明** まず，時刻 $t = t_0$ における曲線 $C$ 上の点の位置を $(a, b) := (x(t_0), y(t_0))$ としよう．この $(a, b)$ における $f(x, y)$ の勾配ベクトルを $(A, B) := (f_x(a, b), f_y(a, b))$ とおく．

時刻が $t = t_0$ から微小量 $\Delta t$ だけ変化するとき，曲線 $C$ 上の点 $(a, b) = (x(t_0), y(t_0))$ からの移動量（ベクトル）を

$$\begin{pmatrix} \Delta x \\ \Delta y \end{pmatrix} := \begin{pmatrix} x(t_0 + \Delta t) \\ y(t_0 + \Delta t) \end{pmatrix} - \begin{pmatrix} x(t_0) \\ y(t_0) \end{pmatrix}$$

とおく．いま $x(t), y(t)$ は微分可能なので，それぞれの時刻 $t_0$ における微分係数を

$$v_1 := x'(t_0), \quad v_2 := y'(t_0)$$

とすれば，$\Delta t \to 0$ のとき

$$x(t_0 + \Delta t) - x(t_0) = v_1 \Delta t + o(\Delta t),$$
$$y(t_0 + \Delta t) - y(t_0) = v_2 \Delta t + o(\Delta t).$$

すなわち

$$\begin{pmatrix} \Delta x \\ \Delta y \end{pmatrix} = \begin{pmatrix} v_1 \\ v_2 \end{pmatrix} \Delta t + \underline{\begin{pmatrix} o(\Delta t) \\ o(\Delta t) \end{pmatrix}} \tag{19.6}$$

が成り立つ．ここで下線部は誤差として「無視したい」部分である（以下同様）．

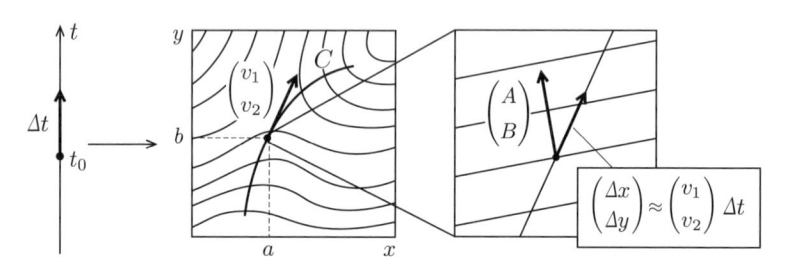

一方，$z = f(x, y)$ は $C^1$ 級であるから，$(a, b)$ において全微分可能である（定理 18.3）．よって $(x, y) \to (a, b)$ のとき

$$f(x, y) = f(a, b) + A(x - a) + B(y - b) + \underline{o(\sqrt{(x-a)^2 + (y-b)^2})}.$$

すなわち，$(\Delta x, \Delta y) \to (0, 0)$ であれば

$$\Delta z := f(a+\Delta x, b+\Delta y) - f(a,b)$$
$$= A\cdot \Delta x + B\cdot \Delta y + \underline{o(\sqrt{\Delta x^2 + \Delta y^2})} = \begin{pmatrix}A\\B\end{pmatrix}\cdot\begin{pmatrix}\Delta x\\\Delta y\end{pmatrix} + \underline{o(\sqrt{\Delta x^2 + \Delta y^2})}$$

が成り立つ．下線部はやはり「無視したい」誤差部分である．式（19.6）を代入して，

$$\Delta z = \begin{pmatrix}A\\B\end{pmatrix}\cdot\left\{\begin{pmatrix}v_1\\v_2\end{pmatrix}\Delta t + \begin{pmatrix}o(\Delta t)\\o(\Delta t)\end{pmatrix}\right\} + \underline{o(\sqrt{\Delta x^2 + \Delta y^2})}$$
$$= \begin{pmatrix}A\\B\end{pmatrix}\cdot\begin{pmatrix}v_1\\v_2\end{pmatrix}\Delta t + \underline{A\,o(\Delta t) + B\,o(\Delta t)} + \underline{o(\sqrt{\Delta x^2 + \Delta y^2})}.$$

ここで $\Delta t \to 0$（よって $(\Delta x, \Delta y) \to (0,0)$）とするとき，$\Delta x^2 + \Delta y^2 = 0$ ならば最後の $o(\sqrt{\Delta x^2 + \Delta y^2})$ の部分は 0 である．$\Delta x^2 + \Delta y^2 \neq 0$ ならば，式（19.6）より

$$\frac{o(\sqrt{\Delta x^2 + \Delta y^2})}{|\Delta t|} = \frac{o(\sqrt{\Delta x^2 + \Delta y^2})}{\sqrt{\Delta x^2 + \Delta y^2}} \cdot \frac{\sqrt{\Delta x^2 + \Delta y^2}}{|\Delta t|}$$
$$= \frac{o(\sqrt{\Delta x^2 + \Delta y^2})}{\sqrt{\Delta x^2 + \Delta y^2}} \cdot \frac{|\Delta t|\sqrt{(v_1^2 + v_2^2) + o(1)}}{|\Delta t|}$$
$$\to 0\cdot \sqrt{v_1^2 + v_2^2} = 0 \quad (\Delta t \to 0).$$

よって最後の $o(\sqrt{\Delta x^2 + \Delta y^2})$ の部分は $o(\Delta t)$ で置き換えられて，

$$\Delta z = \begin{pmatrix}A\\B\end{pmatrix}\cdot\begin{pmatrix}v_1\\v_2\end{pmatrix}\Delta t + \underline{o(\Delta t)}.$$

いま $\Delta z = f(x(t_0+\Delta t), y(t_0+\Delta t)) - f(x(t_0), y(t_0))$ であるから，次の式を得る：

$$\frac{dz}{dt}(t_0) = \lim_{\Delta t\to 0}\frac{\Delta z}{\Delta t} = \begin{pmatrix}A\\B\end{pmatrix}\cdot\begin{pmatrix}v_1\\v_2\end{pmatrix} : 勾配ベクトルと速度ベクトルの内積$$
$$= \begin{pmatrix}f_x(a,b)\\f_y(a,b)\end{pmatrix}\cdot\begin{pmatrix}x'(t_0)\\y'(t_0)\end{pmatrix}$$
$$= f_x(a,b)x'(t_0) + f_y(a,b)y'(t_0). \qquad\blacksquare$$

具体例をみていこう．

**例題 19.1**　（合成関数の微分）　$(x,y) = (t, t^3)$, $z = x^2 + y^2$ のとき，$\left.\dfrac{dz}{dt}\right|_{t=1}$

の値をもとめよ.

**解** 一般に $(x,y)$ における $z$ の勾配ベクトルは $(z_x, z_y) = (2x, 2y)$ であり, $(x,y)$ の $t$ に関する速度ベクトルは $(1, 3t^2)$ である.

$t=1$ のとき, $(x,y) = (1,1)$ であるから, 公式19.1 より, 求める微分係数は

$$\left.\frac{dz}{dt}\right|_{t=1} = \left.\begin{pmatrix} 2x \\ 2y \end{pmatrix}\right|_{(x,y)=(1,1)} \cdot \left.\begin{pmatrix} 1 \\ 3t^2 \end{pmatrix}\right|_{t=1}$$

$$= \begin{pmatrix} 2 \\ 2 \end{pmatrix} \cdot \begin{pmatrix} 1 \\ 3 \end{pmatrix} = 8.$$

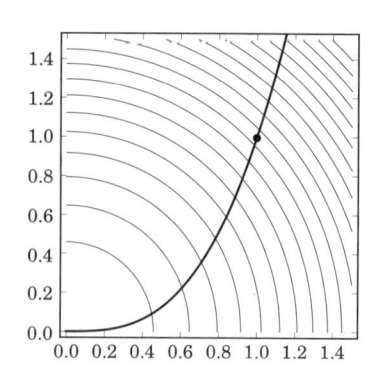

検算してみよう. $z = x^2 + y^2 = t^2 + t^6$ より, $\frac{dz}{dt} = 2t + 6t^5$. よって $t=1$ のとき $\frac{dz}{dt} = 8$. ■

上の例題は $z$ が $t$ だけの式で具体的に書けてしまうので公式19.1のありがたみがみえてこないだろう. 本当に威力を発揮するのは次の例題のような場面である:

**例題19.2** (合成関数の微分) $z = f(x, y)$ を $C^1$ 級関数とするとき, 次の関数の変数 $t$ に関する導関数を求めよ.

(1) $f(\cos t, \sin t)$ (2) $\exp f(t, 1-t)$ (3) $f(t^2, f(t,t))$

**解** (1) $F(t) := f(\cos t, \sin t)$ とおくと, これは $t \mapsto (\cos t, \sin t) \mapsto f(\cos t, \sin t)$ と合成したものと考えられる. 公式19.1 より求める導関数は

$$F'(t) = \begin{pmatrix} f_x(\cos t, \sin t) \\ f_y(\cos t, \sin t) \end{pmatrix} \cdot \begin{pmatrix} -\sin t \\ \cos t \end{pmatrix} = -f_x(\cos t, \sin t)\sin t + f_y(\cos t, \sin t)\cos t.$$

(2) $G(t) := f(t, 1-t)$ とおくと, 求める導関数は $\left\{e^{G(t)}\right\}' = G'(t)e^{G(t)}$ によって計算できる. $G(t)$ は $t \mapsto (t, 1-t) \mapsto f(t, 1-t)$ と合成したものと考えられるから, 公式19.1 より

$$G'(t) = \begin{pmatrix} f_x(t, 1-t) \\ f_y(t, 1-t) \end{pmatrix} \cdot \begin{pmatrix} 1 \\ -1 \end{pmatrix} = f_x(t, 1-t) - f_y(t, 1-t).$$

ゆえに求める導関数は

$$\{\exp f(t, 1-t)\}' = G'(t)e^{G(t)} = \{f_x(t, 1-t) - f_y(t, 1-t)\}\exp f(t, 1-t).$$

(3) 関数 $H(t) := f(t,t)$ は $t \mapsto (t,t) \mapsto f(t,t)$ と合成したものと考えられるから，公式 19.1 より

$$H'(t) = \begin{pmatrix} f_x(t,t) \\ f_y(t,t) \end{pmatrix} \cdot \begin{pmatrix} 1 \\ 1 \end{pmatrix} = f_x(t,t) + f_y(t,t).$$

一方，与えられた関数は $t \mapsto (t^2, H(t)) \mapsto f(t^2, H(t))$ と合成したものであるから，求める導関数は

$$\{f(t^2, f(t,t))\}' = \begin{pmatrix} f_x(t^2, H(t)) \\ f_y(t^2, H(t)) \end{pmatrix} \cdot \begin{pmatrix} 2t \\ H'(t) \end{pmatrix}$$
$$= 2tf_x(t^2, f(t,t)) + (f_x(t,t) + f_y(t,t))f_y(t^2, f(t,t)). \quad \blacksquare$$

## 演 習 問 題

**問 19.1** （合成関数の微分） 次の関数 $z = f(x,y)$ と曲線 $(x,y) = (x(t), y(t))$ に対して（勾配ベクトルと速度ベクトルを用いて）導関数 $\dfrac{dz}{dt}$ を求めよ．

(1) $f(x,y) = x^2 + y^2$, $(x,y) = (-t, 2t)$  (2) $f(x,y) = x + y$, $(x,y) = (\cos t, \sin t)$

(3) $f(x,y) = \sin xy$, $(x,y) = (t^2, t)$

**問 19.2** （合成関数の微分 2） $z = f(x,y)$ を $C^1$ 級関数とするとき，次の関数の変数 $t$ に関する導関数を求めよ．

(1) $e^{-t}f(e^t, e^t)$  (2) $\log f(t, 1-t)$  (3) $f(f(t,t), f(t,t))$

**問 19.3** （方向微分） $C^1$ 級関数 $z = f(x,y)$ の，$(x,y) = (a,b)$ におけるベクトル $(v_1, v_2)$ に関する**方向微分**とは，極限

$$\lim_{t \to 0} \frac{f(a + v_1 t, b + v_2 t) - f(a,b)}{t}$$

のことをいう．この極限はつねに存在して，値は $f_x(a,b)v_1 + f_y(a,b)v_2$ であることを示せ．

# 第20章

# 変数変換とヤコビ行列

本章では，2変数での変数変換とその微分を考える．「変数変換」というのは「座標変換」のことで，平面上のある点の座標値を別の数値で置き換えて表現するのである．自然界に人間が設定する座標はつねに便宜的であり絶対的なものはありえないから，このような座標の置き換えは日常茶飯事といってよい．そのときの数値の変化を，微小レベルでとらえるのが本章の目的である．

## 20.1　2変数関数の変数変換

まずは「変数変換」とは何か定義しておこう．

> **定義（変数変換）** $uv$ 平面上の集合を定義域とする $C^1$ 級関数 $x(u,v), y(u,v)$ があるとき，$xy$ 平面上のベクトル変数 $(x,y)$ にベクトル $\Phi(u,v) := (x(u,v), y(u,v))$ を割り当てる．これを（$C^1$ 級）**変数変換**とよび，$\boldsymbol{(x,y) = \Phi(u,v)}$ もしくは縦ベクトルを用いて $\begin{pmatrix} x \\ y \end{pmatrix} = \Phi \begin{pmatrix} u \\ v \end{pmatrix}$ とも表す．ほかにも，
> 
> $$\Phi : \begin{pmatrix} u \\ v \end{pmatrix} \mapsto \begin{pmatrix} x \\ y \end{pmatrix} \quad \text{もしくは} \quad \begin{pmatrix} u \\ v \end{pmatrix} \stackrel{\Phi}{\mapsto} \begin{pmatrix} x \\ y \end{pmatrix}$$
> 
> と表し，「変数変換 $\Phi$ は $(u,v)$ を $(x,y)$ に写す」ともいう．

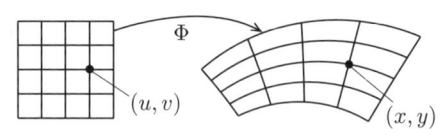

典型的かつ重要な変数変換として，「極座標変換」と「1次変換」がある．

**例1**（極座標変換）　ベクトル変数 $(r, \theta)$ に対し，ベクトル変数 $(x,y)$ を

$$\begin{pmatrix} x \\ y \end{pmatrix} := \begin{pmatrix} r \cos \theta \\ r \sin \theta \end{pmatrix} \tag{20.1}$$

として対応させる変数変換 $(x,y) = \Phi(u,v)$ をベクトル変数 $(x,y)$ の**極座標変換**とよぶ．極座標変換は $r\theta$ 平面上の区画を $xy$ 平面上の円板や扇形に対応付けるのに用いられる座標変換である．たとえば区画 $E := \{(r,\theta) \mid 0 \leqq r \leqq 1,\ 0 \leqq \theta \leqq \pi/2\}$ は扇形 $D = \{(x,y) \mid x^2 + y^2 \leqq 1,\ x \geqq 0,\ y \geqq 0\}$ に対応する（これを $D = \Phi(E)$ と表す）．

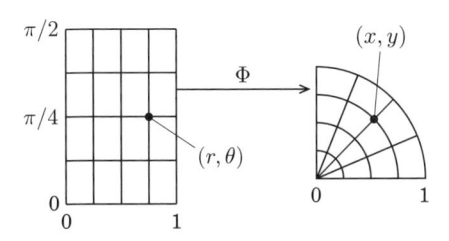

**例2**（1次変換）行列 $\begin{pmatrix} a & b \\ c & d \end{pmatrix}$ が与えられているとき，ベクトル変数 $(u,v)$ に対し，ベクトル変数 $(x,y)$ を

$$\begin{pmatrix} x \\ y \end{pmatrix} := \begin{pmatrix} a & b \\ c & d \end{pmatrix} \begin{pmatrix} u \\ v \end{pmatrix} = \begin{pmatrix} au + bv \\ cu + dv \end{pmatrix} \tag{20.2}$$

として対応させる変数変換 $(x,y) = \Phi(u,v)$ を**1次変換**もしくは**線形変換**とよぶ．
1次変換はあらゆる変数変換の中でも基本といえるものなので，その作用はある程度理解しておく必要がある．

いま，ベクトル $(a,c)$ と $(b,d)$ はともにゼロベクトルではなく，平行でもないとする（この条件は $ad - bc \neq 0$ と言い換えることができる）．このとき，

$$\begin{pmatrix} u \\ v \end{pmatrix} = u\underbrace{\begin{pmatrix} 1 \\ 0 \end{pmatrix}}_{(1)} + v\underbrace{\begin{pmatrix} 0 \\ 1 \end{pmatrix}}_{(2)}, \quad \begin{pmatrix} x \\ y \end{pmatrix} = u\underbrace{\begin{pmatrix} a \\ c \end{pmatrix}}_{(1)'} + v\underbrace{\begin{pmatrix} b \\ d \end{pmatrix}}_{(2)'}$$

が成り立つ．よって $uv$ 平面と $xy$ 平面は変数 $u$ と $v$ を介して次ページの図のように対応する．たとえば $u, v$ いずれかが整数となるような点の集合は図の左のような格子（網目）をなす．その像は右のような歪んだ格子（網目）となる．

## 20.2 変数変換の微分とヤコビ行列

微分可能な1変数関数は，接線を表す1次関数で局所的に近似された．また，全微分可能な2変数関数も，接平面を表す1次関数で局所的に近似された．じつ

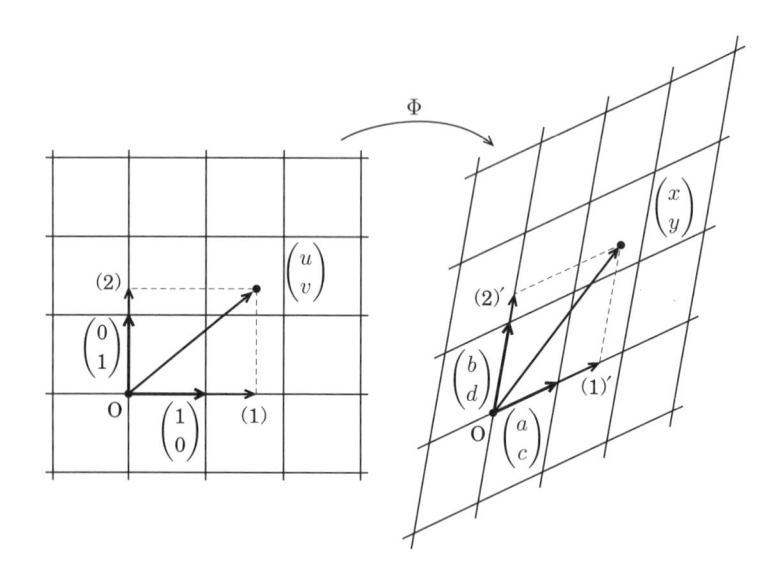

は「変数変換」についても,「局所的に1次変換で近似される」ことがわかる. それを確認しよう.

**変数変換を顕微鏡で観測する** 第6章のように1変数関数のグラフを「顕微鏡」で拡大すると,(顕微鏡の中の座標系に関して) 比例関数が見えてくるのだった.

2変数で同じことを考えて, 変数変換を「顕微鏡」で拡大してみる. このとき見えてくるのが, 比例関数の2次元版にあたる「1次変換」なのである.

具体的には, 次が成り立つ:

**定理20.1（変数変換の1次近似）** $(u,v) = (p,q)$ のまわりで定義された $C^1$ 級関数 $x(u,v)$ と $y(u,v)$ から定まる変数変換を $(x,y) = \Phi(u,v)$ とおき, $(p,q)$ における偏微分係数からなる2次の正方行列

$$\begin{pmatrix} x_u(p,q) & x_v(p,q) \\ y_u(p,q) & y_v(p,q) \end{pmatrix} \tag{20.3}$$

を $J$ とおく. このとき, $(u,v) \to (p,q)$ であれば

$$\Phi\begin{pmatrix} u \\ v \end{pmatrix} = \Phi\begin{pmatrix} p \\ q \end{pmatrix} + J\begin{pmatrix} u-p \\ v-q \end{pmatrix} + \begin{pmatrix} o(\sqrt{(u-p)^2+(v-q)^2}) \\ o(\sqrt{(u-p)^2+(v-q)^2}) \end{pmatrix} \tag{20.4}$$

が成り立つ.

20.2 | 変数変換の微分とヤコビ行列

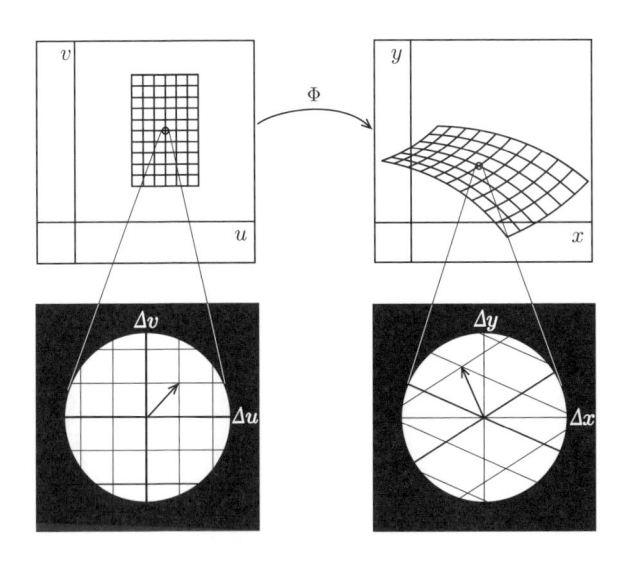

下線部は誤差項にあたる「無視したい」部分である．微分可能性の定義式 (6.3)，全微分可能性の定義式 (17.2) との類似性に注意しよう．証明は簡単で，$x(u,v)$ と $y(u,v)$ の全微分の式を縦に並べただけである．

**証明**（定理20.1） $x = x(u,v)$ は $C^1$ 級であるから，定理18.3 より全微分可能である．よって $(p,q)$ における偏微分係数を $P_1 := x_u(p,q)$, $Q_1 := x_v(p,q)$ とおくと，$(u,v) \to (p,q)$ のとき

$$x(u,v) = x(p,q) + P_1(u-p) + Q_1(v-q) + o(\sqrt{(u-p)^2 + (v-q)^2})$$

と表される．関数 $y = y(u,v)$ についても同様で，$P_2 := y_u(p,q)$, $Q_2 := y_v(p,q)$ とおくと，

$$y(u,v) = y(p,q) + P_2(u-p) + Q_2(v-q) + o(\sqrt{(u-p)^2 + (v-q)^2})$$

と表される．これらを縦ベクトルとして並べて整理すると，

$$\begin{pmatrix} x(u,v) \\ y(u,v) \end{pmatrix} = \begin{pmatrix} x(p,q) \\ y(p,q) \end{pmatrix} + \begin{pmatrix} P_1 & Q_1 \\ P_2 & Q_2 \end{pmatrix} \begin{pmatrix} u-p \\ v-q \end{pmatrix} + \begin{pmatrix} o(\sqrt{(u-p)^2 + (v-q)^2}) \\ o(\sqrt{(u-p)^2 + (v-q)^2}) \end{pmatrix}$$

となるから，中央の行列を $J$ とおけば式 (20.4) を得る．■

**定理20.1の意味** 式 (20.4) の右辺の下線部は誤差として無視すれば，

$$\Phi\begin{pmatrix}u\\v\end{pmatrix} \approx \Phi\begin{pmatrix}p\\q\end{pmatrix} + J\begin{pmatrix}u-p\\v-q\end{pmatrix} \tag{20.5}$$

となる．これが実質的に「1次変換」であることは次のようにしてわかる．

まず $uv$ 平面上で，ベクトル変数 $(u,v)$ が点 $(p,q)$ から微小変化したときの移動量は

$$\begin{pmatrix}\Delta u\\\Delta v\end{pmatrix} := \begin{pmatrix}u\\v\end{pmatrix} - \begin{pmatrix}p\\q\end{pmatrix} = \begin{pmatrix}u-p\\v-q\end{pmatrix} \tag{20.6}$$

である．それに対応して，$xy$ 平面上でベクトル変数 $(x,y) = \Phi(u,v)$ が点 $\Phi(p,q)$ から微小変化するが，その移動量は

$$\begin{pmatrix}\Delta x\\\Delta y\end{pmatrix} := \Phi\begin{pmatrix}u\\v\end{pmatrix} - \Phi\begin{pmatrix}p\\q\end{pmatrix} = \begin{pmatrix}x(u,v)-x(p,q)\\y(u,v)-y(p,q)\end{pmatrix} \tag{20.7}$$

と表される．したがって，式 (20.5) はこれらの移動量の満たす関係式

$$\begin{pmatrix}\Delta x\\\Delta y\end{pmatrix} \approx J\begin{pmatrix}\Delta u\\\Delta v\end{pmatrix} \tag{20.8}$$

を表している．先ほどの「顕微鏡」の図でいうと，点 $(p,q)$ を原点とする $\Delta u \Delta v$ 座標系と，点 $\Phi(p,q)$ を原点とする $\Delta x \Delta y$ 座標系との対応が，ほとんど1次変換で表現されるということである．

**ヤコビ行列** 式 (20.3) で定義されたこの行列 $J$ は変数変換 $(x,y) = \Phi(u,v)$ の $(u,v) = (p,q)$ における「微分係数」に相当し，特別な名前がつけられている：

**定義（ヤコビ行列）** $C^1$ 級関数 $x = x(u,v)$ と $y = y(u,v)$ から定まる変数変換 $\Phi$：$\begin{pmatrix}u\\v\end{pmatrix} \mapsto \begin{pmatrix}x\\y\end{pmatrix}$ に対し，行列

$$\begin{pmatrix}x_u & x_v\\y_u & y_v\end{pmatrix} \tag{20.9}$$

を変数変換 $\Phi$ の**ヤコビ行列**とよび，$D\Phi$ と表す．また，$(u,v) = (p,q)$ における値

$$\begin{pmatrix}x_u(p,q) & x_v(p,q)\\y_u(p,q) & y_v(p,q)\end{pmatrix} \tag{20.10}$$

を $D\Phi(p,q)$ で表し，**点 $(p,q)$ におけるヤコビ行列**という．

> **注意**
> - 式 (20.9) の形のヤコビ行列 $D\Phi$ が $\Phi$ の「導関数」に相当し，式 (20.10) の形のヤコビ行列 $D\Phi(p,q)$ が $\Phi$ の $(p,q)$ における「微分係数」に相当する．
> - ヤコビ行列の行列式 $\det D\Phi = x_u y_v - x_v y_u$ は**ヤコビアン**とよばれ，あとで積分の変数変換のときに大活躍する．
> - ヤコビ行列は「公式」として覚えるのではなく，定理20.1の証明のような導出過程を「手順」で覚えるのがよい．
> - ヤコビ行列は $x = x(u,v)$ と $y = y(u,v)$ の「勾配ベクトル」を縦に並べたものである．

**例3**（極座標変換のヤコビ行列） 極座標変換 $\begin{pmatrix} x \\ y \end{pmatrix} = \begin{pmatrix} r\cos\theta \\ r\sin\theta \end{pmatrix}$ のヤコビ行列は

$$\begin{pmatrix} x_r & x_\theta \\ y_r & y_\theta \end{pmatrix} = \begin{pmatrix} \cos\theta & -r\sin\theta \\ \sin\theta & r\cos\theta \end{pmatrix}$$

である．たとえば，$(r,\theta) = (2, \pi/2)$ でのヤコビ行列は $\begin{pmatrix} 0 & -2 \\ 1 & 0 \end{pmatrix}$ となる．

**例4**（1次変換のヤコビ行列） 1次変換 $\begin{pmatrix} x \\ y \end{pmatrix} = \begin{pmatrix} a & b \\ c & d \end{pmatrix} \begin{pmatrix} u \\ v \end{pmatrix} = \begin{pmatrix} au+bv \\ cu+dv \end{pmatrix}$ のヤコビ行列は

$$\begin{pmatrix} x_u & x_v \\ y_u & y_v \end{pmatrix} = \begin{pmatrix} a & b \\ c & d \end{pmatrix}$$

である．1次変換はいわば「導関数が定数となる」変換なのである．

## 20.3 変数変換の合成と逆変換

関数に「合成関数」や「逆関数」の概念があるように，変数変換にも「合成変換」や「逆変換」が定義できる：

> **定義**（合成変換と逆変換） 変数変換 $(x,y) = \Phi(u,v)$ と $(z,w) = \Psi(x,y)$ が与えられているとき，その合成
>
> $$\begin{pmatrix} u \\ v \end{pmatrix} \overset{\Phi}{\mapsto} \begin{pmatrix} x \\ y \end{pmatrix} \overset{\Psi}{\mapsto} \begin{pmatrix} z \\ w \end{pmatrix}$$

を考えることができる．これを変数変換 $(x,y) = \Phi(u,v)$ と $(z,w) = \Psi(x,y)$ の**合成変換**とよび，$(z, w) = \Psi \circ \Phi(u, v)$ と表す．

とくに $(x,y) = \Phi(u,v)$ が<u>1対1</u>であるとき，$(u,v) = \Psi \circ \Phi(u,v)$ を満たす変数変換 $(u,v) = \Psi(x,y)$ を変換 $(x,y) = \Phi(u,v)$ の**逆変換**とよび，$\boldsymbol{\Phi^{-1}(x, y)}$ と表す．

**注意**（下線部に関する注意）ここで，変数変換が**1対1**であるとは，定義域上で同じ座標値を2度とらないことをいう．すなわち「$(u_1,v_1) \neq (u_2,v_2)$ ならば $\Phi(u_1,v_1) \neq \Phi(u_2,v_2)$」が成り立つことをいう．

**例5**（1次変換の合成変換）ふたつの1次変換 $(x,y) = \Phi(u,v) = (u+v, u-v)$ と $(z,w) = \Psi(x,y) = (2x, y/2)$ の合成変換 $(z,w) = \Psi \circ \Phi(u,v)$ は，

$$\begin{pmatrix} u \\ v \end{pmatrix} \overset{\Phi}{\longmapsto} \begin{pmatrix} 1 & 1 \\ 1 & -1 \end{pmatrix} \begin{pmatrix} u \\ v \end{pmatrix} = \begin{pmatrix} x \\ y \end{pmatrix} \overset{\Psi}{\longmapsto} \begin{pmatrix} 2 & 0 \\ 0 & 1/2 \end{pmatrix} \begin{pmatrix} x \\ y \end{pmatrix} = \begin{pmatrix} z \\ w \end{pmatrix}$$

より，次のように計算される：

$$\begin{pmatrix} z \\ w \end{pmatrix} = \Psi \circ \Phi \begin{pmatrix} u \\ v \end{pmatrix} = \begin{pmatrix} 2 & 0 \\ 0 & 1/2 \end{pmatrix} \begin{pmatrix} 1 & 1 \\ 1 & -1 \end{pmatrix} \begin{pmatrix} u \\ v \end{pmatrix}$$

$$= \begin{pmatrix} 2 & 2 \\ 1/2 & -1/2 \end{pmatrix} \begin{pmatrix} u \\ v \end{pmatrix} = \begin{pmatrix} 2(u+v) \\ (u-v)/2 \end{pmatrix}.$$

**例6**（1次変換の逆変換）$(x,y) = \Phi(u,v) = (u+v, u-v)$ のとき，

$$\begin{pmatrix} x \\ y \end{pmatrix} = \begin{pmatrix} 1 & 1 \\ 1 & -1 \end{pmatrix} \begin{pmatrix} u \\ v \end{pmatrix} \iff \begin{pmatrix} u \\ v \end{pmatrix} = \begin{pmatrix} 1 & 1 \\ 1 & -1 \end{pmatrix}^{-1} \begin{pmatrix} x \\ y \end{pmatrix}$$

である．逆行列は

$$\begin{pmatrix} 1 & 1 \\ 1 & -1 \end{pmatrix}^{-1} = \frac{1}{1 \cdot (-1) - 1 \cdot 1} \begin{pmatrix} -1 & -1 \\ -1 & 1 \end{pmatrix} = \begin{pmatrix} 1/2 & 1/2 \\ 1/2 & -1/2 \end{pmatrix}$$

と計算できるので，$(x,y) = \Phi(u,v)$ の逆変換は

$$\begin{pmatrix} u \\ v \end{pmatrix} = \Phi^{-1} \begin{pmatrix} x \\ y \end{pmatrix} = \begin{pmatrix} 1/2 & 1/2 \\ 1/2 & -1/2 \end{pmatrix} \begin{pmatrix} x \\ y \end{pmatrix} = \begin{pmatrix} (x+y)/2 \\ (x-y)/2 \end{pmatrix}.$$

**例7** 1次変換でない例も紹介しよう．ふたつの変数変換 $(x,y) = \Phi(u,v) = (u^3, v^3)$ と $(z,w) = \Psi(x,y) = (x+y, xy)$ に対し，合成変換 $(z,w) = \Psi \circ \Phi(u,v)$ は $(z,w) = (u^3+v^3, u^3v^3)$．$\Phi$ は1対1なので逆変換 $(u,v) = (\sqrt[3]{x}, \sqrt[3]{y})$ が存在する

が，$\Psi$ は1対1ではない（たとえば $\Psi(2,1) = \Psi(1,2)$）ので，逆変換は存在しない（ただし，定義域をうまく制限すれば逆変換を見つけることができる）．

**合成変換・逆変換のヤコビ行列**　ヤコビ行列は変数変換の「微分係数」（もしくは「導関数」）にあたるものであった．実際，合成関数・逆関数の微分係数とよく似た性質をもつ：

**公式 20.2**（**合成変換と逆変換のヤコビ行列**）　変数変換 $(x,y) = \Phi(u,v)$ と $(z,w) = \Psi(x,y)$ が与えられているとき，合成変換 $(z,w) = \Psi \circ \Phi(u,v)$ のヤコビ行列は $\Psi$ と $\Phi$ のヤコビ行列の積で与えられる．すなわち，

$$D(\Psi \circ \Phi) = D\Psi\, D\Phi = \begin{pmatrix} z_x & z_y \\ w_x & w_y \end{pmatrix} \begin{pmatrix} x_u & x_v \\ y_u & y_v \end{pmatrix}. \tag{20.11}$$

また，$(x,y) = \Phi(u,v)$ が1対1かつ $\det D\Phi \neq 0$ を満たすとき，逆変換 $\Phi^{-1}(x,y)$ のヤコビ行列は $\Phi$ のヤコビ行列の逆行列で与えられる．すなわち，

$$D(\Phi^{-1}) = (D\Phi)^{-1} = \begin{pmatrix} x_u & x_v \\ y_u & y_v \end{pmatrix}^{-1}. \tag{20.12}$$

**説明**　変数変換は局所的に1次変換で近似されるから，合成変換や逆変換も1次変換で近似される．したがってこれらの変換のヤコビ行列は，本質的には例5や例6のような行列の積や逆行列の計算によって求めることができる．

**例8**（**1次変換**）　1次変換のヤコビ行列は1次変換を定める行列そのものであるから，公式20.2は行列の積・逆行列の性質からただちに得られる．

**例9**（**例7の場合**）　変数変換 $(x,y) = \Phi(u,v) = (u^3, v^3)$ と $(z,w) = \Psi(x,y) = (x+y, xy)$ のヤコビ行列は

$$D\Phi = \begin{pmatrix} 3u^2 & 0 \\ 0 & 3v^2 \end{pmatrix}, \quad D\Psi = \begin{pmatrix} 1 & 1 \\ y & x \end{pmatrix} = \begin{pmatrix} 1 & 1 \\ v^3 & u^3 \end{pmatrix}$$

であり，合成変換 $(z,w) = \Psi \circ \Phi(u,v) = (u^3 + v^3, u^3 v^3)$ のヤコビ行列は

$$D(\Psi \circ \Phi) = \begin{pmatrix} 3u^2 & 3v^2 \\ 3u^2 v^3 & 3v^2 u^3 \end{pmatrix}$$

である．よって式 (20.11) を満たす．

また，$\Phi$ の逆変換 $\Phi^{-1}$ は存在するが，そのヤコビ行列 $D\Phi^{-1}(x,y)$ が存在しない点もある．たとえば $u=0$ のとき $D\Phi$ の行列式（ヤコビアン）は 0 となるので逆行列 $(D\Phi)^{-1}$ は存在しない．

## 演習問題

**問 20.1**　（1 次変換の像）　1 次変換 $\Phi : (u,v) \mapsto (x,y)$ を $(u+v, v)$ で定める．以下の $uv$ 平面上の集合 $E$ に対して，$xy$ 平面内の集合

$$\Phi(E) = \{\Phi(u,v) \mid (u,v) \in E\}$$

を図示せよ．

(1)　$E = \{(u,v) \mid u = 1\}$　　　　(2)　$E = \{(u,v) \mid v = u+1\}$
(3)　$E = \{(u,v) \mid u^2 + v^2 = 1\}$

**問 20.2**　（変数変換の像）　次のように与えられた変数変換 $\Phi : (u,v) \mapsto (x,y)$ と $uv$ 平面上の集合 $E$ に対して，その $xy$ 平面内の像 $\Phi(E)$ を図示せよ．また，各点におけるヤコビ行列を求めよ．

(1)　$(x,y) = \Phi(u,v) = (u+v, uv)$,　$E = \{(u,v) \mid u > 0,\ v > 0\}$
(2)　$(x,y) = \Phi(u,v) = (v\cos u, v\sin u)$,　$E = \{(u,v) \mid 0 \leqq u \leqq \pi/2,\ 1 \leqq v \leqq 2\}$
(3)　$(x,y) = \Phi(u,v) = (2u+v, u-v)$,　$E = \{(u,v) \mid -1 \leqq u \leqq 3,\ -2 \leqq v \leqq 4\}$

# 第21章
# 変数変換と勾配ベクトル

2変数関数の勾配ベクトル（偏微分係数）が変数変換によってどのように変化するか，ヤコビ行列を用いて表現しよう．

## 21.1 変数変換と偏微分

「**2変数 $\mapsto$ 2変数 $\mapsto$ 1変数**」の場合　$C^1$ 級関数 $x = x(u,v)$ と $y = y(u,v)$ が定める変数変換 $(x,y) = \Phi(u,v)$ と，$C^1$ 級関数 $z = f(x,y)$ が与えられているとき，合成関数

$$\begin{pmatrix} u \\ v \end{pmatrix} \overset{\Phi}{\mapsto} \begin{pmatrix} x(u,v) \\ y(u,v) \end{pmatrix} \overset{f}{\mapsto} f(x(u,v), y(u,v)) = z$$

が考えられる．式が複雑なので，この合成関数を $z = F(u,v)$ で表そう．すなわち，

$$F(u,v) := f(\Phi(u,v)) = f(x(u,v), y(u,v)).$$

この関数 $z = F(u,v)$ の，変数 $u$ もしくは $v$ による偏微分係数・偏導関数を計算することが本章の主な目的である．

　計算方法は2つある．ひとつは，定義通りに偏微分係数を計算して，手っ取り早く公式 19.1 に帰着させる方法．もうひとつは，「1次近似」のアイディアを用いて，勾配ベクトルが変数変換によってどのように変化するかを記述する方法である．

## 21.2 合成関数の偏微分の公式

　関数 $z = F(u,v)$ の $u$ 偏導関数とは，たとえば「$v$ を定数 $q$ として固定し」関数 $u \mapsto F(u,q)$ を変数 $u$ について微分して得られるものであった．この関数は

$$u \longmapsto \begin{pmatrix} x(u,q) \\ y(u,q) \end{pmatrix} \stackrel{f}{\longmapsto} f(x(u,q), y(u,q))$$

と表現できるから，式 (19.2) と同じ形になっている．すなわち，変数 $u$ を時間パラメーターとする $xy$ 平面上の曲線

$$u \longmapsto \begin{pmatrix} x(u,q) \\ y(u,q) \end{pmatrix}$$

があり，その曲線上で関数 $z = f(x,y)$ を考えているのである（図）．

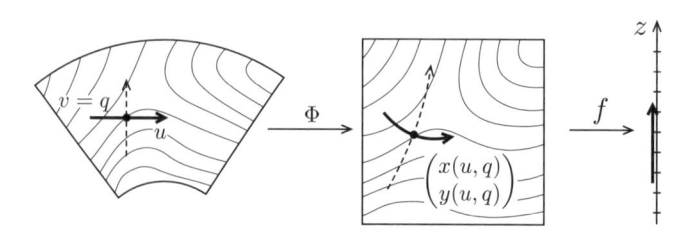

したがって公式 19.1 と同じ原理により，関数 $z = F(u,v)$ の $u$ 偏導関数とは

「$f(x,y)$ の勾配ベクトル」と「$(x(u,v), y(u,v))$ の速度ベクトル」
の内積

として与えられる．すなわち，

**公式 21.1**（合成関数の微分公式 2：変数変換と偏微分） $C^1$ 級関数 $x = x(u,v)$ と $y = y(u,v)$ が定める変数変換 $(x,y) = \Phi(u,v)$ と，$C^1$ 級関数 $z = f(x,y)$ が与えられているとき，合成関数 $F(u,v) := f(x(u,v), y(u,v))$ の偏導関数 $F_u = F_u(u,v)$ および $F_v = F_v(u,v)$ は次で与えられる：

$$F_u = \begin{pmatrix} f_x \\ f_y \end{pmatrix} \cdot \begin{pmatrix} x_u \\ y_u \end{pmatrix} = f_x x_u + f_y y_u \tag{21.1}$$

$$F_v = \begin{pmatrix} f_x \\ f_y \end{pmatrix} \cdot \begin{pmatrix} x_v \\ y_v \end{pmatrix} = f_x x_v + f_y y_v . \tag{21.2}$$

ただし，$f_x(x(u,v), y(u,v))$ を $f_x$，$x_u(u,v)$ を $x_u$ などと略記した．$z = F(u,v)$ を用いると，次のように表すこともできる：

$$\frac{\partial z}{\partial u} = \frac{\partial z}{\partial x}\frac{\partial x}{\partial u} + \frac{\partial z}{\partial y}\frac{\partial y}{\partial u} \qquad \frac{\partial z}{\partial v} = \frac{\partial z}{\partial x}\frac{\partial x}{\partial v} + \frac{\partial z}{\partial y}\frac{\partial y}{\partial v}.$$

**証明** 変数 $v$ の値は固定し定数だとみなすとき,変数 $u$ を時間パラメーターとする曲線

$$u \mapsto \begin{pmatrix} X(u) \\ Y(u) \end{pmatrix} := \begin{pmatrix} x(u,v) \\ y(u,v) \end{pmatrix}$$

が定まる.ダッシュ（$'$）は偏微分 $\dfrac{\partial}{\partial u}$ を表すものとすれば,この曲線の速度ベクトルは $(X'(u), Y'(u))$ である.また,合成関数

$$u \mapsto \begin{pmatrix} X(u) \\ Y(u) \end{pmatrix} \stackrel{f}{\mapsto} f(X(u), Y(u))$$

の $u$ に関する微分は,公式 19.1 より勾配ベクトルと速度ベクトルの内積

$$\{f(X(u), Y(u))\}' = \begin{pmatrix} f_x(x,y) \\ f_y(x,y) \end{pmatrix} \cdot \begin{pmatrix} X'(u) \\ Y'(u) \end{pmatrix}$$

となる.これをもとの式に直すと,

$$F_u(u,v) = \begin{pmatrix} f_x(x,y) \\ f_y(x,y) \end{pmatrix} \cdot \begin{pmatrix} x_u(u,v) \\ y_u(u,v) \end{pmatrix}$$

となり式（21.1）を得る.$F_v$ に関しても同様である.■

**適用例** では公式 21.1 を応用してみよう.

**例題 21.1**（合成関数の偏微分） $z = f(x,y)$ を $C^1$ 級関数とするとき,次の関数の変数 $u$ および $v$ に関する偏導関数を $f_x$, $f_y$ を用いて表せ.

(1) $F(u,v) = f(u\cos v, u\sin v)$ 　　(2) $G(u,v) = \exp f(u+v, u-v)$

**解** 　（1）$F(u,v)$ は $(u,v) \mapsto (u\cos v, u\sin v) \mapsto f(u\cos v, u\sin v)$ と合成したものと考えられるから,公式 21.1 より求める偏導関数は

$$F_u = \begin{pmatrix} f_x \\ f_y \end{pmatrix} \cdot \begin{pmatrix} (u\cos v)_u \\ (u\sin v)_u \end{pmatrix} = \begin{pmatrix} f_x \\ f_y \end{pmatrix} \cdot \begin{pmatrix} \cos v \\ \sin v \end{pmatrix} = f_x \cos v + f_y \sin v,$$

$$F_v = \begin{pmatrix} f_x \\ f_y \end{pmatrix} \cdot \begin{pmatrix} (u\cos v)_v \\ (u\sin v)_v \end{pmatrix} = \begin{pmatrix} f_x \\ f_y \end{pmatrix} \cdot \begin{pmatrix} -u\sin v \\ u\cos v \end{pmatrix} = -f_x u \sin v + f_y u \cos v.$$

ただし $f_x = f_x(u\cos v, u\sin v)$, $f_y = f_y(u\cos v, u\sin v)$ とする.

（2）$g(x,y) := \exp f(x,y)$ とおくと,$g_x = f_x(x,y)\exp f(x,y)$, $g_y = f_y(x,y)\exp f(x,$

$y)$ を満たす．$G(u,v)$ は $(u,v) \mapsto (u+v, u-v) \mapsto g(u+v, u-v)$ と合成したものと考えられるから，公式 21.1 より

$$G_u = \begin{pmatrix} g_x \\ g_y \end{pmatrix} \cdot \begin{pmatrix} (u+v)_u \\ (u-v)_u \end{pmatrix} = \begin{pmatrix} g_x \\ g_y \end{pmatrix} \cdot \begin{pmatrix} 1 \\ 1 \end{pmatrix} = g_x(x,y) + g_y(x,y)$$

$$= f_x(x,y) \exp f(x,y) + f_y(x,y) \exp f(x,y)$$

$$= \{f_x(u+v, u-v) + f_y(u+v, u-v)\} \exp f(u+v, u-v).$$

同様に，

$$G_v = \begin{pmatrix} g_x \\ g_y \end{pmatrix} \cdot \begin{pmatrix} (u+v)_v \\ (u-v)_v \end{pmatrix} = \begin{pmatrix} g_x \\ g_y \end{pmatrix} \cdot \begin{pmatrix} 1 \\ -1 \end{pmatrix} = g_x(x,y) - g_y(x,y)$$

$$= \{f_x(u+v, u-v) - f_y(u+v, u-v)\} \exp f(u+v, u-v). \quad \blacksquare$$

## 21.3 勾配ベクトルの変換公式

今度は変数変換の局所的な性質に着目して，勾配ベクトルが変数変換によってどのように変化するかを調べてみよう．

結果からいうと，勾配ベクトルを横ベクトル（$1 \times 2$ 行列）とみなしたとき，「合成関数の微分公式」によく似た式が成立することがわかる：

**公式 21.2**（変数変換と勾配ベクトル）関数 $z = f(x,y)$ と変数変換 $(x,y) = \Phi(u,v) = (x(u,v), y(u,v))$ およびその合成関数 $z = F(u,v) := f(\Phi(u,v))$ が与えられているとき，

- $f(x,y)$ の勾配ベクトル：$\nabla f = (f_x, f_y)$
- $\Phi(u,v)$ のヤコビ行列：$D\Phi = \begin{pmatrix} x_u & x_v \\ y_u & y_v \end{pmatrix}$
- $F(u,v) = f(\Phi(u,v))$ の勾配ベクトル：$\nabla F = (F_u, F_v)$

は行列の意味で関係式

$$\nabla F = \nabla f \, D\Phi \tag{21.3}$$

を満たす．すなわち，次を満たす．

$$(F_u \ F_v) = (f_x \ f_y) \begin{pmatrix} x_u & x_v \\ y_u & y_v \end{pmatrix} \iff \begin{cases} F_u = f_x \, x_u + f_y \, y_u \\ F_v = f_x \, x_v + f_y \, y_v. \end{cases} \tag{21.4}$$

## 21.3 | 勾配ベクトルの変換公式

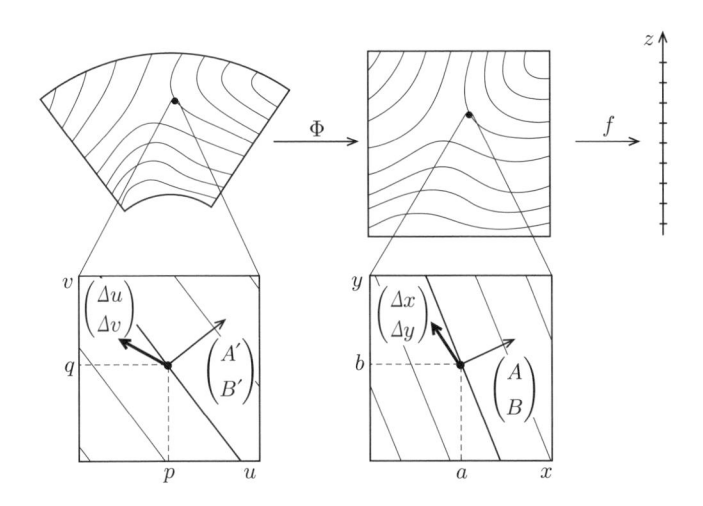

**説明**（証明のスケッチ） 関数の「1次近似」部分に着目しながら，公式 21.2 を説明してみよう．

いま，図のように $xy$ 平面上の関数 $z = f(x, y)$ の等高線に対応して，$uv$ 平面上に関数 $z = F(u, v)$ の等高線が描ける．特定の点 $(u, v) = (p, q)$ に対し，$(a, b) := \Phi(p, q)$ とし，$(x, y) = (a, b)$ における関数 $z = f(x, y)$ の勾配ベクトルが

$$\nabla f(a, b) = (f_x(a, b), f_y(a, b)) = (A, B)$$

として確定しているとしよう．このとき，$(u, v) = (p, q)$ における関数 $z = F(u, v)$ の勾配ベクトル $(A', B') := (F_u(p, q), F_v(p, q))$ を，$(A, B)$ の式で表すことを目標とすればよい．

全微分の式をもとに計算してみよう．変数の微小変化を表す記号を

$$(\Delta u, \Delta v) := (u - p, v - q), \quad (\Delta x, \Delta y) := (x - a, y - b),$$
$$\Delta z := F(p + \Delta u, q + \Delta v) - F(p, q) = f(a + \Delta x, b + \Delta y) - f(a, b)$$

と定義する．いま $z = f(x, y)$ は $C^1$ 級なので，$(a, b)$ における全微分の式

$$\Delta z = A\Delta x + B\Delta y + o(\sqrt{\Delta x^2 + \Delta y^2}) \approx \begin{pmatrix} A \\ B \end{pmatrix} \cdot \begin{pmatrix} \Delta x \\ \Delta y \end{pmatrix} \tag{21.5}$$

が $(\Delta x, \Delta y) \to (0, 0)$ のときに成り立つ．一方，目標とする関係式は $(\Delta u, \Delta v) \to (0, 0)$ のとき

$$\Delta z = A'\Delta u + B'\Delta v + o(\sqrt{\Delta u^2 + \Delta v^2}) \approx \begin{pmatrix} A' \\ B' \end{pmatrix} \cdot \begin{pmatrix} \Delta u \\ \Delta v \end{pmatrix} \qquad (21.6)$$

を満たす $(A', B')$ を求めることだといえる.

そこで変数変換 $\Phi(u,v)$ の $(p,q)$ におけるヤコビ行列を $D\Phi(p,q) = \begin{pmatrix} P_1 & Q_1 \\ P_2 & Q_2 \end{pmatrix}$ とおこう. 定理 20.1 もしくは式 (20.8) より $(\Delta u, \Delta v) \to (0,0)$ のとき $\begin{pmatrix} \Delta x \\ \Delta y \end{pmatrix} \approx \begin{pmatrix} P_1 & Q_1 \\ P_2 & Q_2 \end{pmatrix} \begin{pmatrix} \Delta u \\ \Delta v \end{pmatrix}$ が成り立っているので, 式 (21.5) より

$$\Delta z \approx \begin{pmatrix} A \\ B \end{pmatrix} \cdot \begin{pmatrix} \Delta x \\ \Delta y \end{pmatrix} = (A\ B)\begin{pmatrix} \Delta x \\ \Delta y \end{pmatrix} \quad :1\times 2\,\text{行列と}\,2\times 1\,\text{行列の積}$$

$$\approx (A\ B)\begin{pmatrix} P_1 & Q_1 \\ P_2 & Q_2 \end{pmatrix}\begin{pmatrix} \Delta u \\ \Delta v \end{pmatrix}$$

$$= (AP_1 + BP_2 \quad AQ_1 + BQ_2)\begin{pmatrix} \Delta u \\ \Delta v \end{pmatrix}$$

$$= \begin{pmatrix} AP_1 + BP_2 \\ AQ_1 + BQ_2 \end{pmatrix} \cdot \begin{pmatrix} \Delta u \\ \Delta v \end{pmatrix} : \text{ベクトルの内積}$$

が (誤差の部分を無視すれば) 成り立つ. したがって式 (21.6) と比較すれば

$$\begin{cases} A' = AP_1 + BP_2 \\ B' = AQ_1 + BQ_2 \end{cases} \iff (A'\ B') = (A\ B)\begin{pmatrix} P_1 & Q_1 \\ P_2 & Q_2 \end{pmatrix}$$

が成り立つ. 以上の議論で, 誤差として無視した部分をランダウ記号で書き下せば証明になる. ∎

**例題21.2** (変数変換と勾配ベクトル) 極座標変換 $(x,y) = (r\cos\theta, r\sin\theta)$ と関数 $z = x^2 + y^2$ が与えられているとき, 勾配ベクトル $(z_r, z_\theta)$ を求めよ.

**解** 公式 21.2 より

$$(z_r\ z_\theta) = (z_x\ z_y)\begin{pmatrix} x_r & x_\theta \\ y_r & y_\theta \end{pmatrix}$$

$$= (2x\ 2y)\begin{pmatrix} \cos\theta & -r\sin\theta \\ \sin\theta & r\cos\theta \end{pmatrix} = (2r\cos\theta\ 2r\sin\theta)\begin{pmatrix} \cos\theta & -r\sin\theta \\ \sin\theta & r\cos\theta \end{pmatrix}$$

$$= (2r\ 0).$$

すなわち $\dfrac{\partial z}{\partial r} = 2r$, $\dfrac{\partial z}{\partial \theta} = 0$ である.

検算してみよう. $z = x^2 + y^2 = (r\cos\theta)^2 + (r\sin\theta)^2 = r^2$ より, 確かに $\dfrac{\partial z}{\partial r} = 2r$, $\dfrac{\partial z}{\partial \theta} = 0$ となっている. ■

## 演習問題

**問 21.1** （変数変換と勾配ベクトル） 次の関数 $z = f(x,y)$ と変数変換 $(x,y) = \Phi(u,v) = (x(u,v), y(u,v))$ に対して, 関数 $z = F(u,v) := f(x(u,v), y(u,v))$ とおく. このとき, $f(x,y)$ の勾配ベクトル $\nabla f = (f_x, f_y)$, ヤコビ行列 $D\Phi = \begin{pmatrix} x_u & x_v \\ y_u & y_v \end{pmatrix}$, $F$ の勾配ベクトル $\nabla F = (F_u, F_v)$ をそれぞれ求めよ.

(1) $z = f(x,y) = x^2 + y^2$, $\begin{pmatrix} x \\ y \end{pmatrix} = \Phi \begin{pmatrix} u \\ v \end{pmatrix} = \begin{pmatrix} u+v \\ uv \end{pmatrix}$

(2) $z = f(x,y) = x + y$, $\begin{pmatrix} x \\ y \end{pmatrix} = \Phi \begin{pmatrix} u \\ v \end{pmatrix} = \begin{pmatrix} u\cos v \\ u\sin v \end{pmatrix}$

(3) $z = f(x,y) = xy$, $\begin{pmatrix} x \\ y \end{pmatrix} = \Phi \begin{pmatrix} u \\ v \end{pmatrix} = \begin{pmatrix} 2u+v \\ u-v \end{pmatrix}$

(4) $z = f(x,y) = e^{x-2y}$, $\begin{pmatrix} x \\ y \end{pmatrix} = \Phi \begin{pmatrix} u \\ v \end{pmatrix} = \begin{pmatrix} u^2 - v \\ u \end{pmatrix}$

**問 21.2** （合成関数の偏微分） $z = f(x,y)$ を $C^1$ 級関数とするとき, 次の関数の変数 $u$ および $v$ に関する偏導関数を $f_x, f_y$ を用いて表せ.

(1) $F(u,v) = f(au+bv, cu+dv)$ (2) $G(u,v) = f(u, f(u,v))$

# 第22章

# 2変数のテイラー展開

1変数関数の場合，テイラー展開は関数の値を精密に求める際に有効であり，また応用も幅広いものであった．2変数関数にも，同様のテイラー展開を考えることができる．少し複雑だが，本章ではできるだけ丁寧に解説していきたい．

## 22.1 高階の偏導関数

1変数関数のときと同様に，2変数関数にも「滑らかさ」に応じた等級をつけるのがならわしである．ただの連続関数（そのグラフはガタガタしているかもしれない）を最低レベルの「滑らかさ」として，

$$\text{連続} = C^0 \text{級} < C^1 \text{級} < C^2 \text{級} < \cdots < C^\infty \text{級}$$

といった等級を定義しよう．

まず関数 $z = f(x,y)$ が「$C^1$ 級」とは，「偏導関数 $f_x$, $f_y$ が存在し，それぞれ連続」であることをいうのであった（第18章）．$f_x$, $f_y$ はとくに **1階偏導関数** ともよばれる．

さらに $f_x$, $f_y$ の偏導関数

$$(f_x)_x = \frac{\partial}{\partial x}\left(\frac{\partial f}{\partial x}\right), \quad (f_x)_y = \frac{\partial}{\partial y}\left(\frac{\partial f}{\partial x}\right), \quad \ldots$$

が存在するとき，これらはそれぞれ

$$f_{xx} = \frac{\partial^2 f}{\partial x^2}, \quad f_{xy} = \frac{\partial^2 f}{\partial y \partial x}, \quad \ldots$$

のように表され，$f_{xx}, f_{xy}, f_{yx}, f_{yy}$ を $f(x,y)$ の **2階偏導関数** とよぶ．2階偏導関数もそれぞれ偏微分可能であれば，

$$f_{xxx} = ((f_x)_x)_x = \frac{\partial^3 f}{\partial x^3}, \quad f_{xyy} = ((f_x)_y)_y = \frac{\partial^3 f}{\partial y^2 \partial x},$$

$$f_{xyx} = ((f_x)_y)_x = \frac{\partial^3 f}{\partial x \partial y \partial x}, \quad \ldots$$

など，$2^3(=8)$ 通りの **3階偏導関数**が定まる．一般の $n$ 階偏導関数も同様である．

**定義（$C^n$ 級と $C^\infty$ 級）** 整数 $n = 0, 1, 2, 3, \cdots$ に対し，
- $f(x, y)$ が $C^n$ 級であるとは，$n$ 階以下の偏導関数がすべて存在し，それらがすべて連続であることをいう．
- $f(x, y)$ が $C^\infty$ 級であるとは，任意の $n$ について $C^n$ 級であることをいう．

具体例をみてみよう．以下の例はすべて $C^\infty$ 級の関数である．

**例1** $z = x^3 + y^3$ のとき，$z_x = 3x^2, z_y = 3y^2$．よって2階偏導関数は
$$z_{xx} = 6x, \quad z_{xy} = 0, \quad z_{yx} = 0, \quad z_{yy} = 6y.$$
また，$z_{xxx} = z_{yyy} = 6$ であり，それ以外の3階偏導関数はすべて 0 である．

**例2** $z = x^3 y^5$ のとき，$z_x = 3x^2 y^5, z_y = 5x^3 y^4$．よって2階偏導関数は
$$z_{xx} = 6xy^5, \quad z_{xy} = 15x^2 y^4, \quad z_{yx} = 15x^2 y^4, \quad z_{yy} = 20x^3 y^3.$$

**例3** $z = \sin xy^2$ のとき，$z_x = y^2 \cos xy^2, z_y = 2xy \cos xy^2$．よって2階偏導関数は
$$z_{xx} = -y^4 \sin xy^2, \qquad z_{xy} = 2y \cos xy^2 - 2xy^3 \sin xy^2,$$
$$z_{yx} = -2xy^3 \sin xy^2 + 2y \cos xy^2, \qquad z_{yy} = 2x \cos xy^2 - 4x^2 y^2 \sin xy^2.$$

以上の例ではすべて $z_{xy} = z_{yx}$ が成り立っているが，これは定理であり，偶然ではない：

**定理22.1（偏微分の順序交換）** 関数 $z = f(x, y)$ が $C^2$ 級であれば，
$$f_{xy} = f_{yx}.$$
とくに，$C^\infty$ 級関数であれば偏微分の順序は自由に交換できる．

**例4** たとえば $C^\infty$ 級関数では

$$f_{xxyy} = f_{xyxy} = f_{yxxy} = \cdots$$

などが成り立つ．$n$ 階偏導関数は $2^n$ 個存在するが，実際には（$x$ についての偏微分が $n$ 回のうち何回かに応じて）$n+1$ 通りの関数しか現れないのである．

**定理 22.1 の証明** $(a,b)$ を $f(x,y)$ の定義域から任意に選んで固定する．また，$(a,b)$ に十分近い $(x,y)$ に対し，$\Delta x := x - a$, $\Delta y = y - b$ とおく．

さて唐突だが，

$$Q = \{f(x,y) - f(x,b)\} - \{f(a,y) - f(a,b)\} \tag{22.1}$$

という量を考えてみよう．これは

$$Q = \{f(x,y) - f(a,y)\} - \{f(x,b) - f(a,b)\} \tag{22.2}$$

と書いても同じことである．いま $K(x,y) := f(x,y) - f(x,b)$ とおくと式 (22.1) の左辺は $K(x,y) - K(a,y)$ であり，平均値の定理より適当な $a'$ が $x$ と $a$ の間に存在して

$$K(x,y) - K(a,y) = K_x(a',y)\Delta x = \{f_x(a',y) - f_x(a',b)\}\Delta x$$

と書ける．さらに $y \mapsto f_x(a',y)$ に平均値の定理を適用すると，

$$f_x(a',y) - f_x(a',b) = f_{xy}(a',b')\Delta y$$

となる $b'$ が $y$ と $b$ の間に存在するから，結果として式 (22.1) の $Q$ は $f_{xy}(a',b')\Delta y \Delta x$ と表される．

次に $L(x,y) := f(x,y) - f(a,y)$ とおいて式 (22.2) に関して同様の議論を行えば，適当な $a''$ と $b''$ がそれぞれ $x$ と $a$ の間と $y$ と $b$ の間に存在して，式 (22.2) の右辺は $f_{yx}(a'',b'')\Delta x \Delta y$ と書けることがわかる．すなわち $Q = f_{xy}(a',b')\Delta x \Delta y = f_{yx}(a'',b'')\Delta x \Delta y$ である．いま，$f(x,y)$ が $C^2$ 級であることから $f_{xy}$ および $f_{yx}$ は連続関数である．$\Delta x, \Delta y \neq 0$ を満たしつつ $(x,y) \to (a,b)$ とすれば，$(a',b')$, $(a'',b'') \to (a,b)$ であるから，求める関係式 $f_{xy}(a,b) = f_{yx}(a,b)$ を得る．■

合成関数の 2 階導関数の計算にも慣れておこう．

**例題 22.1**（合成関数の 2 階導関数） $x = x(t)$, $y = y(t)$, $z = f(x,y)$ をそれぞ

れ $C^2$ 級関数とする．このとき，合成関数 $z(t) = f(x(t), y(t))$ の変数 $t$ に関する 2 階導関数 $z''(t)$ は

$$z'' = f_{xx}(x')^2 + 2f_{xy}x'y' + f_{yy}(y')^2 + f_x x'' + f_y y'' \qquad (22.3)$$

で与えられることを示せ．ただし，ダッシュ $'$ は $t$ に関する微分 $\dfrac{d}{dt}$ を表すものとし，たとえば $f_{xx}, x'', \cdots$ はそれぞれ $t$ の関数 $f_{xx}(x(t), y(t)), x''(t), \cdots$ を表す．

**解** まずは 1 階導関数を考える．公式 19.1 より，勾配ベクトルと速度ベクトルの内積として $z'(t) = \begin{pmatrix} f_x(x(t), y(t)) \\ f_y(x(t), y(t)) \end{pmatrix} \cdot \begin{pmatrix} x'(t) \\ y'(t) \end{pmatrix}$ が成り立つが，記号が煩雑なのでこれを単に $z' = \begin{pmatrix} f_x \\ f_y \end{pmatrix} \cdot \begin{pmatrix} x' \\ y' \end{pmatrix} = f_x x' + f_y y'$ と表すことにする[1]．

2 階導関数を求めるには，これをさらに $t$ で微分すればよい．すなわち，$z'' = \{f_x x' + f_y y'\}'$ を計算すればよい．まずライプニッツ則より

$$\{f_x x'\}' = \{f_x\}' x' + f_x x''$$

だが，$\{f_x\}'$ は再び公式 19.1 より $\{f_x\}' = \begin{pmatrix} (f_x)_x \\ (f_x)_y \end{pmatrix} \cdot \begin{pmatrix} x' \\ y' \end{pmatrix} = f_{xx} x' + f_{xy} y'$ と計算できるので，

$$\{f_x x'\}' = (f_{xx} x' + f_{xy} y') x' + f_x x''.$$

同様にして

$$\{f_y y'\}' = (f_{yx} x' + f_{yy} y') y' + f_y y''$$

を得るから，これら 2 式を足し合わせて

$$z'' = f_{xx}(x')^2 + 2f_{xy}x'y' + f_{yy}(y')^2 + f_x x'' + f_y y''$$

を得る．ここで，式をまとめるときに定理 22.1（偏微分の順序交換）$f_{xy} = f_{yx}$ を用いた．■

## 22.2 2次のテイラー展開

1 変数関数のテイラー展開を思い出そう．たとえば $y = f(x)$ が $C^2$ 級であれば，2 次の「テイラー展開」

---

[1] 略記しても，これらの記号がすべて $t$ の関数であることは意識しておこう．

$$f(x) = f(a) + f'(a)(x-a) + \frac{f''(c)}{2!}(x-a)^2$$

(ただし $c$ は $x$ と $a$ の間にある正体不明の数) が成り立つのであった (定理 8.2)．さらに $x \to a$ のとき，2次の「漸近展開」

$$f(x) = f(a) + f'(a)(x-a) + \frac{f''(a)}{2!}(x-a)^2 + o(|x-a|^2)$$

が成り立つのであった (定理 9.3)．これは $\Delta x := x - a$ とおくとき，

$$f(a + \Delta x) = f(a) + f'(a)\Delta x + \frac{f''(a)}{2!}\Delta x^2 + o(\Delta x^2) \quad (\Delta x \to 0)$$

と書いても同じことである．$a$ から $+\Delta x$ 変化したとき，関数の値が $f(a)$ から $\Delta x$ に依存してどのくらい変化するかがわかる書き方である．

2変数関数の場合でも，同様の「テイラー展開」と「漸近展開」を考えよう．ここでは応用上重要な2次の展開を主に扱うことにする．

**定理 22.2 (2変数2次のテイラー展開)** $z = f(x, y)$ は点 $(a, b)$ を含む円板上の $C^2$ 級関数とする．$(a + \Delta x, b + \Delta y)$ がその円板内にあるとき，$(a, b)$ と $(a + \Delta x, b + \Delta y)$ を結ぶ線分上の点 $(a', b')$ が存在して，次の等式が成り立つ：

$$f(a + \Delta x, b + \Delta y) = f(a, b) + P\Delta x + Q\Delta y \qquad \text{:1次近似}$$
$$+ \frac{1}{2}(A'\Delta x^2 + 2B'\Delta x \Delta y + C'\Delta y^2). \qquad \text{:剰余項}$$

ただし，$P := f_x(a, b)$, $Q := f_y(a, b)$, $A' := f_{xx}(a', b')$, $B' := f_{xy}(a', b')$, $C' := f_{yy}(a', b')$．

**注意** (下線部に関する注意) 「円板」であることは本質的ではなく，たとえば区画でもよい (次の定理 22.3 も同様)．証明を見ればわかるが，点 $(a, b)$ と $(a + \Delta x, b + \Delta y)$ を結ぶ線分上で関数が定義されていることが本質的な条件である．

また，$(a', b')$ は存在だけが保証された「正体不明の点」である．これは $(a, b)$ と $(a + \Delta x, b + \Delta y)$ を内分する点であるから，$0 < c < 1$ を満たす (正体不明の) 定数 $c$ が存在して $(a', b') = (a + c\Delta x, b + c\Delta y)$ と表される．

2次の漸近展開も一緒に述べてしまおう：

**定理 22.3**（2 変数 2 次の漸近展開）関数 $z = f(x, y)$ は点 $(a, b)$ を含む円板上で $C^2$ 級であるとする．$(\Delta x, \Delta y) \to (0, 0)$ のとき，

$$f(a + \Delta x, b + \Delta y) = f(a, b) + P\Delta x + Q\Delta y \qquad \text{：1 次近似}$$
$$+ \frac{1}{2}(A\Delta x^2 + 2B\Delta x\Delta y + C\Delta y^2) \quad \text{：2 次近似}$$
$$+ o(\Delta x^2 + \Delta y^2). \qquad\qquad\qquad \text{：誤差}$$

ただし $P = f_x(a, b)$, $Q = f_y(a, b)$, $A = f_{xx}(a, b)$, $B = f_{xy}(a, b)$, $C = f_{yy}(a, b)$.

**例5** $z = x^3 + y^3$, $(a, b) = (1, 2)$ とする．例1で求めた2階までの偏導関数を用いると，定理22.2より，2次のテイラー展開は次のようになる：

$$(1 + \Delta x)^3 + (2 + \Delta y)^3$$
$$= 9 + 3\Delta x + 12\Delta y + \frac{1}{2}(6a'\Delta x^2 + 2 \cdot 0 \cdot \Delta x \Delta y + 6b'\Delta y^2)$$
$$= 9 + 3\Delta x + 12\Delta y + 3a'\Delta x^2 + 3b'\Delta y^2.$$

ただし $(a', b')$ は $(1, 2)$ と $(1 + \Delta x, 2 + \Delta y)$ を結ぶ線分上にある「正体不明の点」である（素直に展開すれば $(1 + \Delta x)^3 + (2 + \Delta y)^3 = 9 + 3\Delta x + 12\Delta y + 3\Delta x^2 + 6\Delta y^2 + \Delta x^3 + \Delta y^3$ であるから，剰余項の実体は $3\Delta x^2 + 6\Delta y^2 + \Delta x^3 + \Delta y^3$．これより $(a', b') = (1 + \Delta x/3, 2 + \Delta y/3)$ だとわかる）．

同様に2次の漸近展開は，定理22.3に従うと $(\Delta x, \Delta y) \to (0, 0)$ のとき

$$(1 + \Delta x)^3 + (2 + \Delta y)^3$$
$$= 9 + 3\Delta x + 12\Delta y + \frac{1}{2}(6\Delta x^2 + 2 \cdot 0 \cdot \Delta x \Delta y + 12\Delta y^2) + o(\Delta x^2 + \Delta y^2)$$
$$= 9 + 3\Delta x + 12\Delta y + 3\Delta x^2 + 6\Delta y^2 + o(\Delta x^2 + \Delta y^2)$$

が成り立つ（この誤差項 $o(\Delta x^2 + \Delta y^2)$ の実体は $\Delta x^3 + \Delta y^3$ である）．

**例6** $z = e^{x+y}$ に対し，原点 $(0, 0)$ を中心とする2次のテイラー展開を計算してみよう．$z_x = z_y = e^{x+y}$ より，$z_{xx} = z_{xy} = z_{yy} = e^{x+y}$．とくに，$(0, 0)$ における2階までの導関数の値はすべて1である．

$(\Delta x, \Delta y)$ にあたるものとして任意に $(x, y)$ を選ぶと，定理22.2より，ある $(a', b')$

が $(x, y)$ と原点を結ぶ線分上に存在し，

$$e^{x+y} = 1 + x + y + \frac{1}{2}(e^{a'+b'}x^2 + 2e^{a'+b'}xy + e^{a'+b'}y^2)$$

$$= 1 + (x+y) + e^{a'+b'}\frac{(x+y)^2}{2!}$$

となる．また，$(x, y) = (\Delta x, \Delta y) \to (0, 0)$ のとき漸近展開は次のようになる[2]：

$$e^{x+y} = 1 + x + y + \frac{1}{2}(x^2 + 2xy + y^2) + o(x^2 + y^2)$$

$$= 1 + (x+y) + \frac{(x+y)^2}{2!} + o(x^2 + y^2).$$

**定理22.2（2次のテイラー展開）の証明** 十分に小さい $\Delta x$ と $\Delta y$ を固定する．このとき点 $(a, b)$ と点 $(a + \Delta x, b + \Delta y)$ を結ぶ線分は関数 $f(x, y)$ の定義域に入っている．その線分を時間パラメーター $t$ を用いて

$$\begin{pmatrix} x(t) \\ y(t) \end{pmatrix} = \begin{pmatrix} a \\ b \end{pmatrix} + t\underbrace{\begin{pmatrix} \Delta x \\ \Delta y \end{pmatrix}}_{\text{速度ベクトル}} \quad (0 \leqq t \leqq 1)$$

と表現しておく．

さて $F(t) := f(x(t), y(t))$ $(0 \leqq t \leqq 1)$ とする．このとき，公式19.1 より

$$F'(t) = \frac{d}{dt}F(t) = \begin{pmatrix} f_x(x(t), y(t)) \\ f_y(x(t), y(t)) \end{pmatrix} \cdot \begin{pmatrix} \Delta x \\ \Delta y \end{pmatrix}$$

であるから，

$$F'(t) = f_x(x(t), y(t))\Delta x + f_y(x(t), y(t))\Delta y. \tag{22.4}$$

同様に2階導関数について（もしくは例題22.1 より）

$$F''(t) = \frac{d}{dt}\{F'(t)\} = \frac{d}{dt}\{f_x(x(t), y(t))\Delta x + f_y(x(t), y(t))\Delta y\}$$

$$= \frac{d}{dt}\{f_x(x(t), y(t))\}\Delta x + \frac{d}{dt}\{f_y(x(t), y(t))\}\Delta y$$

$$= \left\{\begin{pmatrix} f_{xx}(x(t), y(t)) \\ f_{xy}(x(t), y(t)) \end{pmatrix} \cdot \begin{pmatrix} \Delta x \\ \Delta y \end{pmatrix}\right\}\Delta x + \left\{\begin{pmatrix} f_{yx}(x(t), y(t)) \\ f_{yy}(x(t), y(t)) \end{pmatrix} \cdot \begin{pmatrix} \Delta x \\ \Delta y \end{pmatrix}\right\}\Delta y$$

であるから，

---

[2] これは，1変数のテイラー展開 $e^t = 1 + t + t^2/2 + o(t^2)$ $(t \to 0)$ に $t = x + y$ を代入したものだと考えられる．厳密には誤差項 $o(t^2)$ の部分が $o(x^2 + y^2)$ であることを確認しなくてはならないが，$t^2 = (x+y)^2 \leqq 2(x^2 + y^2)$ が成り立つので正当化できる．

$$F''(t) = f_{xx}(x(t),y(t))\Delta x^2 + 2f_{xy}(x(t),y(t))\Delta x\Delta y + f_{yy}(x(t),y(t))\Delta y^2 \quad (22.5)$$

が成り立つ. $f(x,y)$ は $C^2$ 級なので, 式 (22.5) より $F''(t)$ は連続である. すなわち関数 $t \mapsto F(t)$ は $C^2$ 級であるから, 1 変数のテイラー展開(定理 8.2)より, ある $0$ と $t$ の間の数 $c$ が存在して

$$F(t) = F(0) + F'(0)t + \frac{F''(c)}{2!}t^2$$

が成り立つ. とくに $t=1$ とすれば, ある $c \in (0,1)$ が存在して $F(1) = F(0) + F'(0) + \dfrac{F''(c)}{2!}$ となる. $(x(0),y(0)) = (a,b)$, $(x(1),y(1)) = (a+\Delta x, b+\Delta y)$, および式 (22.4) より,

$$f(a+\Delta x, b+\Delta y) = f(a,b) + f_x(a,b)\Delta x + f_y(a,b)\Delta y + \frac{F''(c)}{2!}. \quad (22.6)$$

右辺の $F''(c)$ の部分は, 式 (22.5) に $t=c$ を代入することで詳しく書き下すことができる. とくに, $(x(c),y(c)) = (a+c\Delta x, b+c\Delta y)$ を $(a',b')$ とおけば, 式 (22.6) は求めるテイラー展開の式となる. ∎

**定理 22.3(2 変数 2 次の漸近展開)の証明** 式 (22.5) より,

$$\begin{aligned}
F''(c) - F''(0) &= \{f_{xx}(x(c),y(c)) - f_{xx}(a,b)\} \cdot \Delta x^2 \\
&\quad + \{f_{xy}(x(c),y(c)) - f_{xy}(a,b)\} \cdot 2\Delta x\Delta y \\
&\quad + \{f_{yy}(x(c),y(c)) - f_{yy}(a,b)\} \cdot \Delta y^2.
\end{aligned}$$

いま $\Delta x^2, \Delta y^2, 2\Delta x\Delta y$ の絶対値はいずれも $\Delta x^2 + \Delta y^2$ 以下であるから, 三角不等式(公式 2.3)より

$$\begin{aligned}
|F''(c) - F''(0)| &\leq |f_{xx}(x(c),y(c)) - f_{xx}(a,b)| \cdot |\Delta x^2| \\
&\quad + |f_{xy}(x(c),y(c)) - f_{xy}(a,b)| \cdot |2\Delta x\Delta y| \\
&\quad + |f_{yy}(x(c),y(c)) - f_{yy}(a,b)| \cdot |\Delta y^2| \\
&\leq |f_{xx}(x(c),y(c)) - f_{xx}(a,b)| \cdot |\Delta x^2 + \Delta y^2| \\
&\quad + |f_{xy}(x(c),y(c)) - f_{xy}(a,b)| \cdot |\Delta x^2 + \Delta y^2| \\
&\quad + |f_{yy}(x(c),y(c)) - f_{yy}(a,b)| \cdot |\Delta x^2 + \Delta y^2|.
\end{aligned}$$

$f(x,y)$ が $C^2$ 級であることに注意すると, $(\Delta x, \Delta y) \to (0,0)$ のとき $(x(c),y(c)) \to$

$(a, b)$ であるから,
$$f_{**}(x(c), y(c)) \to f_{**}(a, b) \quad (** = xx, xy, yy)$$
がいえる. よって
$$\frac{|F''(c) - F''(0)|}{\Delta x^2 + \Delta y^2} \to 0 \iff F''(c) - F''(0) = o(\Delta x^2 + \Delta y^2).$$
式 (22.6) に $F''(c) = F''(0) + o(\Delta x^2 + \Delta y^2)$ を代入すれば求める漸近展開を得る.
∎

## 22.3 一般次数のテイラー展開

かなり複雑になるが, 3次以上のテイラー展開・漸近展開も2次の場合と同様に求めることができる. 結果だけ紹介しておこう.

**定理22.4**（2変数$n$次のテイラー展開）関数 $z = f(x, y)$ は点 $(a, b)$ を含む円板上で $C^n$ 級とする. $(a + \Delta x, b + \Delta y)$ がその円板内にあるとき, その点と $(a, b)$ を結ぶ線分上にある $(a', b')$ が存在して, 次が成り立つ:

$$f(a + \Delta x, b + \Delta y)$$
$$= f(a, b) + \frac{1}{1!}(\Delta x\, \partial_x + \Delta y\, \partial_y)f(a, b) + \frac{1}{2!}(\Delta x\, \partial_x + \Delta y\, \partial_y)^2 f(a, b)$$
$$+ \cdots + \frac{1}{(n-1)!}(\Delta x\, \partial_x + \Delta y\, \partial_y)^{n-1} f(a, b)$$
$$+ \frac{1}{n!}(\Delta x\, \partial_x + \Delta y\, \partial_y)^n f(a', b').$$

ただし $\partial_x := \dfrac{\partial}{\partial x}, \partial_y := \dfrac{\partial}{\partial y}$ であり, $(\Delta x \partial_x + \Delta y\, \partial_y)^j$ の部分は

$$(\Delta x \partial_x + \Delta y\, \partial_y)^2 f(a, b) = (\Delta x^2 \partial_x^2 + 2\Delta x\, \Delta y\, \partial_x \partial_y + \Delta y^2 \partial_y^2) f(a, b)$$
$$= \Delta x^2 f_{xx}(a, b) + 2\Delta x\, \Delta y\, f_{xy}(a, b) + \Delta y^2 f_{yy}(a, b)$$

のように計算する.

**定理 22.5**（2変数 $n$ 次の漸近展開）関数 $z = f(x,y)$ が点 $(a,b)$ を含む円板上で $C^n$ 級であれば，次の漸近展開をもつ：$(\Delta x, \Delta y) \to (0,0)$ のとき，

$$f(a + \Delta x, b + \Delta y)$$
$$= f(a,b) + \frac{1}{1!}(\Delta x\, \partial_x + \Delta y\, \partial_y)f(a,b) + \frac{1}{2!}(\Delta x\, \partial_x + \Delta y\, \partial_y)^2 f(a,b)$$
$$+ \cdots + \frac{1}{n!}(\Delta x\, \partial_x + \Delta y\, \partial_y)^n f(a,b) + o(|\Delta x^2 + \Delta y^2|^{n/2}).$$

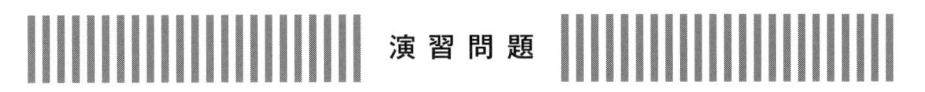

## 演習問題

**問 22.1**（調和関数）$C^2$ 級関数 $z = f(x,y)$ に対し，$\Delta f := \dfrac{\partial^2 f}{\partial x^2} + \dfrac{\partial^2 f}{\partial y^2}$ と定義する（この $\Delta$ はラプラシアンとよばれる）．$\Delta f = 0$（定数）となるような関数は**調和関数**とよばれている．以下の関数は調和関数であることを示せ．

(1) $x^2 - y^2$  (2) $e^x \sin y$  (3) $\operatorname{Tan}^{-1} \dfrac{y}{x}$

**問 22.2**（ラプラシアンと変数変換）$C^2$ 級関数 $z = f(x,y)$ と変数変換について，次の等式を証明せよ．

(1) $(x,y) = (r\cos\theta, r\sin\theta)$ のとき，$z_{xx} + z_{yy} = z_{rr} + \dfrac{1}{r} z_r + \dfrac{1}{r^2} z_{\theta\theta}$．

(2) $\alpha$ は定数，$(x,y) = (u\cos\alpha - v\sin\alpha, u\sin\alpha + v\cos\alpha)$ とするとき，

$$(z_x)^2 + (z_y)^2 = (z_u)^2 + (z_v)^2 \quad \text{かつ} \quad z_{xx} + z_{yy} = z_{uu} + z_{vv}.$$

**問 22.3**（テイラー展開）以下の関数 $f(x,y)$ と $(a,b)$ について，2次のテイラー展開と2次の漸近展開を求めよ．

(1) $z = f(x,y) = x^2 + y^2$, $(a,b) = (\alpha, \beta)$
(2) $z = f(x,y) = e^{xy}$, $(a,b) = (1,1)$
(3) $z = f(x,y) = \sqrt{3 - x^2 - y^2}$, $(a,b) = (1,1)$
(4) $z = f(x,y) = \sqrt{3 - x^2 - y^2}$, $(a,b) = (0,0)$

# 第23章
# 極大・極小と判別式

与えられた2変数関数の最大値（極大値）や最小値（極小値）を求めるのはもっとも基本的な問題といえるだろう．本章では1変数関数のときの定理 9.2 を参考に，同等の定理を2変数関数について定式化する．

## 23.1　2変数関数の極大と極小

**1変数関数の極大・極小**　1変数関数 $y = f(x)$ が $x = a$ で極大もしくは極小であるとき，$f'(a) = 0$ でなくてはならない（命題 7.3）．さらに $x = a$ のまわりでグラフが「上に凸」か「下に凸」かで極大・極小が区別できるから，定理 9.2 のような判定基準を作ることができるのであった．その際，テイラー展開が重要な役割を演じていたことを思い出そう．

2変数関数についても，同様の判定基準をテイラー展開から導くことができるのである．

**2変数関数の極大・極小**　まずは極値とは何かを定義しておこう．

**定義（極大値と極小値）** 連続な関数 $z = f(x, y)$ が $(a, b)$ で**極大**（**極小**）であるとは，$(a, b)$ を含む十分小さな円板の上で，$(x, y) \neq (a, b)$ のとき $f(x, y) < f(a, b)$ [$f(x, y) > f(a, b)$] が成り立つことをいう．

このとき $f(a, b)$ の値を**極大値**（**極小値**）とよぶ．極大値と極小値はあわせて**極値**ともよばれる．

たとえば次の図の場合，左のふたつは極大値を与えているが右のふたつは極大

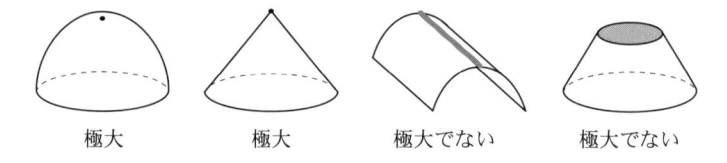

| 極大 | 極大 | 極大でない | 極大でない |

値ではない．極大値を与える点は，局所的に最大値をとる「唯一の」点でなくてはならないからである．

**例1**（極大と極小） 2次関数 $z = x^2 + y^2$ は原点 $(0,0)$ において極小値をとる（原点では $z=0$ だが，それ以外では $z > 0$ なので）．同様に，$y = -x^2 - y^2$ は原点において極大である．

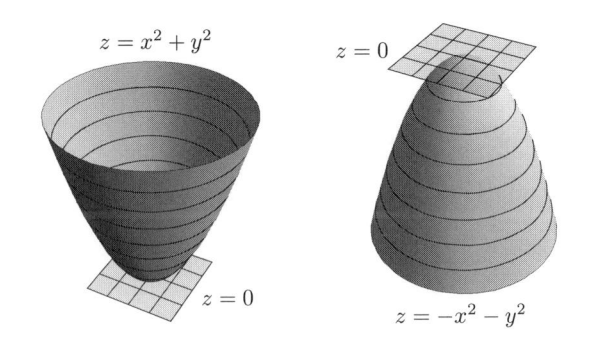

**例2**（全微分できないが極大） 192ページの図の左から2番目のような円錐状のグラフを実現する関数として，$f(x,y) = -\sqrt{x^2 + y^2}$（の原点近く）が考えられる．簡単な関数に見えるが，原点のまわりで $C^1$ 級でない（接平面をもたない，すなわち原点で全微分可能ではない）ため，このあと紹介する極値の判定法（定理23.2）の適用範囲外である．

**極値なら偏微分が** $0$  次の命題は1変数のときの命題 7.3（$x=a$ で極値なら $f'(a) = 0$）にあたる条件である．

**命題23.1**（極値の必要条件） $C^1$ 級関数 $z = f(x,y)$ が $(a,b)$ で極値をもつならば，
$$f_x(a,b) = f_y(a,b) = 0.$$

**証明** 3次元グラフもしくは等高線グラフの $x=a$ および $y=b$ における切り口を考えれば明らか（ちゃんと示すにはロルの定理（定理7.1）の証明のような議論を関数 $x \mapsto f(x,b)$ や $y \mapsto f(a,y)$ に適用すればよい．第18.1節も参照せよ）．∎

命題23.1の逆は成り立たない．すなわち，次の例のように，$f_x(a,b) = f_y(a,b) = 0$ であっても極値をとるとはかぎらない．

**例3**（極値でない例：鞍点）　$z = f(x,y) = x^2 - y^2$ のとき，$f_x(0,0) = f_y(0,0) = 0$．しかし，$y = 0$ のとき $f(x,y) = x^2 \geq 0$，$x = 0$ のとき $f(x,y) = -y^2 \leq 0$ となるので，原点において極大でも極小でもない（下図，左）．いわゆる，**鞍点**の例である[1]．

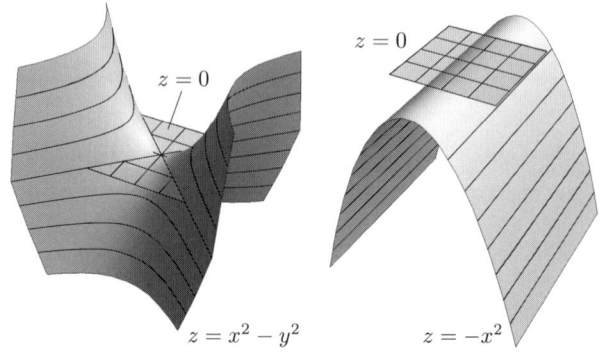

**例4**（極値でない例）　$z = f(x,y) = -x^2$ のとき，$f_x(0,0) = f_y(0,0) = 0$．しかし関数の値は $y = 0$ のとき（すなわち $x$ 軸上で）恒等的に 0 なので，原点において極大でも極小でもない（上図，右）．

## 23.2　判別式による極値の判定法

**テイラー展開を用いた考察**　1変数のとき（定理9.2）は，関数を2次のテイラー多項式で近似することで，極大と極小を判定した．

2変数関数で同様の考察をしてみよう．関数 $f(x,y)$ が $(a,b)$ で極値を取るならば，命題23.1 より $f_x(a,b) = f_y(a,b) = 0$ でなくてはならない．よって2変数テイラー展開（定理22.2）もしくは漸近展開（定理22.3）より，$(\Delta x, \Delta y) \neq (0,0)$ が $(0,0)$ に十分に近いとき

$$f(a+\Delta x, b+\Delta y) \approx f(a,b) + \frac{1}{2}\bigl(A\Delta x^2 + 2B\Delta x \Delta y + C\Delta y^2\bigr) \tag{23.1}$$

---

[1] $f(x,y)$ の3次元グラフを考えたとき，平面 $y = 0$ での断面では極小だが，平面 $x = 0$ での断面では極大である．このように，断面をとる方向に応じて極大と極小が混在するような点を「鞍点」という．

と近似される．ただし $A = f_{xx}(a,b)$, $B = f_{xy}(a,b)$, $C = f_{yy}(a,b)$ である．したがって，$(a,b)$ から $(\Delta x, \Delta y)$ 移動したときの関数の増減はほぼ下線部の正負だけで決まる．そこで，$A \neq 0$ と仮定した上で

$$\underline{A\Delta x^2 + 2B\Delta x \Delta y + C\Delta y^2} = A\left(\Delta x + \frac{B\Delta y}{A}\right)^2 + \frac{AC - B^2}{A}\Delta y^2$$

と式変形してみよう．たとえば $A > 0$ かつ $AC - B^2 > 0$ であるとき，この式の値は正である．これは，$f(x,y)$ が $(a,b)$ において極小値をとることを示唆している（近似式による議論なのでこの時点では断定はできない）．

同様に，$A < 0$ かつ $AC - B^2 > 0$ であるとき，下線部の値は負となるので，$f(x,y)$ は $(a,b)$ で極大値をとるであろう．

$AC - B^2 < 0$ のときは，方程式 $At^2 + 2Bt + C = 0$ が異なるふたつの実数解をもつから，それを $\alpha, \beta$ とおく，このとき

$$A\Delta x^2 + 2B\Delta x \Delta y + C\Delta y^2 = A(\Delta x - \alpha \Delta y)(\Delta x - \beta \Delta y)$$

と書ける．よって右図（これは $A > 0$ のときの図）のように考えると，$(\Delta x, \Delta y)$ のとり方次第で下線部は正の値も負の値も取りうることがわかる．これは $f(x,y)$ が $(a,b)$ で極値でない（鞍点である）ことを示唆している．

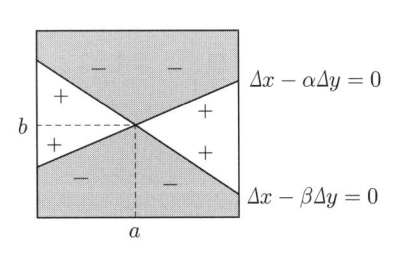

以上のような議論を精密に行うことで，次のような極値判定法が得られるのである．

**定理 23.2**（極値の判定）$C^2$ 級関数 $z = f(x,y)$ は $(a,b)$ で $f_x(a,b) = f_y(a,b) = 0$ を満たすとする．このとき，

$$\boldsymbol{D = D(a,b) := f_{xx}(a,b)f_{yy}(a,b) - \{f_{xy}(a,b)\}^2}$$

を $f(x,y)$ の $(a,b)$ における**判別式**とよび，以下が成り立つ．

(i) $\boldsymbol{D > 0, f_{xx}(a,b) > 0}$ のとき，$(a,b)$ で**極小**．
(ii) $\boldsymbol{D > 0, f_{xx}(a,b) < 0}$ のとき，$(a,b)$ で**極大**．
(iii) $\boldsymbol{D < 0}$ のとき，$(a,b)$ は極値とならない（鞍点）．
(iv) $\boldsymbol{D = 0}$ のときは，さらに調べないとわからない．

結果を表にしてまとめておこう．証明は例題のあとで与える．

| $f_x(a,b) = f_y(a,b) = 0$ | | | |
|---|---|---|---|
| $D > 0$ | | $D < 0$ | $D = 0$ |
| $f_{xx}(a,b) > 0$ | $f_{xx}(a,b) < 0$ | | |
| (i) 極小 | (ii) 極大 | (iii) 極値でない | (iv) ? |

**例5** 例1の関数 $z = x^2 + y^2$ の原点は (i) の例，$z = -x^2 - y^2$ の原点は (ii) の例である．また，例3の関数 $z = x^2 - y^2$ の原点は (iii) の例，例4の関数 $z = -x^2$ の原点は (iv) の例である（これらはすべて2次関数なので，先ほどの式 (23.1) を用いた議論が「近似による推論」ではなく，「証明」になっている）．

**例題 23.1** （極大・極小 1） $f(x,y) = 1 + 2x - 3y - 2x^2 - xy - y^2$ の極値が存在すれば，すべて求めよ．

**解** 連立方程式
$$\begin{cases} f_x(x,y) = 2 - 4x - y = 0 \\ f_y(x,y) = -3 - x - 2y = 0 \end{cases}$$
をとくと，$(x,y) = (1,-2)$．よってこれが極値を与える点の唯一の候補である（命題 23.1）．また，$f_{xx}(x,y) = -4$, $f_{xy}(x,y) = -1$, $f_{yy}(x,y) = -2$ より，判別式は

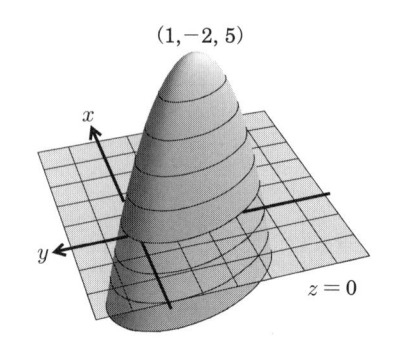

$$D(1,-2) = -4 \cdot (-2) - (-1)^2 = 7 > 0.$$

よって定理23.2の (ii) より，$(1,-2)$ で極大値 $f(1,-2) = 5$ をとる．■

**例題 23.2** （極大・極小 2） $f(x,y) = 2x^2 - y^2$ の極値が存在すれば，すべて求めよ．

**解** 連立方程式

$$\begin{cases} f_x(x,y) = 4x = 0 \\ f_y(x,y) = -2y = 0 \end{cases}$$

をとくと，$(x,y) = (0,0)$．よってこれが極値を与える点の唯一の候補である．また，$f_{xx}(x,y) = 4, f_{xy}(x,y) = 0, f_{yy}(x,y) = -2$ より，判別式は

$$D(1,-2) = 4 \cdot (-2) - 0^2 = -8 < 0.$$

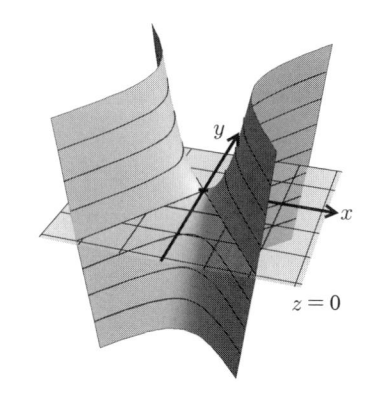

よって定理23.2の (iii) より，$(0,0)$ は極値ではない．すなわち，関数 $f(x,y)$ は極値をとらない．■

**例題23.3** （極大・極小3） $f(x,y) = x^2 + y^4$ の極値が存在すれば，すべて求めよ．

**考察** 連立方程式

$$\begin{cases} f_x(x,y) = 2x = 0, \\ f_y(x,y) = 4y^3 = 0 \end{cases}$$

をとくと，$(x,y) = (0,0)$．よってこれが極値を与える点の唯一の候補である．また，$f_{xx}(x,y) = 2, f_{xy}(x,y) = 0, f_{yy}(x,y) = 12y^2$ より，判別式は

$$D(x,y) = 2 \cdot 12y^2 - 0^2 = 24y^2.$$

したがって $D(0,0) = 0$ である．定理23.2の (iv) より，$(0,0)$ が極値かどうかはさらに詳しく調べないと判定できない．

実際には，極小値をとることがごく簡単にわかる：

**解** $(x,y) \neq (0,0)$ のとき，明らかに $f(x,y) > 0 = f(0,0)$．よって $f(x,y)$ は $(0,0)$ で極小値 0 をとる．■

最後に定理23.2の厳密な証明を与えておこう．

**証明** （定理23.2の証明） 以下記号を簡単にするために

$$A = f_{xx}(a,b), \quad B = f_{xy}(a,b), \quad C = f_{yy}(a,b), \quad D = AC - B^2$$

とおく．

定理22.2より，$(a+\Delta x, b+\Delta y)$ が $(a,b)$ を中心とする十分小さな円板内にあるとき，これら2点を結ぶ線分の上にある $(a',b')$ が存在し，次が成り立つ：

$$f(a+\Delta x, b+\Delta y) = f(a,b) + \frac{1}{2}(\underline{A'\Delta x^2 + 2B'\Delta x\Delta y + C'\Delta y^2}).$$

ただし $A' = f_{xx}(a',b'),\ B' = f_{xy}(a',b'),\ C' = f_{yy}(a',b')$ である．仮定より関数 $f(x,y)$ は $C^2$ 級なので，2階偏導関数は連続である．いま $(\Delta x, \Delta y) \to (0,0)$ のとき，$(a',b') \to (a,b)$ であるから，

$$A' \to A, \quad B' \to B, \quad C' \to C$$

となる．よって，(i) の条件「$D > 0$ かつ $f_{xx}(a,b) = A > 0$」を仮定すると，$(\Delta x, \Delta y)$ が十分 $(0,0)$ に近ければ $A'C' - (B')^2 > 0$ かつ $A' > 0$ が成り立つ．このとき下線部は

$$\underline{A'\Delta x^2 + 2B'\Delta x\Delta y + C'\Delta y^2} = A'\left(\Delta x + \frac{B'\Delta y}{A'}\right)^2 + \frac{A'C' - (B')^2}{A'}\Delta y^2 > 0$$

であるから，$(a,b)$ において $f$ は極小値をとる．(ii) の場合も同様である．

次に (iii) の条件を仮定してみよう．このとき，2次以下の関数 $F(t) = At^2 + 2Bt + C$ は正負いずれの値をとることもできる[2]．

そこで，まず $F(t_0) > 0$ となる $t_0$ を選んで固定し，$(\Delta x, \Delta y)$ を $\Delta x = t_0 \Delta y \neq 0$ を満たすようにとる．このとき

$$A\Delta x^2 + 2B\Delta x\Delta y + C\Delta y^2 = \Delta y^2 F(t_0) > 0$$

を満たすことに注意しよう．定理22.3より，$\Delta y \to 0$（よって $\Delta x = t_0 \Delta y \to 0$）のとき

$$f(a+\Delta x, b+\Delta y) - f(a,b) = \frac{1}{2}(A\Delta x^2 + 2B\Delta x\Delta y + C\Delta y^2) + o(\Delta x^2 + \Delta y^2)$$

$$= \frac{1}{2}\Delta y^2 F(t_0) + o(\Delta y^2) = \Delta y^2 \underline{\left(\frac{F(t_0)}{2} + \frac{o(\Delta y^2)}{\Delta y^2}\right)}$$

---

2] 高校数学．$A^2 - BC < 0$ より，$A = 0$ ならば $B \neq 0$ なので，グラフは傾きが 0 でない直線となる．$A \neq 0$ ならば2次関数であり，$A^2 - BC < 0$ よりグラフの頂点は $t$ 軸を突き抜ける．

を満たす．$\Delta y \to 0$ のとき $\dfrac{o(\Delta y^2)}{\Delta y^2} \to 0$ かつ $F(t_0) > 0$ なので，$\Delta y$ に対し下線部は正．すなわち，$f(x,y)$ は $(a,b)$ のいくらでも近いところで $f(a,b)$ よりも大きな値を取る．

$F(t_0) < 0$ となる $t_0$ を固定して同様の議論を行えば，$f(x,y)$ は $(a,b)$ の近くで $f(a,b)$ よりも小さな値を取ることがわかる．すなわち，$f(a,b)$ は極値ではない． ∎

## 演習問題

**問 23.1**　（極大・極小）　次のように与えられる関数 $z = f(x,y)$ に対し，極大値もしくは極小値をもつ点があればその座標と極値を求めよ．

(1) $x^2 + 3y^2$
(2) $xy$
(3) $x^3 - y^3 - 3x + 12y$
(4) $x^2 y^2$
(5) $x^3 - 3axy + y^3$　$(a > 0)$
(6) $(2x^2 + y^2)e^{-(x^2+y^2)}$

**問 23.2**　（極値の判定）　関数 $z = f(x,y)$ を $f(0,0) = 0$，それ以外の点で $f(x,y) = x^2 + y^2 - \dfrac{5x^2 y^2}{x^2 + y^2}$ と定める．

(1) 原点において $f_x = f_y = 0$，$f_{xx} f_{yy} - (f_{xy})^2 > 0$ を満たすことを示せ．
(2) しかし，原点において極値を持たないことを示せ．また，定理 23.2 が成り立たない原因は何か？

# 第24章

# 陰関数定理と条件付き極値問題

本章では，「$g(x,y) = k$ という条件下で，$f(x,y)$ の極大・極小値を求めよ」というタイプの問題（「条件付き極値問題」）を扱う．応用上の重要性はもちろんだが，これまでに学んだ1変数関数や2変数関数の微分に関する知識を総動員するので，理解度のチェックにもなるだろう．

## 24.1 条件付き極値問題

郵便局や宅配便で荷物を送るとき，寸法に「縦・横・高さの長さの合計が 170 cm 以下」，といった制限が設けられていることが多い．たとえば箱のサイズが縦 $x$ cm，横 $y$ cm，高さ $z$ cm だとして，できるだけ大きな容量（体積）にして送りたい場合，どのように $(x,y,z)$ を選べばよいだろうか？ すなわち，次の問題を解けばよい：

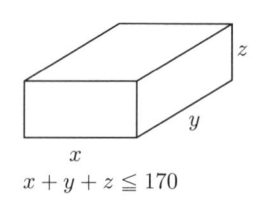

$x + y + z \leqq 170$

**問題** $x + y + z \leqq 170$ という条件下で関数 $V(x,y,z) = xyz$ を最大にする $(x,y,z)$ を求めよ．

この問題では，条件を $x + y + z = 170$ として解けば十分だと直観的にわかるだろう（数学的に証明してみよ）．より一般に，次の「条件付き極値問題」が考えられる：

**条件付き極値問題** $g(x_1, x_2, \cdots, x_n) = k$ という条件下で，関数 $f(x_1, x_2, \cdots, x_n)$ が最大（極大）もしくは最小（極小）となる $(x_1, x_2, \cdots, x_n)$ を求めよ．

以下では，2変数の場合にその解法を探ってみよう．

## 24.2 陰関数定理

2変数の場合，条件付き極値問題の「条件」として考えられるのは

$$x+y=5, \quad x^2+y^2=1, \quad x^3-3xy+y^3=2$$

といった形の「方程式」であるが,理論を組み立てる上では右辺を移項して

$$x+y-5=0, \quad x^2+y^2-1=0, \quad x^3-3xy+y^3-2=0$$

と $F(x,y)=0$ の形で考えるのが習慣である.

**陰関数** たとえば方程式 $F(x,y)=0$ を満たす点 $(x,y)$ の集合(それは 2 変数関数 $z=F(x,y)$ の高さ 0 の等高線にほかならない)が右の図のように与えられているとき,部分的にはふつうの 1 変数関数 $y=\phi(x)$ (もしくは $x=\psi(y)$) のグラフだとみなすことができる.具体例を見てみよう.

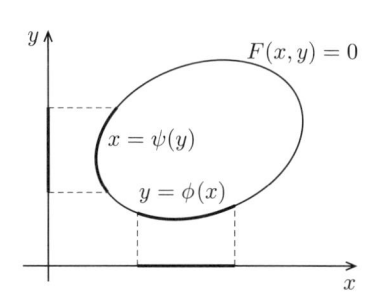

**例 1** $F(x,y)=x+y-5$ のとき,$y=\phi(x):=-x+5$ とすればすべての実数 $x$ に対し $F(x,\phi(x))=0$ が成立する.

**例 2** $F(x,y)=x^2+y^2-1$ とするとき,$y=\phi_\pm(x):=\pm\sqrt{1-x^2}$ $(-1\leqq x \leqq 1)$ とすれば

$$F(x,\phi_+(x))=0 \quad \text{および} \quad F(x,\phi_-(x))=0$$

が成立する.また,$x=\psi_\pm(y):=\pm\sqrt{1-y^2}$ $(-1\leqq y \leqq 1)$ とすれば

$$F(\psi_+(y),y)=0 \quad \text{および} \quad F(\psi_-(y),y)=0$$

が成立する.

一般に方程式 $F(x,y)=0$ を満たす集合は,このような「1 変数関数」たちのグラフの「つなぎ合わせ」であることが多いのである.このような「つなぎ合わせ」に用いられる関数は「陰関数」とよばれる:

**定義(陰関数)** 方程式 $F(x,y)=0$ が与えられたとき,ある区間上で定義された $x$ の関数 $y=\phi(x)$ が $F(x,\phi(x))=0$ を満たすとき,$y=\phi(x)$ を $F(x,y)=0$ の(変数 $x$ に関する)**陰関数**という.

「$F(x,y)=0$ の変数 $y$ に関する陰関数」も同様に定義される(例 2 を参照).

**陰関数定理**　一般には，与えられた方程式 $F(x,y) = 0$ の陰関数を具体的に式で表現するのは難しい．次の定理は一定の条件下で陰関数の存在（だけ）を保証するものだが，それでもかなり有用である．

**定理 24.1**（陰関数定理）$z = F(x,y)$ を $C^1$ 級関数とし，

$$F(a,b) = 0 \quad \text{かつ} \quad F_y(a,b) \neq 0 \tag{24.1}$$

とする．このとき，$a$ を含むある閉区間 $I$ で定義された $C^1$ 級関数 $y = \phi(x)$ が存在し，以下を満たす：

(1) $b = \phi(a)$.
(2) $x \in I$ のとき，$F(x, \phi(x)) = 0$. すなわち，$y = \phi(x)$ は $F$ の陰関数．
(3) $x \in I$ のとき，$\phi'(x) = -\dfrac{F_x(x, \phi(x))}{F_y(x, \phi(x))}$. とくに，$\phi'(a) = -\dfrac{F_x(a,b)}{F_y(a,b)}$.

**注意**　条件式 (24.1) を「$F(a,b) = 0$ かつ $F_x(a,b) \neq 0$」に変えれば，同様の性質を満たす陰関数 $x = \psi(y)$ の存在がわかる．

**等高線による説明**　条件式 (24.1) の $F_y(a,b) \neq 0$ より，点 $(a,b)$ における勾配ベクトル $(F_x(a,b), F_y(a,b))$ は $(1,0)$ と平行ではない（とくに，ゼロベクトルではない）．したがって関数 $z = F(x,y)$ の点 $(a,b)$ 付近の等高線の様子は $x$ 軸に垂直ではないので，高さ $0$ の等高線 $E_0$ は $x$ の関数のグラフのようになっている．そのグラフが陰関数 $y = \phi(x)$ に他ならない．

条件が $F_x(a,b) \neq 0$ の場合も同様であるから，結局「勾配ベクトル $(F_x(a,b), F_y(a,b))$ がゼロベクトルでない限り」，$x$ もしくは $y$ に関する陰関数が少なくとも局所的に存在するのである．

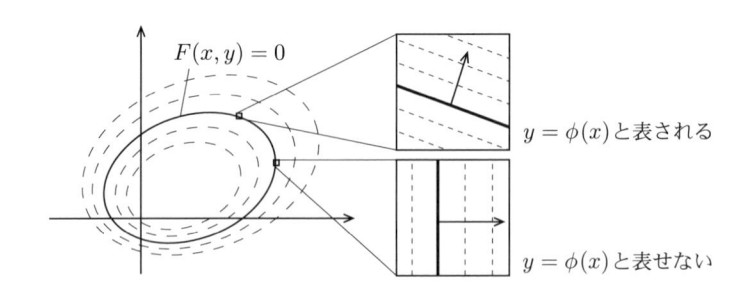

**証明** （定理 24.1） 以下では $F_y(a,b) > 0$ の場合のみ証明する（$F_y(a,b) < 0$ のとき $b+\epsilon$ の証明も同様である）．

$F(x,y)$ は $C^1$ 級なので $F_y(x,y)$ は連続である．したがって，正の数 $\delta, \epsilon$ を十分に小さく取れば，点 $(a,b)$ を含む区画 $[a-\delta, a+\delta] \times [b-\epsilon, b+\epsilon]$ 上で $F_y(x,y) > 0$ と仮定してよい．以下，関数 $F(x,y)$ はこの区画に制限して考える．

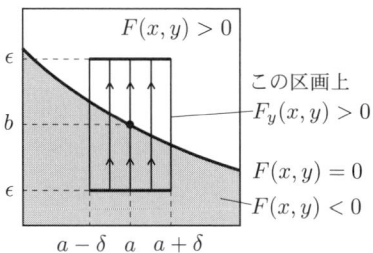

いま $x = a$ と固定するとき，$F_y(a,y) > 0$ より関数 $y \mapsto F(a,y)$ は真に単調増加である．$F(a,b) = 0$ であったから，$F(a,b-\epsilon) < 0$ かつ $F(a,b+\epsilon) > 0$．また，関数 $F(x,y)$ は連続であったから，必要なら $\delta$ をより小さく取り直して，$x_0 \in [a-\delta, a+\delta]$ のとき（この区間を $I$ とする）$F(x_0, b-\epsilon) < 0$ かつ $F(x_0, b+\epsilon) > 0$ と仮定してよい．このとき，関数 $y \mapsto F(x_0, y)$ も $F_y(x_0, y) > 0$ より真に単調増加であるから，中間値の定理（定理 4.1）より $F(x_0, y_0) = 0$ を満たす $y_0 \in [b-\epsilon, b+\epsilon]$ がただひとつ存在する．この $y_0$ を陰関数 $\phi(x_0)$ の値として定めれば，区間 $I = [a-\delta, a+\delta]$ 上の関数 $y = \phi(x)$ で条件 （1） と （2） を満たすものが得られる．

$I$ 上の関数 $y = \phi(x)$ が $x = a$ において連続かつ微分可能であることを示そう．$x_0 \in I$ のとき $\phi(x_0) \in [b-\epsilon, b+\epsilon]$ より，$|\phi(x_0) - \phi(a)| \leq 2\epsilon$．$2\epsilon$ をどんなに小さな値に選びなおしても，上記のように $\delta$ を選ぶことで $x_0 \in I$ のとき $|\phi(x_0) - \phi(a)| \leq 2\epsilon$ が成立する[1]．よって $\lim_{x_0 \to a} \phi(x_0) = \phi(a)$ であり，$\phi(x)$ は $x = a$ で連続である．

次に，$(a + \Delta x, b + \Delta y)$ は関数 $y = \phi(x)$ のグラフ上の点であり，$F(a + \Delta x, b + \Delta y) = F(a + \Delta x, \phi(a + \Delta x)) = 0$ を満たすと仮定する．$\phi(x)$ の $x = a$ における連続性より $\Delta x \to 0$ のとき $\Delta y \to 0$ である．このとき，2 変数関数 $z = F(x,y)$ の 1 次テイラー展開（定理 22.4 において $n = 1$ としたもの）より，$(a,b)$ と $(a + \Delta x, b + \Delta y)$ を結ぶ線分上の点 $(a', b')$ が存在し，

$$F(a + \Delta x, b + \Delta y) = F(a,b) + F_x(a', b')\Delta x + F_y(a', b')\Delta y$$

が成り立つ．$F(a,b) = F(a + \Delta x, b + \Delta y) = 0$．$\Delta x \to 0$ のとき $(a', b') \to (a, b)$ で

---

[1] たとえば $2\epsilon < 10^{-M}$ であれば，$\phi(x_0)$ は $\phi(a)$ の「小数点以下 $M$ 桁一致相当」の近似値だと考えられる（第 1.2 節）．

あるから，
$$\frac{\Delta y}{\Delta x} = -\frac{F_x(a', b')}{F_y(a', b')} \to -\frac{F_x(a, b)}{F_y(a, b)}.$$

よって $\phi'(a) = -F_x(a,b)/F_y(a,b)$ を得る．

さらに，$(a,b)$ を $F(x_0, y_0) = 0$ を満たす他の $(x_0, y_0)$ $(x_0 \in I)$ に変えて同様の議論を行えば，$\phi(x)$ の $x = x_0$ での連続性と $\phi'(x_0) = -F_x(x_0, y_0)/F_y(x_0, y_0)$ を得る．よって (3) が成り立つ．また，$F_x, F_y$ は連続なので，導関数 $\phi'(x)$ も $I$ 上連続だとわかる．すなわち，$\phi(x)$ は $C^1$ 級である．■

**例題24.1** （接線の方程式）方程式 $x^3 - 3xy + y^3 = 1$ で表される曲線の $(1, 0)$ における接線を求めよ．

**解** $F(x,y) = x^3 - 3xy + y^3 - 1$ とおくと，$F_x(x,y) = 3x^2 - 3y$ かつ，$F_y(x,y) = -3x + 3y^2$．とくに $F_y(1,0) = -3 \neq 0$ であるから，陰関数定理（定理 24.1）より $x = 1$ を含む区間で定義された陰関数 $y = \phi(x)$ が存在する．この $\phi(x)$ の $x = 1$ での接線を求めればよい．$\phi(1) = 0$ かつ

$$\phi'(1) = -\left.\frac{3x^2 - 3y}{-3x + 3y^2}\right|_{(x,y)=(1,0)} = 1$$

であるから，求める接線の方程式は $y = 1 \cdot (x - 1) + 0 = x - 1$．■

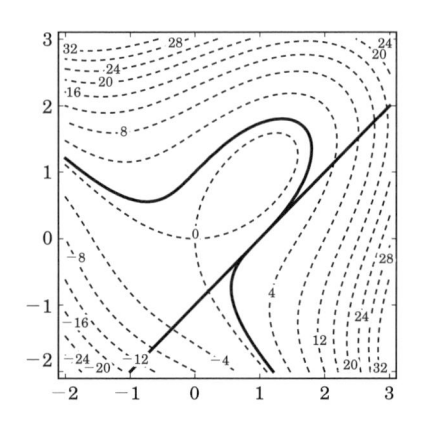

## 24.3 ラグランジュの未定乗数法

2変数の条件付き極値問題として，次の例題を考えてみよう[2].

**例題24.2**　（条件付き極値問題）　条件 $x^2 + y^2 = 1$ のもとで，関数 $f(x,y) = xy$ の極値を求めよ．

**考察**　条件 $x^2 + y^2 = 1$ を満たす集合 $C$（単位円）と $f(x,y) = xy$ の等高線の交わり具合を観察すると，もし $C$ 上の点 $(a,b)$ で極値をとるならば，$C$ は点 $(a,b)$ において関数 $f(x,y)$ の等高線と接しているはずである．

一方，$C$ は関数 $g(x,y) = x^2 + y^2$ の点 $(a,b)$ を通る（高さ1の）等高線でもある．したがって，「関数 $f(x,y)$ の点 $(a,b)$ を通る等高線」と「関数 $g(x,y)$ の点 $(a,b)$ を通る等高線」は互いに接している．関数の等高線は勾配ベクトルに垂直だから，これは「関数 $f(x,y)$ の点 $(a,b)$ における勾配ベクトル」と「関数 $g(x,y)$ の点 $(a,b)$ における勾配ベクトル」が平行であることを意味する．すなわち，適当な定数 $\lambda \neq 0$ が存在し，

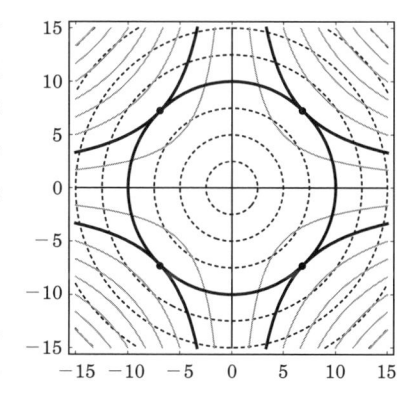

$$\begin{pmatrix} f_x(a,b) \\ f_y(a,b) \end{pmatrix} = \lambda \begin{pmatrix} g_x(a,b) \\ g_y(a,b) \end{pmatrix}$$

が成り立つはずである．以上の考察は，次の定理によって正当化される．

**定理24.2**（ラグランジュの未定乗数法）$z = g(x,y)$ と $z = f(x,y)$ を $C^1$ 級関数とし，条件 $g(x,y) = k$（$k$ は定数）のもと，関数 $z = f(x,y)$ は点 $(a,b)$ において極値をもつとする．このとき，$(g_x(a,b), g_y(a,b)) \neq (0,0)$ であれば，ある定数 $\lambda$ が存在して，

$$f_x(a,b) = \lambda g_x(a,b) \quad \text{かつ} \quad f_y(a,b) = \lambda g_y(a,b). \tag{24.2}$$

---

[2]　高校数学の知識だけでも解ける．$x = \cos t, y = \sin t$ とおけば $f(x,y) = (\sin 2t)/2$ となるので．

**注意** 式 (24.2) から得られる 2 条件ともとの条件 $g(a,b) = k$ をあわせれば，3 つの未知数 $(a, b, \lambda)$ を 3 つの条件から定める連立方程式となる．これによって，「極値の候補」を絞り込むことができる．この手法をラグランジュの未定乗数法とよぶのである．

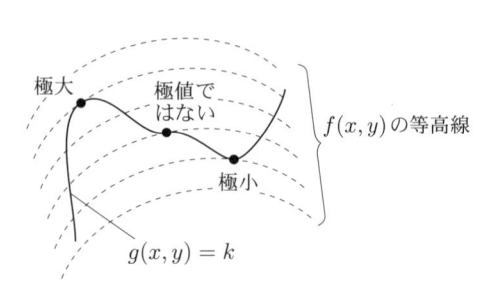

**証明** 仮定より $g_x(a,b) \neq 0$ もしくは $g_y(a,b) \neq 0$ であるから，関数 $F(x,y) = g(x,y) - k$ に陰関数定理（定理 24.1）が適用できる．たとえば $g_y(a,b) \neq 0$ のとき，$a$ を含む区間で定義された $C^1$ 級関数 $y = \phi(x)$ が存在して $g(x, \phi(x)) = k$ とできる．仮定より，関数 $x \mapsto z = f(x, \phi(x))$ は $x = a$ で極値を取るから，$z$ の $x$ による微分係数は 0 となる．いま，$x \mapsto (x, \phi(x))$ を $x$ をパラメーターにもつ曲線だと思うと，公式 19.1 より，

$$\left.\frac{dz}{dx}\right|_{x=a} = \begin{pmatrix} f_x(a,b) \\ f_y(a,b) \end{pmatrix} \cdot \begin{pmatrix} 1 \\ \phi'(a) \end{pmatrix} = 0.$$

これに陰関数定理（定理 24.1）の (3) を代入すると，

$$f_x(a,b) \cdot 1 + f_y(a,b) \cdot \left(-\frac{g_x(a,b)}{g_y(a,b)}\right) = 0.$$

ここで $\lambda := f_y(a,b)/g_y(a,b)$ とすれば，$f_y(a,b) = \lambda g_y(a,b)$ であり，上の等式から $f_x(a,b) - \lambda g_x(a,b) = 0$ でもある．よって定理の主張を得る．■

**例3** ラグランジュの未定乗数法（定理 24.2）を用いて，先ほどの例題 24.2 を解いてみよう．

**解** $g(x,y) = x^2 + y^2$ とおく．勾配ベクトルは $(g_x(x,y), g_y(x,y)) = (2x, 2y)$ であるから，条件式 $a^2 + b^2 = 1$ を満たす点 $(a,b)$ では $(g_x(a,b), g_y(a,b)) \neq (0,0)$．したがって，もし点 $(a,b)$ で $f(x,y)$ が極値をとるならば，定理 24.2 より

$$g(a,b) = 1, \quad f_x(a,b) = \lambda g_x(a,b), \quad f_y(a,b) = \lambda g_y(a,b)$$

を満たす定数 $\lambda$ が存在する．$f(x,y) = xy$ の勾配ベクトルは $(f_x(x,y), f_y(x,y)) = (y, x)$ であるから，連立方程式は

$$a^2 + b^2 = 1, \quad b = 2\lambda a, \quad a = 2\lambda b$$

となる．これを解くと $\lambda = \pm 1/2$ が得られ，さらに

$$(a, b) = \pm \left( \frac{1}{\sqrt{2}}, \frac{1}{\sqrt{2}} \right), \quad \pm \left( \frac{1}{\sqrt{2}}, -\frac{1}{\sqrt{2}} \right)$$

を得る．この4点が極値を与える点の候補である．

**極値の判定** 4点が極値かどうかを判定しよう．ここでは陰関数を用いた汎用的な方法を用いる（下の注意も参照せよ）．

候補の4点のまわりでは，それぞれに $x^2 + y^2 - 1 = 0$ の（$x$ に関する）陰関数 $y = \phi(x)$ が存在する[3]．これより，関数 $z = xy = x\phi(x)$ の $x$ による2階微分 $z''$ の正負を確認すれば，関数の凹凸により極大か極小かが判定できる（定理9.2）．

$z''$ の値は次のように計算できる．まず $x^2 + y^2 = 1$ の両辺を $x$ の関数とみなして微分すると，$2x + 2yy' = 0$，すなわち $x + yy' = 0$．さらに $x$ で微分すると，$1 + (y')^2 + yy'' = 0$．一方，関数 $z = xy$ の $x$ 微分は $z' = y + xy'$，ゆえに2階微分は $z'' = 2y' + xy''$ となる．

以上の関係式から候補の各 $(a, b)$ に対し，$z''$ が計算できる．たとえば $\left( \frac{1}{\sqrt{2}}, \frac{1}{\sqrt{2}} \right)$ のとき，$x + yy' = 0$ より $y' = -1$．よって $1 + (y')^2 + yy'' = 0$ より $y'' = -2/y = -2\sqrt{2}$．最後に $z'' = 2y' + xy''$ を用いて，$z'' = 2 \cdot (-1) + \frac{1}{\sqrt{2}} \cdot (-2\sqrt{2}) < 0$．ゆえに $\left( \frac{1}{\sqrt{2}}, \frac{1}{\sqrt{2}} \right)$ で極大となり，極大値は $\frac{1}{2}$．同様にして，$\left( -\frac{1}{\sqrt{2}}, -\frac{1}{\sqrt{2}} \right)$ でも $z'' < 0$ となり極大値 $\frac{1}{2}$，$\left( \pm\frac{1}{\sqrt{2}}, \mp\frac{1}{\sqrt{2}} \right)$ では $z'' > 0$ となり，極小値 $-\frac{1}{2}$ を得る．■

**注意** この例の場合，もっと簡単に極値の判定ができる．単位円は有界閉集合なので（この条件が重要），連続関数 $f(x, y)$ は最大値と最小値をもつ．これらを実現する点は極値を与えるから[4]，上の4点のいずれかである．$f(a, b)$ の値を求めると

---

[3] $\phi(x) = \pm\sqrt{1 - x^2}$ と具体的に書けるが，単に陰関数定理の条件 $g_y(a, b) \neq 0$ を確認するだけでも存在はわかる．

[4] 最大値と最小値を実現する点で陰関数定理の条件式 (24.1) が満たされている場合，局所的には1変数関数 $z = f(x, \phi(x))$ と表されるので，ロルの定理（定理7.1）の証明と同じ議論が適用できる．最大・最小値を取る点での $z$ の $x$ による微分係数が 0 となる．

$$f\left(\pm\frac{1}{\sqrt{2}},\pm\frac{1}{\sqrt{2}}\right)=\frac{1}{2}, \quad f\left(\pm\frac{1}{\sqrt{2}},\mp\frac{1}{\sqrt{2}}\right)=-\frac{1}{2}$$

であるから，最大値は $\left(\pm\frac{1}{\sqrt{2}},\pm\frac{1}{\sqrt{2}}\right)$，で，最小値は $\left(\pm\frac{1}{\sqrt{2}},\mp\frac{1}{\sqrt{2}}\right)$ だとわかる．すなわち，候補の 4 点はそれぞれ極値であり，最大のとき極大，最小のとき極小だと結論できる．

## 演習問題

**問 24.1** （陰関数の 2 階微分） 関数 $z=F(x,y)$ は $C^2$ 級であると仮定する．さらに定理 24.1 と同じ条件下で，陰関数 $y=\phi(x)$ の 2 階微分が

$$\phi''(x)=-\frac{F_{xx}F_y^2-2F_{xy}F_xF_y+F_{yy}F_x^2}{F_y^3}$$

と表されることを示せ．ただし $F_y=F_y(x,y)$, $F_{xy}=F_{xy}(x,y)$, etc.

**問 24.2** （条件つき極値問題） 以下の条件のもと，関数 $f(x,y)$ の極値を決定せよ．

(1) $x^2+y^2=1$, $f(x,y)=y-x^2$.
(2) $x^2+y^2=1$, $f(x,y)=x^2+2y^2$.
(3) $x^2+y^2\leqq 1$, $f(x,y)=x^2+2y^2$.

# 第25章

# 重積分

本章からつづく 3 章をかけて，2 変数関数の積分について学ぶ．まずは本章で積分の定義を行い，第 26 章では実践的な計算方法を与える．第 27 章では，1 変数関数の積分の「置換変換」にあたるものを考える．

## 25.1 多変数の積分の目的

1 変数関数の積分は長さや面積の計算に有効であった．多変数関数の積分（**重積分**ともよばれる）ではどのような量が計算できるか，具体例を挙げておこう．

**体積** 与えられた関数 $z = f(x, y)$ に対し，そのグラフと $xy$ 平面（$z = 0$）が囲む部分の体積は重積分によって表される（下図左）．

**土地の値段** 平面上の点 $(x, y)$ における地価（単位面積あたりの土地の値段）が $z = f(x, y)$ で与えられているとき，土地 $D$ の値段も重積分によって表される（下図中央）．

**質量** 3 次元空間内に，点 $(x, y, z)$ における単位体積あたりの質量（密度）が $w = f(x, y, z)$ で与えられるような物体 $K$ があるとき，$K$ の質量もまた重積分によって表される（下図右）[1]．

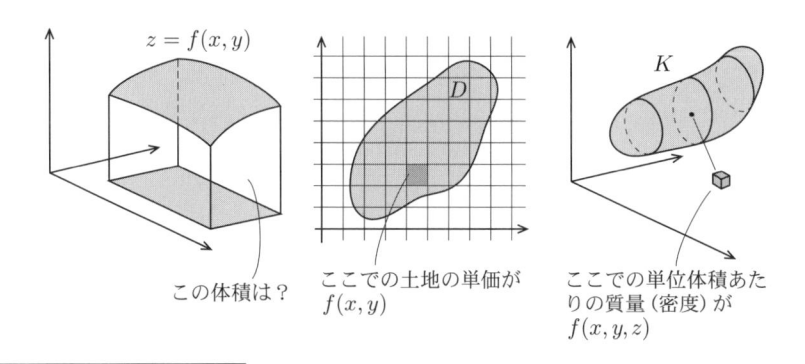

この体積は？

ここでの土地の単価が $f(x, y)$

ここでの単位体積あたりの質量（密度）が $f(x, y, z)$

---

1] ただし，3 変数関数の積分は本書では扱わない．

これらの例だけみても，重積分が応用上重要であることが想像されるだろう．ほかにも，2変数関数の3次元グラフの「曲面積」を定義するときにも，重積分が用いられる（第29章）．

## 25.2 重積分の定義

重積分の定義は複雑であるから，便宜的に（ア）から（オ）までの5ステップにわけてみよう．

**（ア）：区画**　まずは「区画」という言葉の定義を思い出しておこう．数直線 $\mathbb{R}$ 上の閉区間 $[a,b]$, $[c,d]$ に対し，

$$D = \{(x,y) \mid a \leqq x \leqq b, \quad c \leqq y \leqq d\}$$

と表される集合を**区画**とよび，$\boldsymbol{D = [a,b] \times [c,d]}$ と表すのであった．

以下，（少なくとも）区画 $D$ 上で定義された関数 $z = f(x,y)$ の積分（重積分）を定義していこう[2]．

**（イ）：区画の分割**　区間 $[a,b]$ を $m$ 分割する点

$$a = x_0 < x_1 < \cdots < x_{m-1} < x_m = b$$

と区間 $[c,d]$ を $n$ 分割する点

$$c = y_0 < y_1 < \cdots < y_{n-1} < y_n = d$$

をとる．これによって，区画 $D = [a,b] \times [c,d]$ は $mn$ 個の区画に分割される（図）．それぞれを

$$D_{ij} := [x_{i-1}, x_i] \times [y_{j-1}, y_j]$$

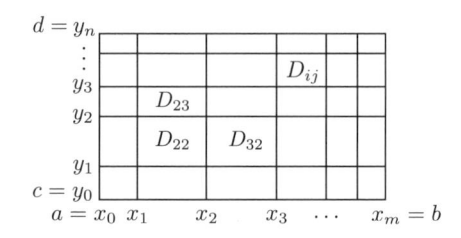

---

[2] 現時点では，$f(x,y)$ は必ずしも連続関数とは限らない．

（ただし $1 \leqq i \leqq m$ かつ $1 \leqq j \leqq n$）とおく．

**（ウ）代表点選びとリーマン和の計算**　それぞれの $D_{ij}$ から，**代表点** $(x_{ij}^*, y_{ij}^*) \in D_{ij}$ を自由に選んで，

$$\Sigma := \sum_{j=1}^{n} \sum_{i=1}^{m} f(x_{ij}^*, y_{ij}^*) \times (x_i - x_{i-1}) \times (y_j - y_{j-1}) \tag{25.1}$$

とおく．この量は**リーマン和**とよばれている．私たちが計算しているのが土地代だとすれば，$f(x_{ij}^*, y_{ij}^*)$ は区画 $D_{ij}$ の「単価」であり，$(x_i - x_{i-1}) \times (y_j - y_{j-1})$ は $D_{ij}$ の「広さ」を表す．リーマン和 $\Sigma$ は $D$ の土地代を表現しているが，分割点 $\{x_i \mid 0 \leqq i \leqq m\}$ および $\{y_j \mid 0 \leqq j \leqq n\}$，代表点 $\{(x_{ij}^*, y_{ij}^*) \mid 1 \leqq i \leqq m, \ 1 \leqq j \leqq n\}$ をうまく選ぶと土地代を高く見積もったり低く見積もったりできるので，不満に思う人もいるかもしれない．

**（エ）リーマン和の極限としての重積分**　誰もが納得する値を得るためには，区画 $D$ の分割をより細かくするのがよいだろう．そこで，次のように定義する：

**定義（区画上の重積分）**　関数 $z = f(x,y)$ が区画 $D$ 上で**積分可能**であるとは，区画 $D$ の分割の最大幅

$$\max\{|x_1 - x_0|, \cdots, |x_m - x_{m-1}|, |y_1 - y_0|, \cdots, |y_n - y_{n-1}|\}$$

が $0$ に近づくように区画の分割点の数を増やすとき，そのような分割点の選び方，代表点 $\{(x_{ij}^*, y_{ij}^*) \mid 1 \leqq i \leqq m, \ 1 \leqq j \leqq n\}$ の選び方に依存せず，式 (25.1) のように計算したリーマン和 $\Sigma$ が一定の実数値 $I$ に近づくことをいう．このとき，

$$I = \iint_D f(x,y)\, dxdy$$

と表す．この定数 $I$ は関数 $f(x,y)$ の区画 $D$ 上での**重積分**（もしくは単に**積分**）とよばれる．また $D$ を**積分領域**，$f(x,y)$ を**被積分関数**とよぶ．

**例1**　（数値計算の例）　1次元の積分が直観的には「短冊の面積和」であったように，2次元の積分は「細い角材を寄せ集めた体積和」のように解釈できる．たとえば次ページの図は，$f(x,y) = x^2 + y^2$，$D = [0,1] \times [0,1]$ に対し，区間 $[0,1]$ の分割点として5等分，10等分，20等分と増やしたときの「角材」の様子であ

る（代表点は等分割された各区画のなかでもっとも大きな値を取る右上隅を選んでいる）．また，右端の図は分割点・代表点をランダムに選んだものである．

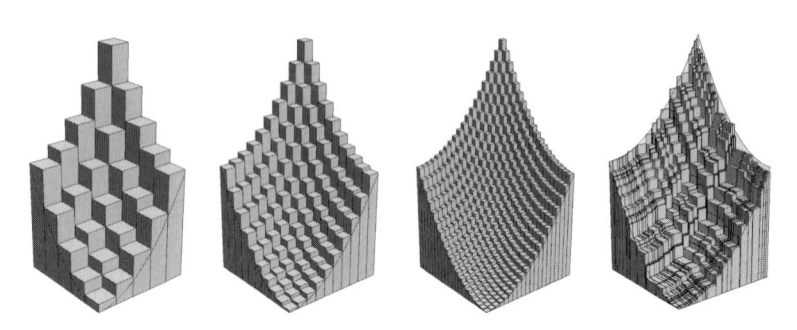

積分 $\iint_D (x^2 + y^2)\,dxdy$ の真の値は $2/3 = 0.6666\cdots$ である（章末の演習問題（問25.1），第26章の例1）．この図においては，5等分のときのリーマン和は 0.880，10等分のとき，0.770, 20等分のとき 0.7175 となる．400等分してやっと約 0.6692 となり，相対誤差は 0.4 パーセント程度になる[3]．

**（オ）：区画以外での重積分**　（エ）での定義を拡張しよう．$D$ が区画でない有界集合のときの積分は次のように定義する．

**定義（有界領域上での重積分）** 有界集合 $D$ 上の関数 $z = f(x,y)$ が $D$ 上で**積分可能**であるとは，$D$ を含む十分大きな区画 $\widetilde{D}$ をとり，$\widetilde{D}$ 上の関数 $z = \tilde{f}(x,y)$ を

$$\tilde{f}(x,y) := \begin{cases} f(x,y) & (x,y) \in D \\ 0 & (x,y) \notin D \end{cases}$$

と定義するとき，$\tilde{f}(x,y)$ が $\widetilde{D}$ 上で積分可能となることをいう．このとき，

$$\iint_D f(x,y)\,dxdy := \iint_{\widetilde{D}} \tilde{f}(x,y)\,dxdy$$

と定義する．

以上で重積分の「定義」だけが完了した．

---

[3] 400等分するとき，「角材」は $400^2 = 16$ 万本必要となる．すなわち，16万個の代表点において関数 $f(x,y)$ 値を一定の精度で計算しなくてはならない．もちろん，パソコンが不可欠である．

## 25.3 面積の定義と重積分の性質

**面積の定義**　積分の応用として，これまで（小学校以来！）あいまいだった「面積」の概念に，厳密な定義を与えることができる．

> **定義（平面集合の面積）** 有界な平面集合 $D$ に対し，定数関数 $f(x,y) = 1$ が $D$ 上積分可能であるとき，すなわち積分
> $$\iint_D dxdy := \iint_D 1\, dxdy$$
> が存在するとき，集合 $D$ は**面積確定**であるという．また，この積分値を $D$ の**面積**とよび，Area($D$) で表す．

この定義ではある意味，土地の値段で土地の広さを測っていることになる．

**例2**　（区画の面積）　区画 $D = [a,b] \times [c,d]$ は面積確定であり，Area($D$) $= (b-a)(d-c)$ である．実際に区画上で $f(x,y) = 1$ の積分を定義どおりに計算してみると，どのような分割 $D_{ij}$ に対してもリーマン和は一定値 $\Sigma = (b-a)(d-c)$ となる．よって積分値 $\iint_D dxdy$ も同じ値である．

**例3**　（グラフで囲まれた集合）　連続関数 $\phi_1(x)$ と $\phi_2(x)$ が区間 $[a,b]$ 上で $\phi_1(x) \leqq \phi_2(x)$ を満たすとき，集合
$$D = \left\{(x,y) \in \mathbb{R}^2 \mid a \leqq x \leqq b,\ \phi_1(x) \leqq y \leqq \phi_2(x)\right\}$$
は面積確定である（次章の命題26.2を参照．このような集合は「タテ線領域」とよばれる）．

**例4**　本書で扱う重積分の積分領域は，閉領域であり，境界が「有限個の（区分的に）滑らかな曲線を組み合わせたもの」になっている．このような閉領域は面積確定であり，実用上はこれで十分に事足りる[4]．

---

[4]　「面積確定」でない有界集合も存在する．たとえば，「$x^2 + y^2 \leqq 1$ をみたす有理数の組 $(x,y)$ の集合」など．

**連続関数の積分可能性** 私たちが扱うのはおもに連続関数である．連続関数については，次のような定理が知られている（証明略）：

**定理 25.1（連続性と積分可能性）** 関数 $z = f(x,y)$ は面積確定かつ有界な閉集合 $D$ の上で連続であるとする．このとき $f(x,y)$ は $D$ 上積分可能である．

**約束** 以下で扱う重積分はすべてこの定理の条件を満たすものばかりであるから，今後は「積分領域が面積確定がどうか」「関数が積分可能かどうか」についてはとくに断らないことにする．

**例5** 定理 25.1 は例1のような数値計算の有効性を保証してくれる．すなわち，分割を細かくすれば，リーマン和が積分の真の値を近似する精度は着実に良くなる（定理 25.3 も参照）．

**注意** このように理論上の積分可能性が保証されていても，定義どおりに重積分を計算し，その真の値を求めるのは難しい（ただし例5のように，数値計算であれば原理的には任意の精度で実行できる）．このあたりの事情は1変数のときと同じだが，1変数のときには「微積分の基本定理」があるので，計算がうまくできていたのである．次章では，重積分をうまく1変数関数の積分に帰着させて計算する方法を学ぶ．

**重積分の性質** 重積分の基本的な性質を証明抜きで公式としてまとめておこう．

**公式 25.2（重積分の性質）** $f(x,y)$, $g(x,y)$ は連続関数，$D$, $D_1$, $D_2$ は有界な閉領域とする．

(1) $\mathrm{Area}(D_1 \cap D_2) = 0$ のとき，
$$\iint_{D_1 \cup D_2} f(x,y)\,dxdy = \iint_{D_1} f(x,y)\,dxdy + \iint_{D_2} f(x,y)\,dxdy.$$

(2) $D$ 上 $f(x,y) \leqq g(x,y)$ であれば，
$$\iint_D f(x,y)\,dxdy \leqq \iint_D g(x,y)\,dxdy.$$

(3) $\alpha$ を定数とするとき，
$$\iint_D \{f(x,y) + g(x,y)\}\,dxdy = \iint_D f(x,y)\,dxdy + \iint_D g(x,y)\,dxdy,$$
$$\iint_D \alpha f(x,y)\,dxdy = \alpha \iint_D f(x,y)\,dxdy.$$

(4) 定数 $M$ が存在し $D$ 上で $|f(x,y)| \leqq M$ であるとき，

$$\iint_D f(x,y)\,dxdy \leqq M\,\mathrm{Area}(D).$$

**数値積分の精度** 定理 13.2 と同様に,式 (25.1) で与えられるリーマン和が,積分の近似としてどの程度の精度があるのかをみておこう:

**定理 25.3 (重積分とリーマン和の誤差)** 区画 $D = [a,b] \times [c,d]$ 上の $C^1$ 級関数 $z = f(x,y)$ に対し,重積分の値を $I := \iint_D f(x,y)\,dxdy$ とおき,式 (25.1) で与えられるリーマン和 $\Sigma$ の分割の最大幅

$$\max\{|x_1 - x_0|,\ \ldots,\ |x_m - x_{m-1}|, |y_1 - y_0|,\ \ldots,\ |y_n - y_{n-1}|\}$$

を $\Delta$ とおく.また,定数 $K_1$ を区画 $D$ 上において $\max\{|f_x(x,y)|, |f_y(x,y)|\} \leqq K_1$ を満たすようにとる.このとき,

$$|I - \Sigma| \leqq 2K_1 \mathrm{Area}(D)\Delta = 2K_1(b-a)(d-c)\Delta.$$

とくに,分割点 $\{x_k\}$,$\{y_k\}$ としてそれぞれ $N$ 等分点をとったときのリーマン和を $\Sigma_N$ とおくと,

$$|I - \Sigma_N| \leqq \frac{K_1 \mathrm{Area}(D)\{(b-a) + (d-c)\}}{N}.$$

いずれにしても計算誤差は分割の最大幅に比例して小さくなる[5].

**証明** 定理 13.2 と基本的には同じである.分割で得られた小区画 $D_{ij}$ における代表点を $(x_{ij}^*, y_{ij}^*)$ とする.任意の $(x,y)$ を $D_{ij}$ から選ぶとき,定理 22.4(で $n = 1$ としたもの)より,$(x_{ij}^*, y_{ij}^*)$ と $(x,y)$ を結ぶ線分上にある $(x', y')$ が存在して,$A' = f_x(x', y')$,$B' = f_y(x', y')$ とするとき

$$f(x,y) - f(x_{ij}^*, y_{ij}^*) = A'(x - x_{ij}^*) + B'(y - y_{ij}^*)$$

が成り立つ.三角不等式(公式 2.3)と $K_1$ のとり方より,

$$|f(x,y) - f(x_{ij}^*, y_{ij}^*)| \leqq |A'||x - x_{ij}^*| + |B'||y - y_{ij}^*| \leqq 2K_1\Delta. \tag{25.2}$$

いま,積分値は公式 25.2(1) より $I = \sum_{i,j} \iint_{D_{ij}} f(x,y)\,dxdy$ と書けるので,公式 25.2(4) と三角不等式(公式 2.3)より,

---

[5] $N$ 等分する場合,代表点での $f(x,y)$ の値を $N^2$ 個計算しなくてはならない.1 変数の積分に比べると精度を上げるために必要となる計算量が大きいのが難点である.

$$|I - \Sigma| = \left| \sum_{i,j} \iint_{D_{ij}} \{f(x,y) - f(x_{ij}^*, y_{ij}^*)\} \, dxdy \right|$$

$$\leqq \sum_{i,j} \left| \iint_{D_{ij}} \{f(x,y) - f(x_{ij}^*, y_{ij}^*)\} \, dxdy \right|$$

$$\leqq \sum_{i,j} 2K_1 \Delta \text{Area}(D_{ij}) = 2K_1 \Delta \text{Area}(D).$$

もし分割点 $\{x_k\}$, $\{y_k\}$ としてそれぞれ $N$ 等分点をとった場合は式 (25.2) が

$$|f(x,y) - f(x_{ij}^*, y_{ij}^*)| \leqq |A'||x - x_{ij}^*| + |B'||y - y_{ij}^*| \leqq K_1 \left( \frac{b-a}{N} + \frac{d-c}{N} \right)$$

となる．あとは同様である．■

**例6** 例1の数値計算では，$D = [0,1] \times [0,1]$, $f(x,y) = x^2 + y^2$, $f_x(x,y) = 2x$, $f_y(x,y) = 2y$ より $K_1 = 2$ である．よって $|I - \Sigma_N| \leqq 4/N$ となる．

## 演習問題

**問25.1** （区分求積法） $f(x,y) = x^2 + y^2$, $D = [0,1] \times [0,1]$ とするとき，積分 $I = \iint_D f(x,y) \, dxdy$ を例1に基づいて計算しよう．$[0,1]$ 区間を $N$ 等分し，$x_k = y_k := k/N$ $(0 \leqq k \leqq N)$ とおく．このとき，リーマン和

$$\Sigma_N := \sum_{j=1}^{N} \sum_{i=1}^{N} f(x_i, y_j) \frac{1}{N^2}$$

の $N \to \infty$ とした極限として $I$ を求めよ．

**問25.2** （重積分とリーマン和の誤差） 定理25.3において，区画 $D$ 上での勾配ベクトルの長さの最大値を $L$, 分割で得られる小区画の対角線の長さの最大値を $\delta$ とおくと，$L \leqq \sqrt{2} K_1$, $\delta \leqq \sqrt{2} \Delta$ であり，

$$|I - \Sigma| \leqq L \text{Area}(D) \delta$$

を満たすことを示せ．

# 第26章
# 累次積分と積分の順序交換

一般に重積分を定義どおりに計算し，真の値に到達することは難しい．本章では，重積分がより簡単な1変数の積分に帰着されるケースを考えよう．

## 26.1 タテ線領域・ヨコ線領域と累次積分

**タテ線・ヨコ線** まずは「タテ線領域」「ヨコ線領域」とよばれる集合を定義しよう．結論からいうと，これらの集合上で定義された連続関数の重積分は1変数の積分計算に帰着できるので，計算がしやすいのである：

**定義（タテ線領域とヨコ線領域）** 関数 $y = \phi_1(x)$, $y = \phi_2(x)$ は区間 $[a,b]$ 上で $\phi_1(x) \leqq \phi_2(x)$ を満たす連続関数とする．このとき，

$$D = \{(x,y) \in \mathbb{R}^2 \mid a \leqq x \leqq b,\ \phi_1(x) \leqq y \leqq \phi_2(x)\} \tag{26.1}$$

の形で表される平面集合を**タテ線領域**とよぶ[1]．同様に，**ヨコ線領域**とは，区間 $[c,d]$ 上で $\psi_1(y) \leqq \psi_2(y)$ を満たす連続関数 $x = \psi_1(y)$, $x = \psi_2(y)$ を用いて

$$D = \{(x,y) \in \mathbb{R}^2 \mid c \leqq y \leqq d,\ \psi_1(y) \leqq x \leqq \psi_2(y)\} \tag{26.2}$$

の形で表される平面集合をいう．

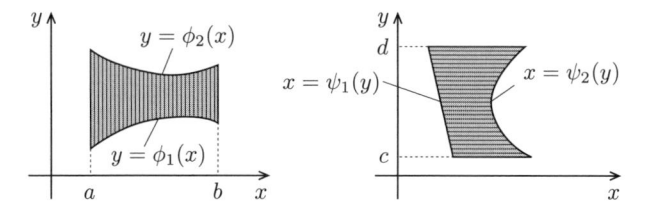

このとき次が成り立つ（証明略）：

---
[1] もちろん「縦線領域」と書いてもよいが，見やすさと書きやすさを考慮して「タテ線」にしている．

**定理 26.1（タテ線・ヨコ線領域での重積分）** 式 (26.1) のように与えられるタテ線領域 $D$ 上の連続関数 $z = f(x, y)$ は $D$ 上で積分可能であり，次の等式が成り立つ：

$$\iint_D f(x, y)\, dxdy = \int_a^b \left( \int_{\phi_1(x)}^{\phi_2(x)} f(x, y)\, dy \right) dx \tag{26.3}$$

また，式 (26.2) のようなヨコ線領域についても同様の公式が成り立つ．

**累次積分** 式 (26.3) は実用上もっとも重要な計算公式であり，右辺のような「積分の積分」には，特別な名前がついている：

**定義（累次積分）** 連続関数 $z = f(x, y)$ と式 (26.1) ようなタテ線領域に対し，「積分の積分」

$$\int_a^b \left( \int_{\phi_1(x)}^{\phi_2(x)} f(x, y)\, dy \right) dx \tag{26.4}$$

を関数 $f(x, y)$ の**累次積分**とよぶ．累次積分は

$$\int_a^b dx \int_{\phi_1(x)}^{\phi_2(x)} f(x, y)\, dy \tag{26.5}$$

のようにも表される．また，変数 $x$ と $y$ の役割を入れ替えることで，ヨコ線領域上の累次積分も同様に定義される．

**累次積分の直観的な意味** この累次積分の値は，タテ線領域上の関数 $z = f(x, y)$ の 3 次元グラフと，$xy$ 平面で囲まれる部分 $K$ の「体積」にほかならない[2]．実際，$K$ の平面 $x = x_0$ での切り口の面積 $S(x_0)$ は積分 $\int_{\phi_1(x_0)}^{\phi_2(x_0)} f(x_0, y)\, dy$ で与えられるから，式 (26.4) の累次積分は $K$ の体積が $\int_a^b S(x)\, dx$ で与えられる，という高校数学でもおなじみの事実を示唆している．

**計算方法** 式 (26.4) もしくは式 (26.5) の形の累次積分を計算するときは，まずは $x$ をいったん定数だと思って $\int_{\phi_1(x)}^{\phi_2(x)} f(x, y)\, dy$ の部分を変数 $y$ に関する積分と

---

[2]「体積」の概念も「面積」と同様に定義が必要であるが，「3 重積分」を用いればよいとすぐに想像がつくだろう．

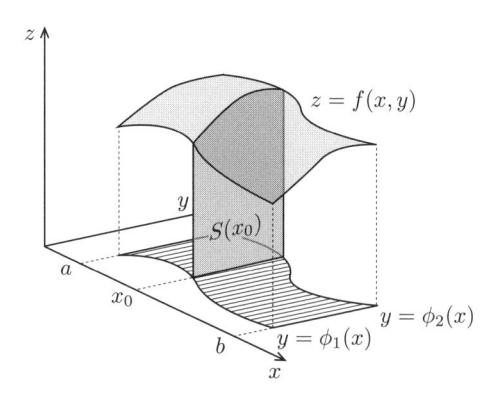

して計算する．その結果は $x$ を含む式（関数）となるので，それを区間 $[a, b]$ 上でふつうに $x$ で積分すればよい．

**例1** （第25章の例1） 定理26.1と累次積分を用いて，区画 $D = [0, 1] \times [0, 1]$ 上の積分 $I = \iint_D (x^2 + y^2) \, dxdy$ を計算してみよう．$\phi_1(x) = 0$, $\phi_2(x) = 1$ （定数関数）とすれば，区画 $D$ もタテ線領域

$$D = \{(x, y) \mid 0 \leqq x \leqq 1,\ 0 \leqq y \leqq 1\}$$

とみなすことができる．よって定理26.1より，

$$I = \iint_D (x^2 + y^2) \, dxdy = \int_0^1 \left( \int_0^1 (x^2 + y^2) \, dy \right) dx.$$

カッコ内の積分を $x$ を定数とみなして計算すればよいので，

$$I = \int_0^1 \left[ x^2 y + \frac{y^3}{3} \right]_0^1 dx = \int_0^1 \left( x^2 + \frac{1}{3} \right) dx = \left[ \frac{x^3}{3} + \frac{x}{3} \right]_0^1 = \frac{2}{3}.$$

**例題26.1** （累次積分による重積分の計算） 関数 $z = f(x, y) = 3xy^2$ の積分領域 $D = \{(x, y) \mid 0 \leqq x \leqq 1,\ x/2 \leqq y \leqq x\}$ における重積分を求めよ．

**解** $f(x,y) = 3xy^2$ は $D$ 上で連続なので，定理 26.1 より

$$\iint_D 3xy^2 \, dxdy = \int_0^1 \left( \int_{x/2}^x 3xy^2 \, dy \right) dx$$
$$= \int_0^1 \left[ xy^3 \right]_{x/2}^x dx$$
$$= \int_0^1 x\{x^3 - (x/2)^3\} \, dx$$
$$= \int_0^1 \frac{7x^4}{8} \, dx$$
$$= \left[ \frac{7x^5}{40} \right]_0^1 = \frac{7}{40}. \quad \blacksquare$$

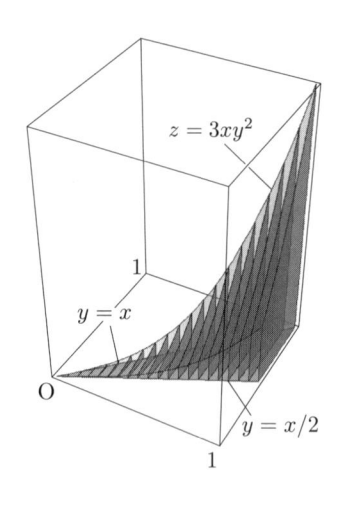

次に，高校でおなじみの公式を確認しよう．

**命題 26.2**（グラフで囲まれた部分の面積）タテ線領域

$$D = \{(x,y) \mid a \leqq x \leqq b, \ \phi_1(x) \leqq y \leqq \phi_2(x)\}$$

は面積確定であり，その面積は

$$\mathrm{Area}(D) = \int_a^b \{\phi_2(x) - \phi_1(x)\} \, dx$$

で与えられる．ヨコ線領域についても同様である．

**証明** $f(x,y) = 1$ は $D$ 上で連続なので，定理 26.1 が適用できる．

$$\mathrm{Area}(D) = \iint_D 1 \, dxdy = \int_a^b \left( \int_{\phi_1(x)}^{\phi_2(x)} 1 \, dy \right) dx = \int_a^b \left[ x \right]_{\phi_1(x)}^{\phi_2(x)} dx$$
$$= \int_a^b \{\phi_2(x) - \phi_1(x)\} \, dx. \quad \blacksquare$$

## 26.2 積分の順序交換

タテ線領域でありヨコ線領域でもある集合上での重積分は，定理 26.1 より 2 通りの累次積分が考えられる．その性質を利用すると，積分計算がうまくいく場合

がある．

**例題 26.2** （積分の順序交換） 次の積分を求めよ．
$$I = \iint_D xe^{-y^2}\,dxdy, \quad D = \{(x,y) \mid 0 \leqq x \leqq 1,\ x^2 \leqq y \leqq 1\}$$

**例2**（失敗例） $D$ はタテ線領域なので，定理 26.1 を適用して
$$I = \int_0^1 \left( \int_{x^2}^1 xe^{-y^2}\,dy \right) dx = \int_0^1 x \left( \int_{x^2}^1 e^{-y^2}\,dy \right) dx.$$
関数 $e^{-y^2}$ の不定積分（原始関数）は初等関数で表現できないことが知られており，これ以上の計算はできない．

**解** $D$ を図示してみると，
$$D = \{(x,y) \mid 0 \leqq y \leqq 1,\ 0 \leqq x \leqq \sqrt{y}\}$$
とヨコ線領域としても表現できることがわかる．よって定理 26.1 がヨコ線領域に関して適用できて，
$$I = \int_0^1 \left( \int_0^{\sqrt{y}} xe^{-y^2}\,dx \right) dy = \int_0^1 e^{-y^2} \left[ \frac{x^2}{2} \right]_0^{\sqrt{y}} dy$$
$$= \int_0^1 e^{-y^2} \cdot \frac{y}{2}\,dy = \left[ -\frac{e^{-y^2}}{4} \right]_0^1 = -\frac{1}{4}(e^{-1} - 1) = \frac{1 - 1/e}{4}. \quad \blacksquare$$

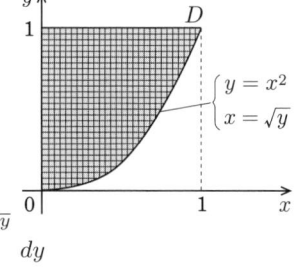

**例題 26.3** （積分の順序交換2） ヨコ線領域
$$D = \{(x,y) \mid 0 \leqq y \leqq 1,\ y - 1 \leqq x \leqq 1 - y\}$$
上の連続関数 $f(x,y)$ の積分
$$\iint_D f(x,y)\,dxdy = \int_0^1 dy \int_{y-1}^{1-y} f(x,y)\,dx$$
をタテ線領域上の積分として表せ．

**解**　まずは積分領域 $D$ を図示してみると，右図のようになる．よって $D$ はふたつのタテ線領域

$$D_1 = \{(x,y) \mid -1 \leqq x \leqq 0,\ 0 \leqq y \leqq x+1\}$$
$$D_2 = \{(x,y) \mid 0 \leqq x \leqq 1,\ 0 \leqq y \leqq -x+1\}$$

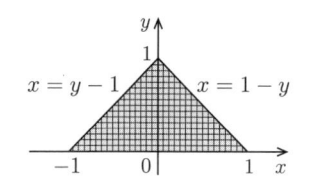

の和集合 $D_1 \cup D_2$ と表現できるので，公式25.2 (1) より

$$\iint_D f(x,y)\,dxdy = \iint_{D_1} f(x,y)\,dxdy + \iint_{D_2} f(x,y)\,dxdy$$
$$= \int_{-1}^0 dx \int_0^{x+1} f(x,y)\,dy + \int_0^1 dx \int_0^{-x+1} f(x,y)\,dy. \quad ■$$

## 演習問題

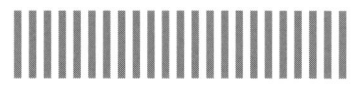

**問 26.1**　（累次積分）以下の累次積分を求めよ．

(1)　$I = \displaystyle\int_0^1 dx \int_x^{2x} (x^2 + y^2 + 1)\,dy$ 　　(2)　$I = \displaystyle\int_1^2 dy \int_0^{y^2} \frac{x}{y}\,dx$

(3)　$I = \displaystyle\int_0^1 dy \int_{2y}^2 y\sqrt{1+x^3}\,dx$ 　（Hint. 順序交換！）

**問 26.2**　（重積分）与えられた積分領域 $D$ における関数 $f(x,y)$ の積分 $I = \displaystyle\iint_D f(x,y)\,dxdy$ を計算せよ．

(1)　$D = \{(x,y) \mid 0 \leqq x \leqq 1,\ 0 \leqq y \leqq x\},\ f(x,y) = x^2 y$.

(2)　$D = \{(x,y) \mid -1 \leqq x \leqq 1,\ 0 \leqq y \leqq \sqrt{1-x^2}\},\ f(x,y) = \sqrt{1-x^2}$.

(3)　$D = \{(x,y) \mid x^2 + y^2 \leqq 1\},\ f(x,y) = x^2 y$.

# 第27章
# 重積分の変数変換

本章では重積分の「変数変換」を学ぼう．1変数関数の「置換積分」の，2変数関数版である．

## 27.1 重積分の変数変換

重積分 $\iint_D f(x,y)\,dxdy$ を考える．一般に積分領域 $D$ がタテ線領域でもヨコ線領域でもない場合は累次積分（定理26.1）に持ち込めないため，重積分の値を厳密に計算をすることは難しい．しかし「変数変換」によって積分領域 $D$ を別のタテ線領域 $E$ に変換できれば，積分がうまく計算できるかもしれない．

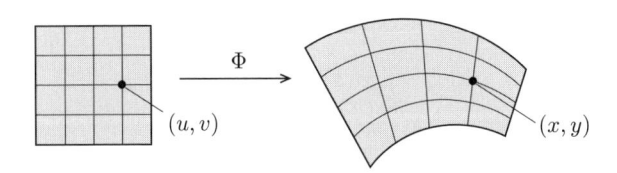

そこで一般に，区分的に滑らかな境界をもつ閉領域（すなわち，滑らかな曲線を有限個つなぎ合わせたような曲線で囲まれた閉領域）$D$ に対し，次の条件を満たす変数変換 $\Phi : \begin{pmatrix} u \\ v \end{pmatrix} \to \begin{pmatrix} x \\ y \end{pmatrix} = \begin{pmatrix} x(u,v) \\ y(u,v) \end{pmatrix}$ を考えよう．

**重積分の変数変換の条件**
- 変数変換 $(x,y) = \Phi(u,v)$ は，$uv$ 平面上の集合 $E$ の点を積分領域 $D$ の点に写し，境界以外では1対1．すなわち，その像が境界以外で重なることはない（次ページの図）．
- $x = x(u,v)$ と $y = y(u,v)$ は $C^1$ 級．
- $\Phi$ のヤコビ行列 $D\Phi = \begin{pmatrix} x_u & x_v \\ y_u & y_v \end{pmatrix}$ に対し，そのヤコビアンを

$$\det D\Phi = x_u y_v - x_v y_u$$

で定義する．この $\det D\Phi$ は $E$ の境界以外で $0$ にならない．

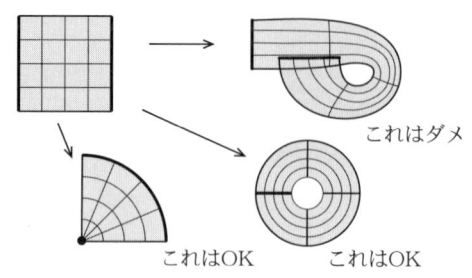

これはダメ

これはOK　　これはOK

このような変数変換に対し，次が成り立つ：

**定理 27.1**（変数変換）$z = f(x, y)$ が $D$ 上積分可能であるとき，上の変数変換について

$$\iint_D f(x, y) dx dy = \iint_E f(x(u, v), y(u, v)) |\det D\Phi| du dv. \qquad (27.1)$$

この定理の証明は割愛して，かわりに直観的な説明を試みてみよう．

**説明**　実用上 $E$ はタテ線領域（もしくはヨコ線領域）であることが期待されているが，話を単純にするために $E$ は区画であるとしよう．

変数変換 $\Phi$ は局所的にはほぼ1次変換のように見えるのだった（第20章）．その1次変換を表現する行列がヤコビ行列 $D\Phi$ である．この局所的な1次変換によって，面積がどのくらい拡大されるのかを確認してみよう．

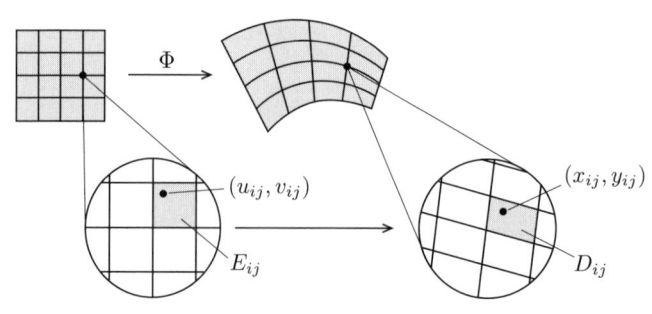

$(u_{ij}, v_{ij})$

$E_{ij}$

$(x_{ij}, y_{ij})$

$D_{ij}$

一般に1次変換 $\begin{pmatrix} u \\ v \end{pmatrix} \mapsto \begin{pmatrix} a & b \\ c & d \end{pmatrix} \begin{pmatrix} u \\ v \end{pmatrix}$ が与えられているとき，ベクトル $\begin{pmatrix} 1 \\ 0 \end{pmatrix}$

と $\begin{pmatrix} 0 \\ 1 \end{pmatrix}$ で張られる正方形はベクトル $\begin{pmatrix} a \\ c \end{pmatrix}$ と $\begin{pmatrix} b \\ d \end{pmatrix}$ で張られる平行四辺形に写される（第20章, 例2）. この平行四辺形の面積は $|ad-bc|$ によって与えられる[1]. 面積1の正方形が面積 $|ad-bc|$ の平行四辺形に写るのだから,

> 1次変換 $\begin{pmatrix} u \\ v \end{pmatrix} \mapsto \begin{pmatrix} a & b \\ c & d \end{pmatrix} \begin{pmatrix} u \\ v \end{pmatrix}$ は $uv$ 平面上の図形の面積を $|ad-bc| = \left| \det \begin{pmatrix} a & b \\ c & d \end{pmatrix} \right|$ 倍する

ことがわかった. 一般の変数変換 $\Phi$ においても, 局所的にはヤコビ行列 $D\Phi$ による1次変換のように見えるから, 面積は局所的に $|\det D\Phi|$ 倍される.

以上の考察をふまえて, 区画 $E$ を（重積分を定義したときのように）十分細かな区画 $E_{ij}$ ($1 \leqq i \leqq m, 1 \leqq j \leqq n$) に分割する. さらに, 区画 $E_{ij}$ から代表点 $(u_{ij}, v_{ij})$ を自由に選んでおく. このとき, $\Phi$ による区画 $E_{ij}$ の像を $D_{ij}$, $J_{ij} := D\Phi(u_{ij}, v_{ij})$, $(x_{ij}, y_{ij}) := (x(u_{ij}, v_{ij}), y(u_{ij}, v_{ij}))$ とおけば, 面積に関する近似式

$$\text{Area}(D_{ij}) \approx |\det J_{ij}| \text{Area}(E_{ij}) \tag{27.2}$$

が成立している. また, $D_{ij}$ は積分領域 $D$ を細分したものなので, 式（27.1）右辺の積分を近似した式

$$\iint_D f(x,y)\,dxdy \approx \sum_{i,j} f(x_{ij}, y_{ij}) \text{Area}(D_{ij})$$

を得る（ただしシグマの $i,j$ は $1 \leqq i \leqq m, 1 \leqq j \leqq n$ の範囲で可能な $mn$ 個の組み合わせをすべて取る）. 各 $D_{ij}$ が十分に小さければ, この近似の精度はいくらでもよくなると期待される. さらに $D_{ij}$ の面積に関する近似式（27.2）を用いる

---

1] 高校では「$(0,0), (a,c), (b,d)$ を頂点にもつ三角形の面積は $|ad-bc|/2$」という形で公式として学んだと思う.

と，上の式に続けて

$$\sum_{i,j} f(x_{ij}, y_{ij})\mathrm{Area}(D_{ij}) \approx \sum_{i,j} f(x_{ij}, y_{ij})|\det J_{ij}|\mathrm{Area}(E_{ij})$$
$$= \sum_{i,j} f(x(u_{ij}, v_{ij}), y(u_{ij}, v_{ij}))|\det J_{ij}|\mathrm{Area}(E_{ij})$$
$$\approx \iint_E f(x(u,v), y(u,v))|\det D\Phi|\,dudv.$$

を得る．結局，$E$ の分割 $E_{ij}$ が十分に細かければこれらの近似式は限りなく等式に近くなり，求める式（27.1）が得られるのである．

定理 27.1 の証明は複雑だが，本質的にはこの考察を精密にしただけである．■

## 27.2　1次変換と極座標変換

もっとも基本的な変数変換である1次変換と極座標変換について具体例を計算してみよう．

**例題 27.1**　（1次変換）　閉領域 $D = \{(x,y) \mid |x+2y| \leq 1, |x-y| \leq 1\}$ に対し，積分

$$I = \iint_D (x-y)^2\,dxdy$$

を求めよ．

重積分の計算においてまず重要なことは，積分領域を図示することである．それがタテ線領域かヨコ線領域であることが確認できれば，累次積分で計算できるだろう．そうでなければ，複数個のタテ線もしくはヨコ線領域に分割するか，変数変換を考えなくてはならない．

この例の場合，$D$ は平行四辺形となるから，複数個のタテ線領域に分割することができる．したがって累次積分も可能だが，「正方形は1次変換で平行四辺形に写る」という事実を用いて，次のように計算するほうが簡単である．

**解**　$u = x+2y, v = x-y$ とおくと，平行四辺形 $D$ は $uv$ 平面内の正方形

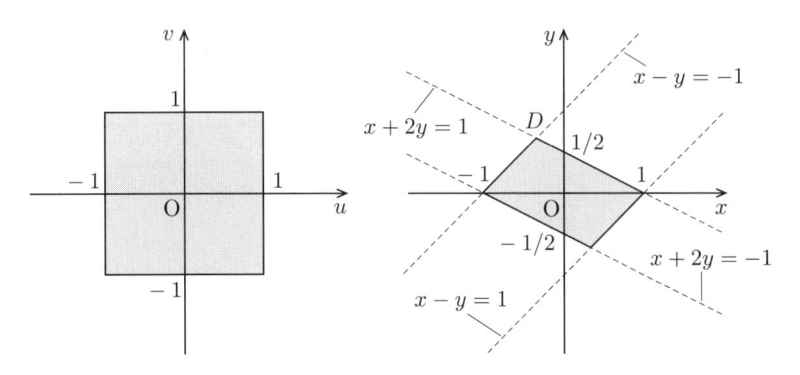

（区画）
$$E = \{(u,v) \mid |u| \leqq 1, |v| \leqq 1\}$$

に対応する．逆に $x$ と $y$ について解くと $x = \dfrac{u+2v}{3}, y = \dfrac{u-v}{3}$ であるから，変数変換

$$\begin{pmatrix} x \\ y \end{pmatrix} = \Phi \begin{pmatrix} u \\ v \end{pmatrix} := \frac{1}{3} \begin{pmatrix} u+2v \\ u-v \end{pmatrix}$$

によって積分を書き換えよう．$D\Phi = \begin{pmatrix} 1/3 & 2/3 \\ 1/3 & -1/3 \end{pmatrix}$ より，$\det D\Phi = -\dfrac{1}{3}$. よって変数変換の式（27.1）より

$$I = \iint_E v^2 \cdot \left| -\frac{1}{3} \right| du dv = \int_{-1}^{1} \left( \int_{-1}^{1} \frac{v^2}{3} dv \right) du$$
$$= \int_{-1}^{1} \left[ \frac{v^3}{9} \right]_{-1}^{1} du = \int_{-1}^{1} \frac{2}{9} du = \frac{4}{9}. \qquad \blacksquare$$

**例題 27.2**　（極座標変換）　$R > 0$, $D_R = \{(x,y) \mid x^2 + y^2 \leqq R^2\}$ とするとき，積分

$$I = \iint_D e^{-x^2-y^2} dxdy$$

を求めよ．

**解**　極座標変換

$$\begin{pmatrix} x \\ y \end{pmatrix} = \Phi \begin{pmatrix} r \\ \theta \end{pmatrix} := \begin{pmatrix} r\cos\theta \\ r\sin\theta \end{pmatrix}$$

により，$r\theta$ 平面内の長方形（区画）
$$E = \{(r,\theta) \mid 0 \leqq r \leqq R,\, 0 \leqq \theta \leqq 2\pi\}$$
は積分領域 $D$ に写る．$D\Phi = \begin{pmatrix} \cos\theta & -r\sin\theta \\ \sin\theta & r\cos\theta \end{pmatrix}$ より，$\det D\Phi = r \geqq 0$．よって $e^{-x^2-y^2} = e^{-r^2}$ および変数変換の公式 (27.1) より
$$I = \iint_E e^{-r^2} \cdot r\, dr d\theta = \int_0^{2\pi} \left( \int_0^R r e^{-r^2} dr \right) d\theta = \underline{\underline{\int_0^{2\pi} d\theta}} \underline{\int_0^R r e^{-r^2} dr}.$$
2重下線部は $\theta$ を変数として含まないので（すなわち定数なので）下線部とは独立に計算できる．したがって
$$I = \underline{\underline{2\pi}} \cdot \underline{\left[ -\frac{e^{-r^2}}{2} \right]_0^R} = 2\pi \left\{ -\frac{e^{-R^2}}{2} - \left(-\frac{1}{2}\right) \right\} = \pi \left( 1 - e^{-R^2} \right). \quad \blacksquare$$

もうひとつ，極座標変換の典型的な応用例をみておこう．

**例題 27.3** （極座標変換 2） $D = \{(x,y) \mid x^2 + y^2 \leqq x\}$ とするとき，積分
$$I = \iint_D x\, dx dy$$
を求めよ．

**解** 積分領域 $D$ の定義式は $(x-1/2)^2 + y^2 \leqq 1/2^2$ と変形できるので，これは次の図（上）のような中心 $(1/2, 0)$，半径 $1/2$ の円板である．

極座標変換
$$\begin{pmatrix} x \\ y \end{pmatrix} := \begin{pmatrix} r\cos\theta \\ r\sin\theta \end{pmatrix}$$
を用いると，$D$ は $r\theta$ 平面内のヨコ線領域
$$E = \left\{ (r,\theta) \mid 0 \leqq r \leqq \cos\theta,\, -\frac{\pi}{2} \leqq \theta \leqq \frac{\pi}{2} \right\}$$

に対応する．例題 27.2 と同様に，極座標変換のヤコビアンは $r$ であるから，

$$\begin{aligned}
I &= \int_{-\pi/2}^{\pi/2} \int_0^{\cos\theta} (r\cos\theta) \cdot r\, dr d\theta \\
&= \int_{-\pi/2}^{\pi/2} \left[ \cos\theta \cdot \frac{r^3}{3} \right]_0^{\cos\theta} d\theta \\
&= \int_{-\pi/2}^{\pi/2} \frac{\cos^4\theta}{3}\, d\theta = \frac{2}{3}\underline{\int_0^{\pi/2} \cos^4\theta\, d\theta}.
\end{aligned}$$

下線部に公式 10.8 を適用して，

$$I = \frac{2}{3} \cdot \underline{\frac{3}{4} \cdot \frac{1}{2} \cdot \frac{\pi}{2}} = \frac{\pi}{8}. \quad \blacksquare$$

## 27.3　ガウス積分

重積分を用いて，応用上重要な次の広義積分を計算してみよう．

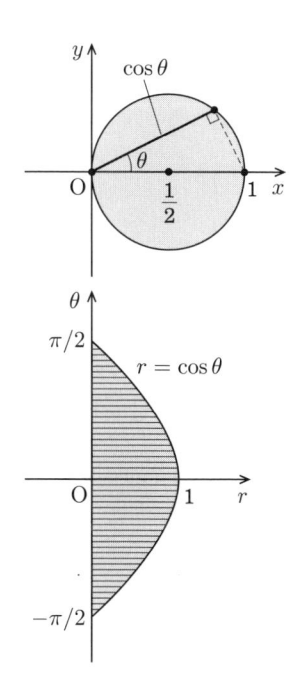

**定理 27.2（ガウス積分）**

$$\int_{-\infty}^{\infty} e^{-x^2}\, dx = \sqrt{\pi}.$$

**証明**　原点を中心とする半径 $R$ の閉円板を $D_R$ で表そう．このとき，正方形(区画) $Q_R := [-R, R] \times [-R, R]$ は包含関係

$$D_R \subset Q_R \subset D_{\sqrt{2}R}$$

を満たしている．よって公式 25.2 (2) と $e^{-x^2-y^2} > 0$ より，

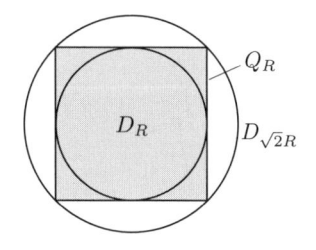

$$\iint_{D_R} e^{-x^2-y^2}\, dxdy \leqq \iint_{Q_R} e^{-x^2-y^2}\, dxdy \leqq \iint_{D_{\sqrt{2}R}} e^{-x^2-y^2}\, dxdy.$$

例題 27.2 より，

が成り立つ．よって $R \to \infty$ のとき，「はさみうちの原理」により，
$$\lim_{R \to \infty} \iint_{Q_R} e^{-x^2-y^2} \, dxdy = \pi.$$

$$\pi(1-e^{-R^2}) \leqq \iint_{Q_R} e^{-x^2-y^2} \, dxdy \leqq \pi(1-e^{-2R^2})$$

一方，$Q_R$ はタテ線領域なので，
$$\iint_{Q_R} e^{-x^2-y^2} \, dxdy = \int_{-R}^{R} dy \int_{-R}^{R} e^{-x^2-y^2} \, dx$$
$$= \underline{\int_{-R}^{R} e^{-y^2} \, dy} \underline{\underline{\int_{-R}^{R} e^{-x^2} \, dx}}$$
$$= \left( \int_{-R}^{R} e^{-x^2} \, dx \right)^2$$

（下線部と2重下線部はそれぞれ定数であり，独立に計算できることに注意）．
よって $I = \displaystyle\lim_{R \to \infty} \int_{-R}^{R} e^{-x^2} \, dx = \sqrt{\pi}.$ ∎

## 演習問題

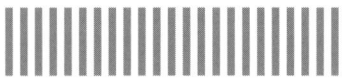

**問 27.1**　（変数変換）　変数変換を用いて以下の積分を求めよ．

(1) $I = \displaystyle\iint_D \frac{1}{(x^2+y^2)^m} \, dxdy, \ D = \{(x,y) \mid 1 \leqq x^2+y^2 \leqq 4\}$

(2) $I = \displaystyle\iint_D \sin(x^2+y^2) \, dxdy, \ D = \{(x,y) \mid \pi/2 \leqq x^2+y^2 \leqq \pi\}$

(3) $I = \displaystyle\iint_D (x+y)e^{x-y} \, dxdy, \ D = \{(x,y) \mid 0 \leqq x-y \leqq 1, \ 0 \leqq x+y \leqq 1\}$

(4) $I = \displaystyle\iint_D x^2 \, dxdy, \ D = \{(x,y) \mid x^2+y^2 \leqq x\}$

(5) $I = \displaystyle\iint_D xy \, dxdy, \ D = \left\{(x,y) \mid \frac{x^2}{4}+y^2 \leqq 1, \ y \geqq 0\right\}$

# 第28章

# 体積と曲面積

重積分の計算に慣れたところで,「体積」と「曲面積」の計算に応用してみよう. 本章の目標は $C^1$ 級関数 $z = f(x,y)$ が閉領域 $D$ 上で定義されているとき, その 3 次元グラフが囲む体積と, 3 次元グラフそのものの曲面積を定義し, 値を計算することである.

## 28.1 グラフで囲まれた部分の体積

重積分を用いて, 2つの関数の 3 次元グラフに囲まれる部分の「体積」を定義しよう.

**定義（曲面ではさまれた部分の体積）** $xy$ 平面上の閉領域 $D$ 上の連続関数 $\phi_1(x,y)$ と $\phi_2(x,y)$ が $\phi_1(x,y) \leqq \phi_2(x,y)$ を満たすとき, それらの 3 次元グラフで囲まれる部分

$$K = \{(x,y,z) \mid (x,y) \in D, \ \phi_1(x,y) \leqq z \leqq \phi_2(x,y)\}$$

の体積を

$$\iint_D \{\phi_2(x,y) - \phi_1(x,y)\}\, dxdy$$

で定義し, $\mathbf{Vol}(K)$ で表す.

**例1** これまで計算してきた重積分 $\iint_D f(x,y)\,dxdy$ は $z = f(x,y)$ と $xy$ 平面 $z = 0$ で囲まれる部分の符号付き体積だといえる. とくに, $f(x,y) \geqq 0$ であれば本当に体積である.

**例題28.1**（円錐の体積） 半径 $R$ の円板を底面とする高さ $h$ の円錐の体積 $V$ を求めよ.

**解** 求める円錐の体積は，原点中心の円板 $D = \{(x,y) \mid x^2 + y^2 \leqq R^2\}$ の上で定義された関数 $z = h\left(1 - \dfrac{\sqrt{x^2+y^2}}{R}\right)$ の3次元グラフと，$xy$ 平面 $z = 0$ が囲む部分の体積である．よって極座標変換を用いて，

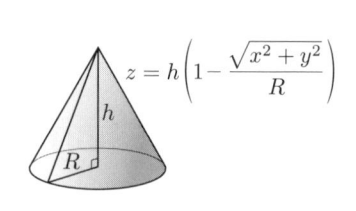

$$V = \iint_D h\left(1 - \frac{\sqrt{x^2+y^2}}{R}\right) dxdy = h\int_0^{2\pi} \left(\int_0^R \left(1 - \frac{r}{R}\right) r\, dr\right) d\theta$$
$$= h\int_0^{2\pi} d\theta \left[\frac{r^2}{2} - \frac{r^3}{3R}\right]_0^R = 2\pi h \frac{R^2}{6} = \frac{\pi R^2 h}{3}.$$ ∎

**例題 28.2** （円柱の交差する部分） $R > 0$ を定数とするとき，ふたつの円柱

$$\{(x,y,z) \mid x^2 + y^2 \leqq R^2\}$$
$$\{(x,y,z) \mid x^2 + z^2 \leqq R^2\}$$

の共通部分の体積 $V$ を求めよ．

**解** 求める立体の体積は，原点中心の円板 $D = \{(x,y) \mid x^2 + y^2 \leqq R^2\}$ の上で定義された関数 $z = \sqrt{R^2 - x^2}$ と $z = -\sqrt{R^2 - x^2}$ の3次元グラフによって囲まれる部分の体積である．$D$ はタテ線領域

$$D = \left\{(x,y) \mid -R \leqq x \leqq R, -\sqrt{R^2 - x^2} \leqq y \leqq \sqrt{R^2 - x^2}\right\}$$

とみなせることに注意すると，

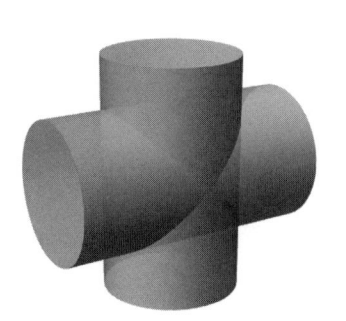

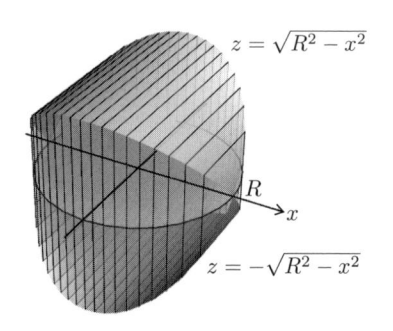

$$V = \iint_D \left\{\sqrt{R^2 - x^2} - (-\sqrt{R^2 - x^2})\right\} dxdy = \iint_D 2\sqrt{R^2 - x^2}\, dxdy$$
$$= \int_{-R}^{R} \left(\int_{-\sqrt{R^2-x^2}}^{\sqrt{R^2-x^2}} 2\sqrt{R^2-x^2}\, dy\right) dx = \int_{-R}^{R} 2\sqrt{R^2-x^2} \left(\int_{-\sqrt{R^2-x^2}}^{\sqrt{R^2-x^2}} dy\right) dx$$
$$= 4\int_{-R}^{R} (R^2 - x^2)\, dx = 8\left[R^2 x - \frac{x^3}{3}\right]_0^R = \frac{16R^3}{3}. \blacksquare$$

## 28.2 曲面積の定義

平面集合の「面積」は重積分を用いて定義された．その考え方を一般化して，平面でない曲面の面積（「曲面積」）を重積分を用いて定義してみよう．

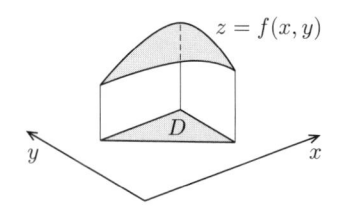

ここで考える「曲面」とは，閉領域 $D$ 上で定義された $C^1$ 級関数 $z = f(x, y)$ の3次元グラフのことである．まずはその曲面積を定義し，その定義が妥当であることを確認する．

**準備** $xy$ 平面 $z = 0$ を $P_0$ で表す．また，方程式 $z = Ax + By + C$ で表される平面を $P$ で表す．さらに，平面 $P$ 内の集合 $E$ に対し，それを $P_0$ に「射影」した集合を $D$ とする．すなわち，$(x, y, z) \in E$ から平面 $P_0$ に下ろした垂線の足は $(x, y, 0)$ であるから，

$$D := \{(x, y, 0) \mid (x, y, z) \in E\}$$

と定義される集合である．

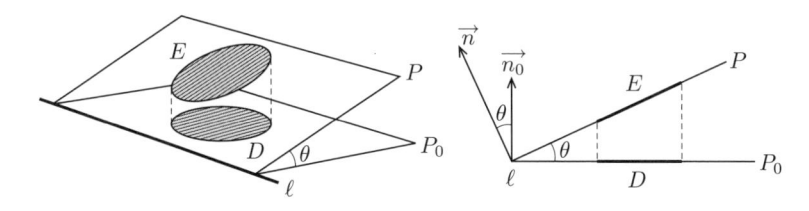

いま平面 $P$ と平面 $P_0$ のなす角を $\theta$ （ただし $0 \leqq \theta < \pi/2$）とするとき，

$$\text{Area}(E) \cos\theta = \text{Area}(D) \iff \text{Area}(E) = \text{Area}(D) \cdot \frac{1}{\cos\theta} \tag{28.1}$$

が成り立つ（理由は単純で，図のように $E$ と $D$ を同じ幅の短冊に裁断してから面積を比較すればよい）．

さらに $\cos\theta$ は定数 $A$ と $B$ を用いて表現できる：平面 $P_0$ の法線ベクトルとして $\overrightarrow{n_0} = (0,0,1)$ を，$P$ の法線ベクトルとして $\overrightarrow{n} = (-A,-B,1)$ を選ぶ[1]．このとき，

$$\cos\theta = \frac{\overrightarrow{n}\cdot\overrightarrow{n_0}}{|\overrightarrow{n}||\overrightarrow{n_0}|} = \frac{(-A)\cdot 0+(-B)\cdot 0+1\cdot 1}{\sqrt{(-A)^2+(-B)^2+1^2}\sqrt{0^2+0^2+1^2}} = \frac{1}{\sqrt{A^2+B^2+1}}.$$

式 (28.1) とあわせると，次の関係式を得る：

$$\text{Area}(E) = \text{Area}(D)\sqrt{A^2+B^2+1}. \tag{28.2}$$

**曲面積の定義**　以上の考察をふまえて，グラフの曲面積を次のように定義しよう．

---

**定義（3次元グラフの曲面積）** 集合 $D$ 上で定義された関数 $z = f(x,y)$ が $C^1$ 級であるとき，そのグラフ

$$K = \{(x,y,f(x,y)) \mid (x,y) \in D\}$$

の**曲面積**（もしくは単に**面積**）を

$$\textbf{Area}(\textbf{\textit{K}}) := \iint_D \sqrt{(f_x)^2+(f_y)^2+1}\,dxdy \tag{28.3}$$

と定義する．

---

**定義の正当化**　この積分がグラフ $K$ の「面積」として妥当な量であることをいくつかのステップに分けて確認しよう．

**（ア）**　まず十分に小さい $r > 0$ を選び，幅 $r$ の升目の仮想的な方眼紙を $xy$ 平面に敷く．これを用いて，閉集合 $D$ を図のように大量の正方形で近似する．

**（イ）**　これらの正方形を $D_1, D_2, \cdots, D_N$ とする．このとき，各 $D_i$ ($1 \leqq i \leqq N$) の左下隅の点を $(x_i, y_i)$ とすれば，区画の記号を用いて

---

[1] $P$ の方程式は $Ax+By-z+C=0 \iff \begin{pmatrix}A\\B\\-1\end{pmatrix}\cdot\begin{pmatrix}x\\y\\z\end{pmatrix} = \begin{pmatrix}A\\B\\-1\end{pmatrix}\cdot\begin{pmatrix}0\\0\\C\end{pmatrix}$ と表現できる（第 15 章の演習問題，問 15.3 参照）．したがって法線ベクトルの方向は $\pm(A,B,-1)$ の 2 種類考えられるが，図のように $z$ 成分が $\overrightarrow{n_0}$ と同じく正になるように，$(-A,-B,1)$ を選ぶ必要がある．

$$D_i = [x_i, x_i + r] \times [y_i, y_i + r]$$

と表される.

**(ウ)** グラフ $K$ を区画 $D_i$ の上に制限した「断片」を $K_i$ と表す. このとき, $K_i$ はグラフ $K$ の $(x_i, y_i, f(x_i, y_i))$ における接平面 $P_i$ によって近似されるであろう ($f(x, y)$ は $C^1$ 級, よって $D$ 上全微分可能). より正確に, 接平面 $P_i$ を区画 $D_i$ の上に制限した「断片」を $E_i$ と表すと, $K_i$ は $E_i$ で近似されることになる.

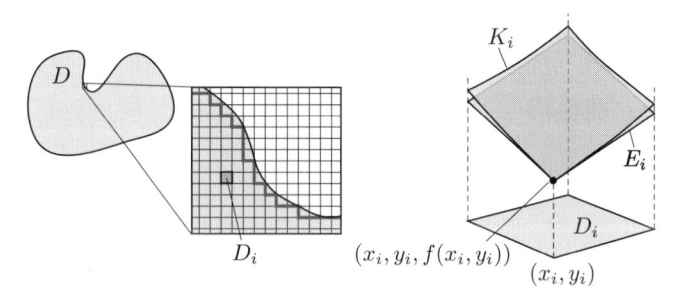

**(エ)** $A_i := f_x(x_i, y_i)$, $B_i := f_y(x_i, y_i)$ とおくと, 接平面 $P_i$ の方程式は式 (17.3) より

$$z = f(x_i, y_i) + A_i(x - x_i) + B_i(y - y_i)$$
$$\iff z = A_i x + B_i y + \{f(x_i, y_i) - A_i x_i - B_i y_i\}$$

であるから, (ウ) と式 (28.2) より

$$\text{Area}(E_i) = \text{Area}(D_i)\sqrt{A_i^2 + B_i^2 + 1}.$$

**(オ)** よってグラフ $K$ の考えうる「面積」の近似値として「各 $K_i$ を近似した $E_i$ の面積の総和」

$$\sum_{i=1}^{N} \text{Area}(E_i) = \sum_{i=1}^{N} \sqrt{A_i^2 + B_i^2 + 1} \cdot \text{Area}(D_i)$$

を取るのが妥当であろう. 升目の大きさ $r$ を小さくすれば $N$ は増大するが近似は良くなると考えられるから,

$$\iint_D \sqrt{(f_x)^2 + (f_y)^2 + 1}\, dxdy = \lim_{\substack{r \to +0 \\ N \to \infty}} \sum_{i=1}^{N} \sqrt{A_i^2 + B_i^2 + 1} \cdot \text{Area}(D_i).$$

を $K$ の「面積」と定義するのである.

次の図は，区画 $[0,1] \times [0,1]$ 上で関数 $f(x,y) = 1 - (x^2 + y^2)/2$ のグラフを接平面の断片で近似する様子である．

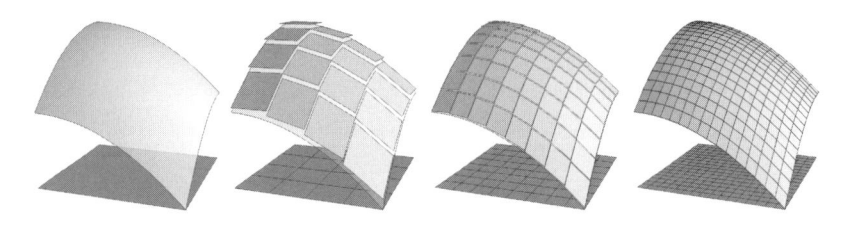

## 28.3 体積と曲面積

まずはおなじみの「球の体積」「球面の面積」の公式を確認してみよう．

**例題 28.3**（球の体積・面積）半径 $R$ の球面の体積は $\dfrac{4\pi R^3}{3}$，曲面積は $4\pi R^2$ であることを示せ．

**解** **体積** まず $D = \{(x,y) \mid x^2 + y^2 \leq R^2\}$ とおく．原点中心半径 $R$ の球面の方程式は

$$x^2 + y^2 + z^2 = R^2 \iff z = \pm\sqrt{R^2 - x^2 - y^2}$$

なので，球の上半分の体積を積分で表示すれば

$$\frac{[球の体積]}{2} = \iint_D \sqrt{R^2 - x^2 - y^2}\, dxdy = \int_0^{2\pi} d\theta \int_0^R \sqrt{R^2 - r^2}\, r\, dr$$

$$= 2\pi \left[ -\frac{1}{3}(R^2 - r^2)^{3/2} \right]_0^R = 2\pi \frac{R^3}{3}.$$

よって求める球の体積は $\dfrac{4\pi R^3}{3}$．

**面積** 上半分にあたる関数 $z = f(x,y) = \sqrt{R^2 - x^2 - y^2}$ の 3 次元グラフの曲面積を定義式 (28.3) に従って計算し，2 倍すればよい．

$$f_x(x,y) = \frac{-x}{\sqrt{R^2 - x^2 - y^2}}, \quad f_y(x,y) = \frac{-y}{\sqrt{R^2 - x^2 - y^2}}$$

より，$D = \{(x,y) \mid x^2 + y^2 \leq R^2\}$ とおくと

$$
\begin{aligned}
[\text{求める面積}] &= 2\iint_D \sqrt{(f_x)^2 + (f_y)^2 + 1}\,dxdy \\
&= 2\iint_D \sqrt{\frac{(-x)^2 + (-y)^2 + (R^2 - x^2 - y^2)}{R^2 - x^2 - y^2}}\,dxdy \\
&= 2R\iint_D \frac{1}{\sqrt{R^2 - x^2 - y^2}}\,dxdy = 2R\int_0^{2\pi} d\theta \int_0^R \frac{r}{\sqrt{R^2 - r^2}}\,dr \\
&= 2R \cdot 2\pi \cdot \Big[\,-\sqrt{R^2 - r^2}\,\Big]_0^R = 4\pi R \cdot R = 4\pi R^2. \quad\blacksquare
\end{aligned}
$$

**注意** $f_x$ と $f_y$ は $D$ の境界で発散し連続ではないので，厳密には原点中心半径 $R - \delta$ の閉円板上で同じ積分を計算し，$\delta \to +0$ としなくてはならない．

**例題28.4** （円柱で切り取られる球面） 半径 $R$ の半球体 $\{(x,y,z) \mid x^2 + y^2 + z^2 \leqq R^2, z \geqq 0\}$ 内で，円柱

$$\left\{(x,y,z) \,\Big|\, \left(x - \frac{R}{2}\right)^2 + y^2 \leqq \frac{R^2}{4}\right\}$$

で囲まれる部分の体積と，それが切りとる球面の一部の曲面積を求めよ．

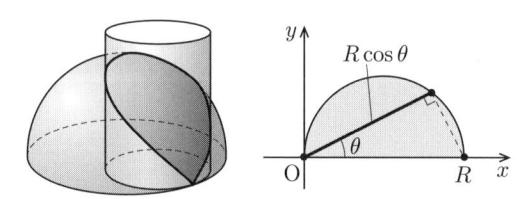

**解** 例題 28.3 と同じく $z = f(x,y) = \sqrt{R^2 - x^2 - y^2}$，とおき，積分領域として次の半円板をとる．

$$D = \left\{(x,y) \,\Big|\, \left(x - \frac{R}{2}\right)^2 + y^2 \leqq \frac{R^2}{4},\ y \geqq 0\right\}.$$

**体積** 極座標変換 $x = r\cos\theta,\ y = r\sin\theta$ を用いると，$D$ は $r\theta$ 平面のヨコ線領域

$$E = \{(r,\theta) \mid 0 \leqq \theta \leqq \pi/2,\ 0 \leqq r \leqq R\cos\theta\}$$

を変換したものになるので，

$$[\text{求める体積}] = 2\iint_D \sqrt{R^2 - x^2 - y^2}\,dxdy$$

$$= 2\iint_E \sqrt{R^2 - r^2} \cdot r\,drd\theta = 2\int_0^{\pi/2}\left(\int_0^{R\cos\theta} r\sqrt{R^2 - r^2}\,dr\right)d\theta$$

$$= 2\int_0^{\pi/2}\left[-\frac{1}{3}(R^2 - r^2)^{3/2}\right]_0^{R\cos\theta} d\theta = 2\int_0^{\pi/2}\frac{R^3 - R^3\sin^3\theta}{3}d\theta$$

$$= \frac{2R^3}{3}\left(\frac{\pi}{2} - \frac{2}{3}\right) = R^3\left(\frac{\pi}{3} - \frac{4}{9}\right).$$

**面積**　同様にして，

$$[\text{求める面積}] = 2\iint_D \sqrt{(f_x)^2 + (f_y)^2 + 1}\,dxdy = 2R\iint_D \frac{1}{\sqrt{R^2 - x^2 - y^2}}\,dxdy$$

$$= 2R\int_0^{\pi/2}\left(\int_0^{R\cos\theta}\frac{r}{\sqrt{R^2 - r^2}}\,dr\right)d\theta$$

$$= 2R\int_0^{\pi/2}\left[-\sqrt{R^2 - r^2}\right]_0^{R\cos\theta} d\theta$$

$$= 2R^2\int_0^{\pi/2}(-R\sin\theta + R)d\theta = 2R\left(\frac{\pi}{2} - 1\right) = R^2(\pi - 2). \quad\blacksquare$$

## 演習問題

**問 28.1**　（曲面積）　以下で与えられる関数 $f(x,y)$ と領域 $D$ に対し，$D$ 上の3次元グラフの面積を求めよ．

(1)　$f(x,y) = x^2 + y^2,\ D = \{(x,y) \mid x^2 + y^2 \leqq R^2\}$

(2)　$f(x,y) = xy,\ D = \{(x,y) \mid x^2 + y^2 \leqq R^2\}$

**問 28.2**　（回転体の表面積）　$C^1$ 級関数 $y = f(x)\ (a \leqq x \leqq b)$ のグラフを $x$ 軸のまわりに回転させて得られる曲面の面積 $S$ は

$$S = 2\pi\int_a^b |f(x)|\sqrt{1 + \{f'(x)\}^2}\,dx$$

で与えられることを示せ．

**問 28.3**　（楕円体の体積）　楕円体 $E: \dfrac{x^2}{a^2} + \dfrac{y^2}{b^2} + \dfrac{z^2}{c^2} = 1$ で囲まれる部分の体積を求めよ．

# 第29章

# 線積分とグリーンの定理

ハイキングに行ったとしよう．点 A からスタートし野山を歩き回り，再び点 A に戻るとき，私たちの足元の海抜高度（標高）は上下を繰り返し，再び点 A と同じ高さに戻ることになる．ごく「あたりまえ」のことだが，この事実を「ハイキングの原理」として数学的に定式化してみよう．本章ではさらに，ベクトル場の線積分と，応用の豊富な「グリーンの定理」について学ぶ．

## 29.1 勾配ベクトル場の線積分

野山の傾斜がどのように分布しているかを表現するものとして，次の「勾配ベクトル場」を導入しよう．

以下では，$\vec{p} = (x, y)$ をベクトル変数とし，関数 $z = f(x, y)$ を断りなく $z = f(\vec{p})$ とも表すことにする．

**定義（勾配ベクトル場）** $z = f(x, y)$ を $C^1$ 級関数とする．各（位置）ベクトル $\vec{p} = (x, y)$ に対し勾配ベクトル

$$\nabla f(\vec{p}) = \nabla f(x, y) = (f_x(x, y), f_y(x, y))$$

を対応させたものを関数 $f(x, y)$ の**勾配ベクトル場**とよぶ．

右の図は $f(x, y) = xy$ の区画 $[-2, 2] \times [-2, 2]$ における勾配ベクトル場 $\nabla f(\vec{p}) = (y, x)$ を図示したものである．

**例 1** $f(\vec{p})$ がある地域の海抜高度を表す関数であるとき，勾配ベクトル場は「その点に置いたボールが転がり始める向き」の「逆方向」を表現する．

また，いったん転がり始めたボールに対

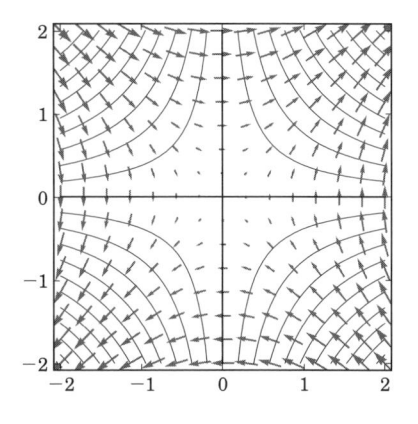

しても，その位置の勾配ベクトルの「逆方向」に力（重力と曲面からの垂直抗力の合力）がかかり続ける．

**勾配ベクトル場の線積分**　次に，野山を歩きながら標高の増減をカウントして行く様子を「線積分」として表現してみよう．いくつかのステップ（（ア）から（オ））に分けて定義する．

**（ア）**　以下，$z = f(x, y)$ はある区画 $D$ で定義された $C^1$ 級関数であるとする[1]．

**（イ）**　いま $D$ 上に定点 A と B をとり，その位置ベクトルを $\vec{a}$, $\vec{b}$ とおく．さらに，点 A と点 B を区画 $D$ 内で結ぶ滑らかな曲線 $C$ （第11.3節参照）を

$$\begin{cases} C: \vec{p} = \vec{p}(t) = (x(t), y(t)) \ (0 \leq t \leq 1) \\ \text{ただし } \vec{p}(0) = \vec{a}, \ \vec{p}(1) = \vec{b} \end{cases}$$

と定める．$t$ は時刻を表すパラメーターであり，$\vec{p}$ はちょうど1時間かけて点 A から点 B に曲線 $C$ 上を移動するのである．

**（ウ）**　区間 $[0, 1]$ を $N$ 分割する点

$$0 = t_0 < t_1 < t_2 < \cdots < t_N = 1$$

を考える．各時刻 $t_k$ $(0 \leq k \leq N)$ に対応する曲線 $C$ 上の点 $\vec{p}(t_k)$ を座標の形で

$$\vec{p_k} = (x_k, y_k)$$

で表すことにする[2]．さらに

$$\begin{cases} \Delta \vec{p_k} := \vec{p}_{k+1} - \vec{p_k} = (x_{k+1} - x_k, y_{k+1} - y_k) \\ \Delta f_k := f(\vec{p}_{k+1}) - f(\vec{p_k}) = f(x_{k+1}, y_{k+1}) - f(x_k, y_k) \end{cases}$$

とおこう．$f(x, y)$ は定義域上で $C^1$ 級，よって全微分可能であるから，

$$\Delta f_k = \begin{pmatrix} f_x(x_k, y_k) \\ f_y(x_k, y_k) \end{pmatrix} \cdot \begin{pmatrix} x_{k+1} - x_k \\ y_{k+1} - y_k \end{pmatrix} + o(\sqrt{(x_{k+1} - x_k)^2 + (y_{k+1} - y_k)^2})$$

---

[1] $D$ が区画であるという条件は便宜的なもので，たとえば円板でもよい．具体的には，「穴が空いてない領域」（いわゆる単連結領域）であればよい．

[2] ハイキング中，一歩進むごとに時間を記録したのが $\{t_k\}$ で，そのときの位置を記録したのが $\{\vec{p_k}\}$ だと思えばよい．歩幅を縮めて行くことで，私たちの動きは曲線 $C$ を限りなく近似する．

$$\approx \nabla f(\vec{p_k}) \cdot \Delta\vec{p_k}.$$

が成り立っている（すなわち，下線の誤差部分は無視）．

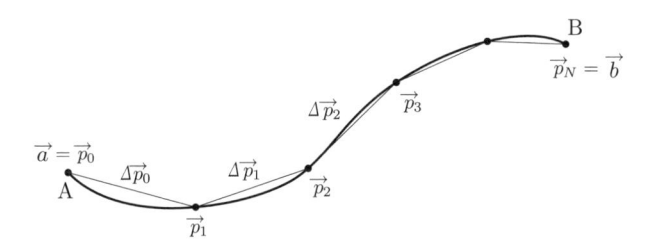

**（エ）** いま
$$\vec{b} = \vec{a} + \Delta\vec{p_0} + \Delta\vec{p_1} + \cdots + \Delta\vec{p}_{N-1}$$
より
$$f(\vec{b}) = f(\vec{a}) + \Delta f_0 + \Delta f_1 + \cdots + \Delta f_{N-1}$$

が成り立つので，

$$f(\vec{b}) - f(\vec{a}) = \sum_{k=0}^{N-1} \Delta f_k \quad :\text{点Bと点Aの標高の差}$$
$$\approx \sum_{k=0}^{N-1} \nabla f(\vec{p_k}) \cdot \Delta\vec{p_k} \qquad (*)$$

という近似式を得る．

**（オ）** このとき，曲線 $C$ の分割数 $N$ を増やし，時刻の分割の最大幅
$$\max\{|t_{k+1} - t_k| \mid 0 \leqq k < N\}$$
が 0 に近づくようにすれば，$(*)$ の値は「一定の実数値」に近づくことが知られている．この値を記号

$$\int_C \nabla f(\vec{p}) \cdot d\vec{p}$$

で表し，**勾配ベクトル場 $\nabla f(\vec{p})$ の曲線 $C$ に沿った線積分**とよぶ．

　この場合，「一定の実数値」とは「標高の差」$f(\vec{b}) - f(\vec{a})$ にほかならない．よって $f(x,y)$ の勾配ベクトル場 $\nabla f(\vec{p})$ に関して，次の定理を得る：

**定理 29.1 (ハイキングの原理)** $z = f(x, y)$ を区画 $D$ 上の $C^1$ 級関数, $\nabla f(\vec{p})$ をその勾配ベクトル場とする. また, $\vec{a}, \vec{b} \in D$ を固定し, $D$ 内でこれらの点を結ぶ滑らかな曲線 $\vec{p} = \vec{p}(t)$ (ただし $0 \leq t \leq 1$, $\vec{p}(0) = \vec{a}$, $\vec{p}(1) = \vec{b}$) を選ぶ.
このとき,
$$f(\vec{b}) - f(\vec{a}) = \int_C \nabla f(\vec{p}) \cdot d\vec{p}.$$
とくに, 右辺の線積分の値は端点 $\vec{a}, \vec{b} \in D$ のみに依存し, 積分経路 $C$ の取り方に依存しない.

**注意** この定理は「微積分の基本定理 2」(定理 10.5) の一般化になっている. 実際, 以上の議論をすべて $x$ 軸 ($y = 0$) 上に制限すれば「微積分の基本定理 2」そのものが得られる.

## 29.2 一般のベクトル場の線積分

勾配ベクトル場を一般化して, 各ベクトル $\vec{p} = (x, y)$ にベクトル
$$V(\vec{p}) = \begin{pmatrix} u(x, y) \\ v(x, y) \end{pmatrix}$$
(ただし, $u(x, y), v(x, y)$ は $(x, y)$ の $C^1$ 級関数) を対応させたものを単に**ベクトル場**という.

**線積分** 先ほどの (イ), (ウ) で構成した曲線 $C$ とその各時刻 $t_k$ ($0 \leq k \leq N$) に対応する分割点 $\vec{p}_k = (x_k, y_k)$ に対し,
$$\Delta \vec{p}_k = \begin{pmatrix} \Delta x_k \\ \Delta y_k \end{pmatrix} := \begin{pmatrix} x_{k+1} - x_k \\ y_{k+1} - y_k \end{pmatrix}$$
とおくと,
$$\sum_{k=0}^{N-1} V(\vec{p}_k) \cdot \Delta \vec{p}_k = \sum_{k=0}^{N-1} \begin{pmatrix} u(x_k, y_k) \\ v(x_k, y_k) \end{pmatrix} \cdot \begin{pmatrix} \Delta x_k \\ \Delta y_k \end{pmatrix}$$
$$= \sum_{k=0}^{N-1} u(x_k, y_k) \Delta x_k + v(x_k, y_k) \Delta y_k. \quad (29.1)$$
このとき先ほどの (オ) と同様に, 曲線 $C$ の分割数 $N$ を増やし, 時刻の分割の最大幅
$$\max \{ |t_{k+1} - t_k| \mid 0 \leq k < N \}$$

が 0 に近づくようにすれば，式 (29.1) の値は「一定の実数値」に近づくことが知られている．この値を記号

$$\int_C V(\vec{p}) \cdot d\vec{p} = \int_C u(x,y)\,dx + v(x,y)\,dy$$

で表し，ベクトル場 $V(\vec{p})$ の曲線 $C$ に沿った**線積分**とよぶ．また，$C$ をこの線積分の**積分経路**とよぶ．

**例2** $f(x,y)$ を $C^1$ 級関数とする．$V(\vec{p}) = \nabla f(\vec{p}) = (f_x(x,y), f_y(x,y))$ のとき，

$$\int_C \nabla f(\vec{p}) \cdot d\vec{p} = \int_C f_x(x,y)\,dx + f_y(x,y)\,dy$$

と表される．

**計算公式** 線積分を定義のまま計算するのは難しいから，普通の 1 次元の積分に帰着させる公式を紹介しておこう（証明略）．

**公式 29.2**（線積分の計算）$C : \vec{p}(t) = (x(t), y(t))\ (\alpha \leqq t \leqq \beta)$ に対し，

$$\int_C u(x,y)\,dx + v(x,y)\,dy$$
$$= \int_\alpha^\beta \{u(x(t),y(t))x'(t) + v(x(t),y(t))y'(t)\}\,dt.$$

これは式 (29.1) において $\Delta x_k \approx x'(t_k)\Delta t_k$, $\Delta y_k \approx y'(t_k)\Delta t_k$ と近似し，$t$ の積分に書き換えたものである．

**例題 29.1**（ベクトル場の線積分）ベクトル場 $V(\vec{p}) = (2x, 2y)$ および定数 $\alpha > 0$ に対し，積分路 $C = C_\alpha : \vec{p}(t) = (t, t^\alpha)\ (0 \leqq t \leqq 1)$ に沿った線積分の値を求めよ．

**解** 公式 29.2 より

$$\int_C 2x\,dx + 2y\,dy = \int_0^1 \left(2t \cdot 1 + 2t^\alpha \cdot \alpha t^{\alpha-1}\right) dt = \left[\,t^2 + t^{2\alpha}\,\right]_0^1 = 2.$$

この値は $\alpha$ に依存しない！実際，$f(x,y) = x^2 + y^2$ とすると $V(\vec{p}) = \nabla f(\vec{p})$ であるから，勾配ベクトル場になっている．定理 29.1 （ハイキングの原理）より，この線積分の値は積分路のとり方に（したがって $\alpha$ にも）依存しないのである． ∎

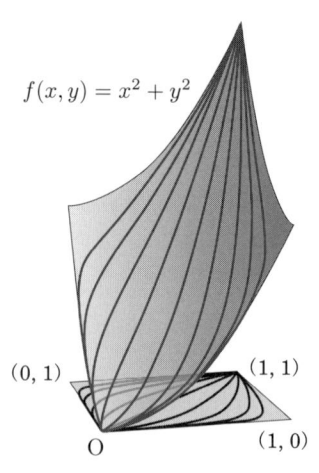

**例題 29.2** （勾配ベクトル場でない例） ベクトル場 $V(\vec{p}) = (-y, x)$ および定数 $r > 0$ に対し，円周 $C = C_r : \vec{p}(t) = (r\cos t, r\sin t)$ $(0 \leq t \leq 2\pi)$ に沿った線積分の値を求めよ．また，このベクトル場は勾配ベクトル場ではないことを示せ．

**解** 公式 29.2 より

$$\int_C -y\,dx + x\,dy$$
$$= \int_0^{2\pi} \{-r\sin t \cdot (-r\sin t) + r\cos t \cdot r\cos t\}\,dt$$
$$= r^2 \int_0^{2\pi} dt = 2\pi r^2.$$

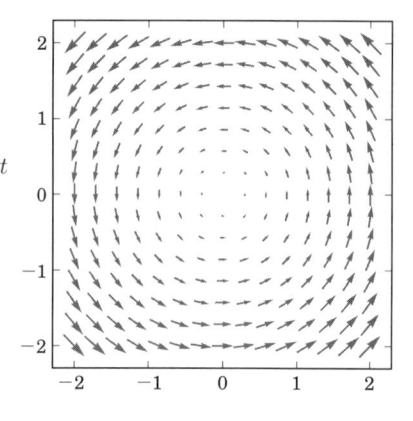

もし $V(\vec{p})$ がある関数 $f(\vec{p})$ の勾配ベクトル場であれば，定理 29.1 （ハイキングの原理）より積分値は $f(\vec{p}(2\pi)) - f(\vec{p}(0)) = 0$ となるはずである．しかし上の積分計算から $2\pi r^2 = 0$ となり $r > 0$ に矛盾する．したがってベクトル場 $V(\vec{p})$ は勾配ベクトル場ではない．∎

## 29.3 グリーンの定理

応用上極めて重要な「グリーンの定理」について解説しよう．

**単純閉曲線** 滑らかな曲線（もしくは区分的に滑らかな曲線，たとえば長方形の境界など） $C : \vec{p} = \vec{p}(t)$ $(0 \leq t \leq 1)$ が**単純閉曲線**であるとは，始点と終点が一

致し，かつ自己交差しないことをいう．すなわち，$\vec{p}(0) = \vec{p}(1)$ かつ $0 \leqq t < s < 1$ のとき $\vec{p}(t) \neq \vec{p}(s)$ であればよい．

単純閉曲線 $C$ で囲まれる有界な閉集合を $D$ と表そう．$t$ を時間パラメーターと考えると曲線には自然な「進行方向」が定まるが，必要なら $\vec{p}(t)$ を $\vec{p}(1-t)$ と置き換えて，「進行方向」の左側に $D$ があると仮定してよい．このとき，次が成り立つ：

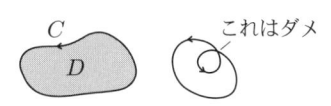

**定理29.3**（グリーンの定理）関数 $u = u(x,y)$, $v = v(x,y)$ は上の $C$ と $D$ を含む開集合上で定義された $C^1$ 級関数とする．このとき，

$$\int_C u\,dx + v\,dy = \iint_D (v_x - u_y)\,dxdy. \tag{29.2}$$

**例3**（ハイキング）$f(x,y)$ を $C^2$ 級関数とするとき，$u = f_x$, $v = f_y$ は $C^1$ 級関数である．このとき $v_x - u_y = (f_y)_x - (f_x)_y = 0$（偏微分の順序交換，定理22.1）．よってグリーンの定理（定理29.3）より，単純閉曲線 $C$ に対し

$$\int_C f_x(x,y)\,dx + f_y(x,y)\,dy = 0.$$

これは「ハイキングの原理」（定理29.1）の特別な場合で，野山を一周して帰ってきたらもとの海抜高度に戻る，というあたりまえの事実を表現している．

**面積の公式** 式 (29.2) において $(u,v) = (0,x)$ もしくは $(u,v) = (-y,0)$ とすれば，$v_x - u_y = 1$ より $D$ の面積を与える公式を得る：

**公式29.4**（単純閉曲線で囲まれる面積）

$$\mathrm{Area}(D) = \int_C x\,dy = \int_C -y\,dx.$$

**例題29.3**（楕円の面積）長径 $a$，短径 $b$ の楕円の面積は $\pi ab$ で与えられることを示せ．

**解** $C : \vec{p}(t) = (a\cos t, b\sin t)\ (0 \leqq t \leqq 2\pi)$ とおくと，公式 29.4 より

$$\text{Area}(D) = \int_C x\,dy = \int_0^{2\pi} a\cos t \cdot b\cos t\,dt = ab\int_0^{2\pi} \frac{1+\cos 2t}{2}\,dt = \pi ab. \ \blacksquare$$

**証明** （定理 29.3（グリーンの定理）の証明）　たとえば図（左）のような積分領域が与えられているときは，線分を用いて細かく分割することで，図（右）のような積分領域 $D$（その境界 $C$ はヨコ線 $C_1$，単調な関数のグラフ $C_2$，タテ線 $C_3$ をつないだもの）の積分に帰着される．なぜなら，分割線上の積分は相殺されるし，積分領域を分割したら重積分も分割されるからである（公式 25.2 (1)）．

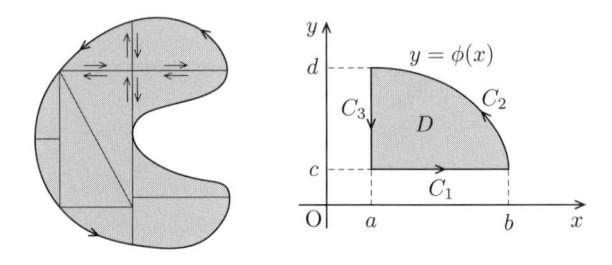

このような集合はタテ線領域でありヨコ線領域でもあるから，積分の計算と相性がよい．いま，$C_2$ のグラフは $y = \phi(x)$ と表されるとしよう．このとき，たとえば $u = u(x,y)$ の場合，

$$\begin{aligned}
\int_C u\,dx &= \int_{C_1} u\,dx + \int_{C_2} u\,dx + \int_{C_3} u\,dx \\
&= \int_a^b u(x,c)\,dx + \int_b^a u(x,\phi(x))\,dx + \underline{\underline{\int_a^a u(a,y)\,dx}} \\
&= -\int_a^b \underline{\{u(x,\phi(x)) - u(x,c)\}}\,dx + \underline{\underline{0}} \\
&= -\int_a^b \underline{\left\{\int_c^{\phi(x)} u_y(x,y)\,dy\right\}}\,dx \\
&= -\iint_D u_y\,dx\,dy
\end{aligned}$$

となる．下線部では $x$ を固定して，「微積分の基本定理 2」（定理 10.5）を用いた．同様の計算で

$$\int_C v\,dy = \iint_D v_x\,dx\,dy$$

も得るから，グリーンの定理が成り立つ．■

**参考** グリーンの定理において $V(\vec{p}) = \begin{pmatrix} u(x,y) \\ v(x,y) \end{pmatrix}$ として定まるベクトル場に対し，

$$\mathrm{rot}\,V(\vec{p}) := -u_y(x,y) + v_x(x,y) \in \mathbb{R}$$

で定まる関数をベクトル場 $V(\vec{p})$ の**回転**とよぶ．この記号を用いると，グリーンの定理は

$$\int_C V(\vec{p}) \cdot d\vec{p} = \iint_D \mathrm{rot}\,V(\vec{p})\,dxdy$$

と表現される．

## 演習問題

**問 29.1** （線積分）以下の積分の $C$ に曲線 $C_1 : \vec{p} = \vec{p}(t) = (t, 0)$ $(-1 \leqq t \leqq 1)$, $C_2 : \vec{p} = \vec{p}(t) = (t^2, t)$ $(0 \leqq t \leqq 1)$, $C_3 : \vec{p} = \vec{p}(t) = (\cos t, \sin t)$ $(0 \leqq t \leqq 2\pi)$ を代入して，線積分の値を計算せよ．

(1) $\displaystyle\int_C dx + dy$　　(2) $\displaystyle\int_C x\,dx - y\,dy$　　(3) $\displaystyle\int_C (x^2 - y^2)\,dx - 2xy\,dy$

**問 29.2** （面積）公式 29.4 を用いて，アステロイド

$$C : \vec{p}(t) = (a\cos^3 t, a\sin^3 t)\ (0 \leqq t \leqq 2\pi)$$

で囲まれる部分の面積を求めよ．ただし，$a > 0$ は定数とする．

**問 29.3** 単純閉曲線 $C$ が囲む領域を $D$ とし，積分 $I := \displaystyle\int_C \frac{-y\,dx + x\,dy}{x^2 + y^2}$ を考える．このとき，以下を示せ．

(1) $D$ に原点が含まれるとき，$I = 2\pi$．
(2) $D$ に含まれないとき，$I = 0$．

# 演習問題のヒントと略解

**問 1.1** $\sqrt{2} = p/q$ （ただし $p$ と $q$ は共通因数を持たない自然数）とおくと，$2q^2 = p^2$．これより（2 は素数なので）$p$ は 2 を素因数にもつから，$p = 2r$ とおいてよい．このとき $2q^2 = (2r)^2$ より $q^2 = 2r^2$ となるが，同様の議論から $q$ も 2 を素因数にもつ．これは $p$ と $q$ が共通因数をもたないという仮定に反する．

**問 1.2** $r < q$ を満たす自然数 $r, q$ に対し，$r/q = 0.p_1 p_2 p_3 \cdots$ が循環小数になることを示せば十分である．「$r$ 割る $q$」の筆算を文字で表現すると，まず $10r = p_1 q + r_1$ となる負でない整数 $p_1$ と $r_1$ $(0 \leqq r_1 < q)$ を求め，次に $10 r_1 = p_2 q + r_2$ となる負でない整数 $p_2$ と $r_1$ $(0 \leqq r_2 < q)$ を求め，…と続けていくことになるが，$r_k$ は 0 から $q - 1$ までの $q$ 通りの値しかとれないので，$r_m = r_n$ $(m < n)$ となる $m$ と $n$ が存在する．それらのうち最小のものをとり $L = m + 1, M = n - m$ とすれば，$k \geqq L$ のとき $p_k = p_{k+M}$ を満たす．

循環小数が有理数であることの証明は $p_0.p_1 p_2 \cdots$ が $p_0 + \sum_{k=1}^{L-1} p_k / 10^k + (p_L / 10^L + \cdots + p_{L+M-1} / 10^{L+M-1})(1 + 1/10^M + 1/10^{2M} + \cdots)$ と表現されることからわかる．

**問 2.1** $r = 1 + h$ $(h > 0)$ とおくと，二項定理より $r^n = (1 + h)^n = 1 + nh + \cdots + h^n > 1 + nh \to \infty$ $(n \to \infty)$．

**問 2.2** 例題 2.1 を参照．(1) $(1 + \sqrt{5})/2$ (2) $\sqrt{2}$ (3) $\sqrt{2}$ （方程式 $\alpha = \alpha/2 + 1/\alpha$ より $\alpha = \sqrt{2}$ が極限であると予想される．まず数学的帰納法で $\sqrt{2} < a_n$ を示す．これより $2 < a_n a_{n+1}$．漸化式より $a_{n+1} - a_{n+2} = \left( \dfrac{1}{2} - \dfrac{1}{a_n a_{n+1}} \right)(a_n - a_{n+1})$ が成り立つので，$\{a_n\}$ は単調減少．）

**問 2.3** $a = 1$ のときは明らか．$a > 1$ のとき $a^{1/n} = 1 + h_n$ $(h_n > 0)$ とおくと，二項定理より $a = (1 + h_n)^n > 1 + n h_n > n h_n$．よって $0 < h_n < a/n \to 0$ $(n \to \infty)$．$a < 1$ のときは $1/a > 1$ を考えればよい．

**問 2.4** 一般に $|x|^2 = x^2$ であることを用いると，$|A + B| \leqq |A| + |B| \iff |A + B|^2 \leqq (|A| + |B|)^2 \iff A^2 + 2AB + B^2 \leqq A^2 + 2|AB| + B^2 \iff AB \leqq |AB|$．最後の式は絶対値の定義より明らか．$X = A + B, Y = -B$ とおくと，$|X + Y| \leqq |X| + |Y|$ より $|A| \leqq |A + B| + |-B|$．よって $|A| - |B| \leqq |A + B|$．

**問 3.1** (1) 1 (2) 2 (3) $1/e$ (4) 3

**問 3.2** $\lim_{x \to +0} e^{1/x} = \lim_{t \to \infty} e^t = \infty$，$\lim_{x \to -0} e^{1/x} = \lim_{t \to \infty} e^{-t} = 0$．よって $\lim_{x \to 0} e^{1/x}$ は存在しない．

**問 3.3** 例題 3.1, 例題 3.2 を参照.

**問 3.4** (1) 三角不等式より $|A| - |B| = |A| - |-B| \leq |A - B|$. 同様に $|B| - |A| \leq |B - A|$ が成り立つから, $||A| - |B|| \leq |A - B|$. よって $x \to a$ のとき, $||f(x)| - |f(a)|| \leq |f(x) - f(a)| \to 0$. (2) $A$ と $B$ の大小で場合分け. (3) $\max\{f(x), g(x)\} = \dfrac{1}{2}\{f(x) + g(x) + |f(x) - g(x)|\}$ と (1) を用いる. (4) $\max\{f(x), g(x)\} = -\min\{-f(x), -g(x)\}$ を用いる.

**問 3.5** (1) $x_n = 1/(\pi/2 + 2n\pi)$ $(n = 1, 2, \cdots)$ とおくと $g(x_n) = \sin(1/x_n) = 1$. $n \to \infty$ のとき $x_n \to 0$ だが $g(x_n) \to g(0) = 0$ とならないので, $x = 0$ で連続ではない. (2) $|h(x)| = |x \sin(1/x)| \leq |x| \cdot 1 \to 0$ $(x \to 0)$. よって $x = 0$ のとき $h(x) \to 0$. よって $x = 0$ で連続.

**問 4.1** たとえばペア $(1.0, 2.0)$ からスタートすると, 二分法のアルゴリズムより (有効数字 6 桁で) $(1.0, 1.5)$, $(1.25, 1.5)$, $(1.25, 1.375)$, $(1.25, 1.3125)$, $(1.25, 1.28125)$, $(1.25, 1.26563)$, $(1.25781, 1.26563)$. この時点で誤差は $1/2^7 = 1/128 = 0.0078\cdots$ 以下となる.

**問 4.2** (1) $f(x) = x^3 - 2x + 5$ とおくと, これは連続関数であり, $f(-3) < 0$, $f(2) > 0$. 中間値の定理より $f(\alpha) = 0$ となる $\alpha \in (-3, 2)$ が存在する. (2) 略.

**問 4.3** $f(x) = (\tan x)/x$ とおくと, これは開区間 $(0, \pi/2)$ 上で連続である. $x \to 0+$ のとき $f(x) \to 1$, $x \to \pi/2 - 0$ のとき $f(x) \to +\infty$ であるから, 中間値の定理より $k > 1$ のとき $f(c) = k$ を満たす $c \in (0, \pi/2)$ が存在する.

**問 4.4** $g(x) = x - f(x)$ とおくとこれは閉区間 $[0, 1]$ 上の連続関数であり, $g(0) = -f(0) \in [-1, 0]$ かつ $g(1) = 1 - f(1) \in [0, 1]$. $g(0)$ もしくは $g(1)$ が $0$ であれば定理は明らか. そうでないとき, $g(0) < 0$ かつ $g(1) > 0$ となるので, 中間値の定理より $g(c) = 0$ となる $c \in (0, 1)$ が存在する.

**問 4.5** $a = x^{p/q} := (x^{1/q})^p$, $A = x^{P/Q} := (x^{1/Q})^P$ とおく. $Pq = Qp$ より, $A^{qQ} = x^{Pq} = x^{Qp} = a^{qQ}$. 関数 $f(x) = x^{qQ}$ $(x \geq 0)$ は 1 対 1 関数なので, $A = a$.

**問 4.6** (1) $r := A/B$, $s := a/b$ $(a, A, b, B$ は整数, $bB \neq 0)$ とおき, $x^r x^s = x^{r+s}$ を示そう. $r + s = (Ab + aB)/bB$ に注意すると, $(x^r x^s)^{bB} = x^{Ab+aB} = (x^{r+s})^{bB}$. 関数 $f(x) = x^{bB}$ $(x \geq 0)$ は 1 対 1 関数なので, $x^r x^s = x^{r+s}$. $(x^r)^s = x^{rs}$ も同様に示される. (2) $x > 1$ かつ $r < s$ のとき, $x^{s-r} > 1$ より $x^r < x^r x^{s-r} = x^s$. 他の場合も同様. (3) $r > 0$ かつ $x < y$ のとき, $r = a/b$ $(a, b$ は自然数) と表すと, 関数 $f(x) = x^{1/b}$, $g(x) = x^a$ は真に単調増加な関数なので, $x < y \iff x^{1/b} < y^{1/b} \iff (x^{1/b})^a < (y^{1/b})^a$. よって $x^r < y^r$. 他の場合も同様.

**問 5.1**  (1) $\pi/3$  (2) $\pi/4$  (3) $-\pi/3$  (4) $-\pi/3$  (5) $3\pi/4$

**問 5.2**  左が (1), 右が (2) のグラフ．

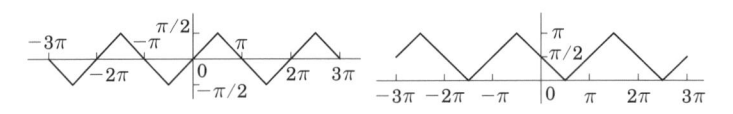

**問 5.3**  (1) $\alpha = \mathrm{Cos}^{-1}(4/5) \in [0,\pi]$ とおくと，$\cos\alpha = 4/5$ より $\alpha \in (0,\pi/2)$ かつ $\sin\alpha = \sqrt{1-(4/5)^2} = 3/5$．よって $\alpha = \mathrm{Sin}^{-1}(3/5)$．(2) $\alpha = \mathrm{Sin}^{-1}(3/5)$, $\beta = \mathrm{Sin}^{-1}(5/13)$ とおくと，$3/5$ と $5/13$ はともに $1/\sqrt{2}$ より小さいので，$\alpha,\beta \in (0,\pi/4)$．よって $\alpha+\beta \in (0,\pi/2)$．(1) と同様にして $\cos\alpha = 4/5, \cos\beta = 12/13$ であるから，加法定理より $\sin(\alpha+\beta) = (3/5)\cdot(12/13) + (4/5)\cdot(5/13) = 56/65$．したがって，$\alpha+\beta = \mathrm{Sin}^{-1}(56/65)$．(3) (2) と同様に加法定理 $\tan(\alpha+\beta) = (\tan\alpha + \tan\beta)/(1 - \tan\alpha\tan\beta)$ を用いる．(4) $\alpha := \mathrm{Sin}^{-1}x \in [-\pi/2, \pi/2]$ とおくと，$\pi/2 - \alpha \in [0,\pi]$．$x = \sin\alpha = \cos(\pi/2 - \alpha)$ より，$\mathrm{Cos}^{-1}x = \pi/2 - \alpha = \pi/2 - \mathrm{Sin}^{-1}x$．

**問 5.4**  (1)〜(4) はただの式変形である．グラフは左から $\sinh x$, $\cosh x$, $\tanh x$．

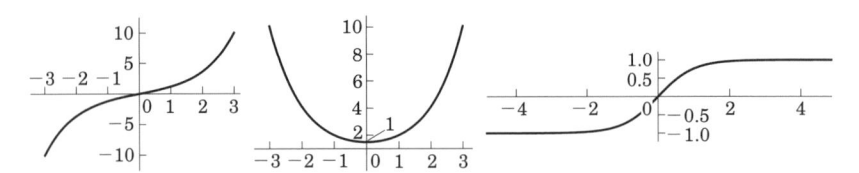

**問 5.5**  $a < b$ とすると，$\sinh b - \sinh a = \{e^b - e^a + (e^{-a} - e^{-b})\}/2 > 0$．よって真に単調増加である．$e^y = t > 0$ とおくと，$x = \sinh y = (t - 1/t)/2 \iff t^2 - 2xt - 1 = 0 \iff t = x + \sqrt{x^2+1}$．よって $y = \sinh^{-1}x = \log(x + \sqrt{x^2+1})$．他も同様である．

**問 6.1**  (1) $\tan x = \sin x/\cos x$ と公式 6.2 (3) を用いる．(2) $\log_a|x| = (\log|x|)/\log a$ (公式 5.3) を用いる．(3) $y = \mathrm{Cos}^{-1}x$ より $x = \cos y$ $(0 \leqq y \leqq \pi)$．$y$ で微分して $dx/dy = -\sin y = -\sqrt{1 - \cos^2 y} = -\sqrt{1-x^2}$．よって $dy/dx = -1/\sqrt{1-x^2}$．(4) $y = \mathrm{Tan}^{-1}x$ より $x = \tan y$ $(-\pi/2 \leqq y \leqq \pi/2)$．$y$ で微分して $dx/dy = 1/\cos^2 y = 1 + \tan^2 y = 1 + x^2$．よって $dy/dx = 1/(1+x^2)$．

**問 6.2**  (1) 例題 6.1 参照．$x \approx \pi/3$ のとき，$\cos x \approx \cos(\pi/3) - \sin(\pi/3)(x - \pi/3) = 1/2 - (\sqrt{3}/2)(x - \pi/3)$．$x = 63° = 60° + 3° = \pi/3 + \pi/60$ を代入して，$\cos 63° \approx 0.4546550\cdots$．相対誤差は約 $0.15\%$．(2) 例題 6.2 参照．まず $\sqrt[3]{28} = 3\sqrt[3]{1 + 1/27}$ と変形する．$x \approx 1$ のと

き $\sqrt[3]{x} \approx 1 + (1/3)(x-1)$ なので, $x = 1 + 1/27$ を代入して $\sqrt[3]{28} \approx 3(1 + (1/3) \cdot (1/27)) = 3 + 1/27 = 3.0370370\cdots$. 相対誤差は約 $0.015\%$.

**問6.3** (3) $f(x) = 1$ (定数関数) の場合にあたる $\{1/g(x)\}' = -g'(x)/g(x)^2$ を証明してから, 公式6.2 (2) を適用すればよい. $g(x) = g(a) + g'(a)(x-a) + o(x-a)$ のとき, $\dfrac{1}{g(x)} - \dfrac{1}{g(a)} = \dfrac{g(a) - g(x)}{g(x)g(a)} = -\dfrac{g'(a)(x-a) + o(x-a)}{g(x)g(a)} = -\dfrac{g'(a)}{g(x)g(a)}(x-a) + o(x-a)$ であるから, $x \to a$ のとき $\{1/g(x) - 1/g(a)\}/(x-a) = g'(a)/(g(x)g(a)) + o(x-a)/(x-a) \to g'(a)/g(a)^2$. (4) $f(a) = b$ とおき, $y = b$ で $g(y)$ が微分可能であるとする. このとき, $f(x) = f(a) + f'(a)(x-a) + r(x)(x-a)$, $g(y) = g(b) + g'(b)(y-b) + R(y)(y-b)$ (ただし $\lim_{x \to a} r(x) = \lim_{y \to b} R(y) = 0$) と表される. これより $g(f(x)) - g(f(a)) = g(y) - g(b) = g'(b)(y-b) + R(y)(y-b) = g'(f(a))\{f'(a)(x-a) + r(x)(x-a)\} + R(y)\{f'(a)(x-a) + r(x)(x-a)\}$. すなわち $\{g(f(x)) - g(f(a))\}/(x-a) = g'(f(a))f'(a) + \underline{g'(f(a))r(x) + R(y)\{f'(a) + r(x)\}}$ が成り立つ. $x \to a$ のとき $y = f(x) \to b = f(a)$ であるから, 下線部は $0$ に収束する. よって関数 $g(f(x))$ の $x = a$ における微分係数は $g'(f(a))f'(a)$.

**問6.4** (1) $(\sin x)^{\cos x - 1}(\cos^2 x - \sin^2 x \log(\sin x))$ (2) $\dfrac{2}{3}\sqrt[3]{\dfrac{x^2+1}{(x-1)^2}}\left(\dfrac{x}{x^2+1} - \dfrac{1}{x-1}\right)$ (3) $2\sqrt{1-x^2}$ (4) $f'(x)g(x)h(x) + f(x)g'(x)h(x) + f(x)g(x)h'(x)$.

**問7.1** 平均値の定理より, $f(x+L) - f(x) = f'(c)L$ となる $c \in (x, x+L)$ が存在する. $x \to \infty$ のとき $c \to \infty$ なので, $f(x+L) - f(x) = f'(c)L \to aL$.

**問7.2** 平均値の定理より, $f(x) = \sqrt{x}$ とおくと, $f'(x) = 1/(2\sqrt{x})$ より $f(x+1) - f(x) = f'(c) \cdot 1 = 1/(2\sqrt{c})$ となる $c \in (x, x+1)$ が存在する. $f'(x)$ は単調減少なので主張を得る.

**問7.3** 例題7.1参照. (1) $f(x) = x - \sin x$, $g(x) = \tan x - x$ とおくと, $f(0) = g(0) = 0$. $0 < x < \pi/2$ のとき, $f'(x) > 0$, $g'(x) > 0$ を確認する. (2) $f(x) = e^x - (1+x)$ とおくと, $f(0) = 0$. $0 < x < 1$ のとき $f'(x) = e^x - 1 > 0$. 一方 $g(x) = \dfrac{e^{-x}}{1-x}$ とおくと, $g(0) = 1$ かつ $0 < x < 1$ のとき $g'(x) = \dfrac{xe^{-x}}{(1-x)^2} > 0$. よって $g(x) > 1$. (3) $f(x) = \log(1+x) - x/(1+x)$ $(x \geqq 0)$ は $f(0) = 0$ かつ $f'(x) > 0$ $(x > 0)$ を満たす. (4) $f(x) = \sin x - 2x/\pi$ とおくと, $f(0) = f(\pi/2) = 0$. $f'(x) = \cos x - 2/\pi$ は閉区間 $[0, \pi/2]$ 上で真に単調減少であり $[0, \text{Cos}^{-1}(2/\pi)]$ で $f'(x) > 0$, $(\text{Cos}^{-1}(2/\pi), \pi/2]$ で $f'(x) < 0$. よって (増減表を参考にすれば) 区間 $(0, \pi/2)$ 上で $f(x) > 0$ がわかる.

**問7.4** (1) $1$ (2) $1/6$ (3) $1$ (4) $\sqrt{ab}$

**問8.1** $f^{(n)}(x)$ を $f^{(n)}$ などと略記する. $n = 0$ のとき公式 8.1 は明らか. ある $n \geqq$

0 について $(fg)^{(n)} = \sum_{k=0}^{n} {}_n\mathrm{C}_k f^{(k)} g^{(n-k)}$ と仮定する．両辺を微分すると，$(fg)^{(n+1)} = \sum_{k=0}^{n} {}_n\mathrm{C}_k \{f^{(k+1)} g^{(n-k)} + f^{(k)} g^{(n-k+1)}\}$．ここで $j = k+1$ とすれば，$\sum_{k=0}^{n} {}_n\mathrm{C}_k f^{(k+1)} g^{(n-k)} = \sum_{j=1}^{n+1} {}_n\mathrm{C}_{j-1} f^{(j)} g^{(n+1-j)} = f^{(n+1)} g^{(0)} + \sum_{k=1}^{n} {}_n\mathrm{C}_{k-1} f^{(k)} g^{(n+1-k)}$．二項係数の性質 ${}_{n+1}\mathrm{C}_k = {}_n\mathrm{C}_{k-1} + {}_n\mathrm{C}_k$ を用いると，$(fg)^{(n+1)} = f^{(0)} g^{(n+1)} + \sum_{k=1}^{n} ({}_n\mathrm{C}_{k-1} + {}_n\mathrm{C}_k) f^{(k)} g^{(n+1-k)} + f^{(n+1)} g^{(0)} = \sum_{k=0}^{n+1} {}_{n+1}\mathrm{C}_k f^{(k)} g^{(n+1-k)}$．よって公式 8.1 は $n+1$ に対しても成り立つ．

**問 8.2** (1) $(-1)^n n!/(x-a)^{n+1}$ (2) $2x^2/(x^2-1) = 2 + 1/(x-1) - 1/(x+1)$ と変形し (1) を適用する：$(-1)^n n! \{1/(x-1)^{n+1} - 1/(x+1)^{n+1}\}$ (3) $\sin(x + n\pi/2)$ (4) $(x+n)e^x$

**問 8.3** (1) $1 + x + x^2 + \cdots + x^{n-1} + \dfrac{x^n}{(1-c)^{n+1}}$ (2) $1 + \dfrac{x^2}{2!} + \dfrac{x^4}{4!} + \cdots + \dfrac{x^{2m}}{(2m)!} + \dfrac{\sinh c}{(2m+1)!} x^{2m+1}$ (3) $1 + \alpha x + \dfrac{\alpha(\alpha-1)}{2!} x^2 + \cdots + \dfrac{\alpha(\alpha-1)\cdots(\alpha-n+2)}{(n-1)!} x^{n-1} + \dfrac{\alpha(\alpha-1)\cdots(\alpha-n+1)}{n!} (1+c)^{\alpha-n} x^n$ (4) $x + x^2 + \dfrac{x^3}{2!} + \cdots + \dfrac{x^{n-1}}{(n-2)!} + (c+n)e^c \dfrac{x^n}{n!}$

**問 8.4** $0 \leqq m \leqq n$ のとき，$f^{(m)}(x) = \sum_{k=m}^{n} a_k k(k-1)\cdots(k-m+1)(x-a)^{k-m}$ より，$f^{(m)}(a) = a_m m!$ がわかる．

**問 9.1** $x \in [0, \pi/8]$ のとき，式 (8.3) より $\sin x = S(x) - (\sin c)x^6/6!$ となる $c \in [0, x]$ が存在する．$x \leqq \pi/8 < 1/2$ より，$|\sin x - S(x)| = |\sin c||x|^6/6! \leqq 1 \cdot (1/2)^6/6! = 1/46080 < 10^{-4}$．

**問 9.2** $x = \log t$ とおくと，$t \to \infty$ のとき $x \to \infty$ であり，$(\log t)/t^\alpha = x/e^{\alpha x}$．$x > 0$ のとき $e^{\alpha x} = 1 + \alpha x + (\alpha x)^2/2! + \cdots > (\alpha x)^2/2!$ であるから，$x/e^{\alpha x} < x/((\alpha x)^2/2!) = 2/(\alpha^2 x) \to 0 \; (x \to \infty)$．

**問 9.3** 5 次のテイラー展開より $e^{1/2} = 1 + 1/2 + (1/2)/2! + (1/2)^2/3! + (1/2)^4/4! + e^c (1/2)^5/5!$．剰余項 $e^c(1/2)^5/5!$ は $e^c < e^{1/2} < 3^{1/2} = \sqrt{3}$ より $1/(1280\sqrt{3}) = 0.00045\cdots$ 未満．これを誤差とみなせば，残りの部分から近似値 $e^{1/2} \approx 211/128 = 1.6484375$ を得る．($e^{1/2}$ の真の値は $1.6487212\cdots$)．

**問 9.4** $\sqrt[3]{28} = 3(1 + 1/27)^{1/3}$．二項級数より $(1+x)^{1/3} \approx 1 + x/3 - x^2/9 + 5x^3/81$ と近似できるから，$x = 1/27$ を代入して $3(1 + 1/27)^{1/3} \approx 1613768/531441 = 3.036589\cdots$．

**問 9.5** (1) $1/2$ (2) $1/2$ (3) $1/6$

**問 10.1** (1)(3)(4) は公式 10.9 を参照．(2) $x\mathrm{Sin}^{-1} x + \sqrt{1-x^2}$

**問 10.2** (1) $2/3$ (2) $(5e^4-1)/4$ (3) $(1+e^2)/4$

**問 10.3** $x=\pi/2-t$ とおくと，左辺 $=\int_{\pi/2}^{0}f(\cos(\pi/2-t))(-dt)=\int_{0}^{\pi/2}f(\sin t)\,dt=$ 右辺.

**問 10.4** (1) $x^{n+1}e^{ax}=x^{n+1}(e^{ax}/a)'$ とみなして部分積分．(2) $\tan^{n+1}x=(\tan^{n-1}x)$ $(1/\cos^2 x-1)=\{(\tan^n x)/n\}'-\tan^{n-1}x$ と変形して積分．(3) $I_n=\int\dfrac{(x)'\,dx}{(x^2+a^2)^n}=$ $\dfrac{x}{(x^2+a^2)^n}-\int\dfrac{x\cdot(-2nx)}{(x^2+a^2)^{n+1}}\,dx=\dfrac{x}{(x^2+a^2)^n}+2n\int\dfrac{x^2+a^2-a^2}{(x^2+a^2)^{n+1}}\,dx=\dfrac{x}{(x^2+a^2)^n}+$ $2nI_n-2na^2I_{n+1}$. あとは式変形．

**問 10.5** $0\leqq\int_a^b\{tf(x)+g(x)\}^2\,dx=t^2\int_a^b f(x)^2\,dx+2t\int_a^b f(x)g(x)\,dx+\int_a^b g(x)^2\,dx$. 変数 $t$ に関する 2 次関数だと思うと，その判別式は 0 以下．それが求める不等式にほかならない．

**問 11.1** (1) $\dfrac{1}{2}\log|x-1|-4\log|x-2|+\dfrac{9}{2}\log|x-3|$ (2) $\dfrac{1}{x+1}+\log\left|\dfrac{x}{1+x}\right|$ (3) $\mathrm{Tan}^{-1}e^x$ (4) $\dfrac{1}{ab}\mathrm{Tan}^{-1}\left(\dfrac{b}{a}\tan x\right)$ (5) $2\sqrt{1+x}+\log\left|\dfrac{\sqrt{1+x}-1}{\sqrt{1+x}+1}\right|$ (6) $\mathrm{Tan}^{-1}\sqrt{x^2-1}$

**問 11.2** (1) $\sinh a$ (2) 6

**問 11.3** $x'(\theta)=f'(\theta)\cos\theta-f(\theta)\sin\theta$, $y'(\theta)=f'(\theta)\sin\theta+f(\theta)\cos\theta$ を曲線の長さの定義式に代入して整理する．

**問 12.1** 第 12.1 節の例 1 と例 2 を参照．

**問 12.2** (1) 発散：$x>1$ より $1/\sqrt{x^2+1}>1/\sqrt{x^2+x^2}=1/(\sqrt{2}x)$. 定理 12.1 より発散．(2) 収束：例えば積分区間を $(0,\pi/2]$ と $[\pi/2,\pi)$ に分割する．問 7.4 の (4) より $(0,\pi/2]$ 上 $\sqrt{\sin x}\geqq\sqrt{\dfrac{2x}{\pi}}$. であるから，定理 12.1 より $(0,\pi/2]$ 上の積分は収束．$[\pi/2,\pi)$ は $x=\pi-t$ とおけば前半と同様の議論ができる．(3) 収束：積分区間を $[0,1]$ と $[1,\infty)$ に分割する．$x\geqq 1$ のとき $e^{-x^2}\leqq e^{-x}$ であり，$e^{-x}$ は $[1,\infty)$ の優関数．

**問 12.3** (1) 発散 (2) 収束：$(2n+1)/(n^3+2n)\leqq(2n+n)/n^3=3/n^2$ を用いる．(3) 収束：$(\log n)/n^2=((\log n)/n^{1/2})\times n^{-3/2}$ を用いる．問 9.2 も参照．

**問 12.4** $p,q\in(0,1)$ のときは，$B(p,q)=\int_0^{1/2}x^{p-1}(1-x)^{q-1}\,dx+\int_{1/2}^1 x^{p-1}(1-x)^{q-1}\,dx<2^{1-q}\int_0^{1/2}x^{p-1}\,dx+2^{1-p}\int_{1/2}^1(1-x)^{q-1}\,dx$ が成り立つので，定理 12.1 より収束性がいえる．他の場合も同様．

**問 12.5** (1) $t=1-x$ とおいて変数変換．(2) $1=x+(1-x)$ より $x^{p-1}(1-x)^{q-1}=x^p(1-x)^{q-1}+x^{p-1}(1-x)^q$．この式を $(0,1)$ 区間上で積分して $B(p,q)=B(p+1,q)+$

$B(p, q+1)$. 一方，部分積分を用いると $B(p, q+1) = (q/p)B(p+1, q)$ が成り立つことがわかるので，$B(p, q) = (1 + q/p)B(p+1, q) = (1 + p/q)B(p, q+1)$. (3) $x = \cos^2 t$ として置換積分．(4) (3) を用いる．

**問 13.1**　$f(x) = x^3 - 2$ とおく．ニュートン法の漸化式は $a_{n+1} = a_n - (a_n^3 - 2)/(3a_n^2) = \dfrac{2(a_n^3 + 1)}{3a_n^2}$ となる．例えば $a_0 = 2.0$ とおくと，有効数字 6 桁で $a_1 = 1.5, a_2 = 1.2963, a_3 = 1.26093, a_4 = 1.25992$ となる．真の値は $1.259921\cdots$．

**問 13.2**　以下，$x - \alpha = X$ とおく．$f'(x)$ を $\alpha$ で展開すると $f'(x) = mAX^{m-1} + (m+1)BX^m + o(X^m) = mAX^{m-1}\{1 + (m+1)BX/(mA) + o(X)\}$ となる．$f(x) = AX^m\{1 + BX/A + o(X)\}$ との商 $f(x)/f'(x)$ を計算すると，(一般に $(1 + \alpha X + o(X))/(1 + \beta X + o(X)) = 1 + (\alpha - \beta)X + o(X)$ となることが知られているので) $f(x)/f'(x) = X/m - BX^2/(m^2 A) + o(X)$ となる．あとは $N(x) = x - f'(x)/f(x) = \alpha + (x - \alpha) - f'(x)/f(x)$ より求める展開式を得る．

**問 13.3**　$f(x) = 1/(1+x)$ とおく．積分区間 $[0,1]$ を 4 等分してシンプソン則を適用すると，$\int_0^1 f(x)\,dx \approx (1/4) \cdot (1/3) \cdot \{f(0) + 4f(1/4) + 2f(1/2) + 4f(3/4) + f(1)\} = 1747/2520 \approx 0.693254$（有効数字 6 桁）．積分値 $\log 2$ の真の値は $0.693147\cdots$ である．

**問 13.4**　$f(x) = \sin x$ とおく．積分区間 $[0, \pi]$ を 6 等分してシンプソン則を適用すると，$2 = \int_0^\pi f(x)\,dx \approx (\pi/6) \cdot (1/3) \cdot \{f(0) + 4f(\pi/6) + 2f(\pi/3) + 4f(\pi/2) + 2f(2\pi/3) + 4f(5\pi/6) + f(\pi)\} = \pi(4 + \sqrt{3})/9$．これより $\pi \approx 18/(4 + \sqrt{3}) \approx 3.14024$（有効数字 6 桁）．

**問 13.5**　全体の幅 153.0 m を 8 等分してシンプソン則を適用する．求める近似値は，$(153.0/8)(1/3)(0.0 + 4 \times 83.1 + 2 \times 96.0 + 4 \times 87.8 + 2 \times 71.0 + 4 \times 70.5 + 2 \times 82.3 + 4 \times 73.0 + 0) = 11195.8$.

**問 14.1**　(1) $y = -1/(x + C)$, $y = 0$　(2) $x^2 - y^2 = C$　(3) $y = C\sqrt{1 + x^2}$　(4) $y + \tan y = x^3/3 + x + C$

**問 14.2**　(1) $y = \cos x + C \cos^2 x$　(2) $y = x \log x + Cx$　(3) $y = 2 + Ce^{-x^3}$　(4) $y = (\log x)/x + C/x$

**問 15.1**　左から，(1)〜(4) の等高線グラフの例．

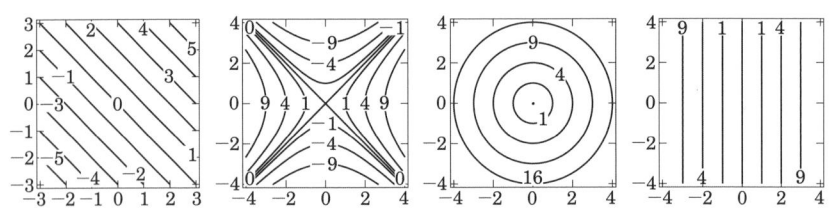

演習問題のヒントと略解 | 255

**問 15.2** $E$ を $\vec{q} = \vec{q_0} + t\vec{v}$ ($\vec{v} \neq \vec{0}$, $t \in \mathbb{R}$) と表すとき, $E \perp \vec{p} \iff \vec{p} \cdot \vec{v} = 0$. よって $\vec{p} \cdot \vec{q} = \vec{p} \cdot \vec{q_0} + t\vec{p} \cdot \vec{v} = \vec{p} \cdot \vec{q_0}$ となり, 内積は $t$ によらず一定値をとる. とくに $\vec{q_1}, \vec{q_2}$ が $E$ 上にあるとき, 式 (15.1) が成り立つ. 逆に式 (15.1) がある $\vec{q_1} \neq \vec{q_2}$ に対して成り立つとき, $\vec{p} \cdot (\vec{q_2} - \vec{q_1}) = 0 \iff \vec{p} \perp (\vec{q_2} - \vec{q_1})$ が成り立つ. よって $\vec{q} = (1-t)\vec{q_1} + t\vec{q_2}$ と表される直線は $\vec{q_1}, \vec{q_2}$ を含み, $\vec{p}$ と直交する.

**問 15.3** (1) $\vec{p_0} = k\vec{p}/|\vec{p}|^2$ とおくと, $k = \vec{p} \cdot \vec{p_0}$ を満たす. 問 15.2 と同様の議論により, $\vec{q} \neq \vec{p_0}$ が $k = \vec{p} \cdot \vec{q}$ を満たすことの必要十分条件は $\vec{p} \cdot (\vec{q} - \vec{p_0}) = 0 \iff \vec{p} \perp (\vec{q} - \vec{p_0})$. そのような $\vec{q}$ の全体は $\vec{p_0}$ を通り $\vec{p}$ と垂直な平面上にある.

(2) $z = Ax + By \iff (x-0, y-0, z-0) \cdot (A, B, -1) = 0$. よって $(x, y, z)$ は $(A, B, -1)$ と垂直かつ原点を通る平面の上にある.

**問 16.1** (1) 存在する. 値は 0. (2) 存在しない. (3) 存在しない: $x = 0, y \to 0$ の場合と $x = y \to 0$ の場合を比較せよ.

**問 16.2** (1) 連続. (2) 連続: $\dfrac{\sin(x^2 + y^2)}{x^2 + y^2} \cdot \dfrac{\sqrt{x^2 + y^2}}{|x| + |y|} \cdot \sqrt{x^2 + y^2}$ と変形する.

**問 17.1** (1) 接平面 $z = a^2 + b^2 + 2a(x-a) + 2b(y-b)$, 勾配ベクトル $(2a, 2b)$ (2) 接平面 $z = 1 + (x-1) + (y-1)$, 勾配ベクトル $(1,1)$ (3) 接平面 $z = 27 + 27(x-1) + 27(y-2)$, 勾配ベクトル $(27, 27)$ (4) 接平面 $z = 1$, 勾配ベクトル $(0, 0)$. $\sqrt{1+t} = 1 + t/2 + o(t)$ に $t = -(x^2 + y^2)$ を代入すればよい.

**問 18.1** (1) $f_x = 2x$, $f_y = 2y$. (2) $f_x = 2xy^4 + 2y^2$, $f_y = 4x^2y^3 + 4xy$. (3) $f_x = \dfrac{4xy^2}{(x^2+y^2)^2}$, $f_y = -\dfrac{4yx^2}{(x^2+y^2)^2}$. (4) $f_x = e^{x+y}$, $f_y = e^{x+y}$. (5) $f_x = \dfrac{-x}{\sqrt{1-x^2-y^2}}$, $f_y = \dfrac{-y}{\sqrt{1-x^2-y^2}}$.

**問 18.2** (1) $f_x(x,y) = \dfrac{-x}{\sqrt{3-x^2-y^2}}$, $f_y(x,y) = \dfrac{-y}{\sqrt{3-x^2-y^2}}$. これらは $(x,y) = (1,1)$ のまわりで連続. 勾配ベクトルは $(-1,-1)$. (2) $f_x(x,y) = \cos(x+2y)$, $f_y(x,y) = 2\cos(x+2y)$. これらは $(x,y) = (0,0)$ のまわりで連続. 勾配ベクトルは $(1, 2)$. (3) $f_x(x,y) = e^{x+y}$, $f_y(x,y) = e^{x+y}$. これらは $(x,y) = (0,0)$ のまわりで連続. そこでの勾配ベクトルは $(1,1)$.

**問 18.3** $x$ 軸, $y$ 軸上で $f(x,y) = 0$. しかし $x = y$ のとき $f(x,y) = |x|$.

**問 18.4** $x$ 軸上で $f(x,y) = |x|$, $y$ 軸上で $f(x,y) = |y|$ となり原点で偏微分できない.

**問 18.5** $x$ 軸, $y$ 軸上で $f(x,y) = 0$. しかし $x = y$ のとき $f(x,y) = 1/2$.

**問 19.1** (1) $10t$ (2) $-\sin t + \cos t$ (3) $3t^2 \cos t^3$.

**問 19.2** (1) $f_x(e^t, e^t) + f_y(e^t, e^t) - e^{-t}f(e^t, e^t)$ (2) $(f_x(t, 1-t) - f_y(t, 1-t))/f(t, 1-t)$ (3) $\{f_x(f(t,t), f(t,t)) + f_y(f(t,t), f(t,t))\}\{f_y(t,t) + f_x(t,t)\}$

**問 19.3** $C^1$ 級であれば全微分可能なので，$(x,y) \to (a,b)$ のとき $f(x,y) = f(a,b) + A(x-a) + B(y-b) + o(\sqrt{(x-a)^2 + (y-a)^2})$ が成り立つ．ただし，$(A, B) = (f_x(a,b), f_y(a,b))$ である．$(x,y) = (a+v_1t, b+v_2t)$ を代入すれば，$f(a+v_1t, b+v_2t) = f(a,b) + (Av_1 + Bv_2)t + o(t)$ なので，方向微分は存在し，値は $Av_1 + Bv_2$．

**問 20.1** $(u,v) = u(1,0) + v(1,0)$, $(x,y) = u(1,0) + v(1,1)$ と表されることに注意．(1)(2)(3) の表す $uv$ 平面上の図形は図の左側のようになり，その $\Phi$ による像は図の右側のようになる．

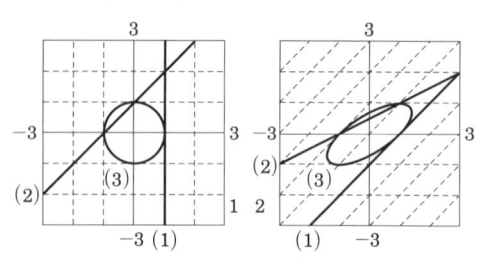

**問 20.2** 左から，(1) の $E$ と $\Phi(E)$, (2) の $E$ と $\Phi(E)$, (3) の $E$ と $\Phi(E)$.

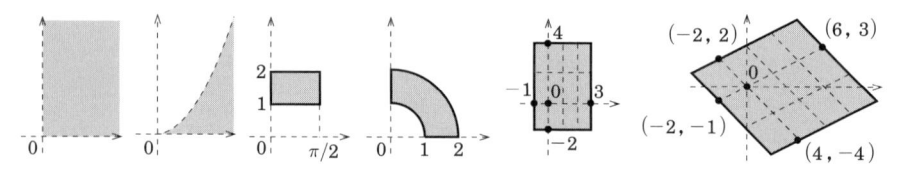

(1) $(x,y) \in \Phi(E) \iff$ 方程式 $t^2 - xt + y = 0$ は正の実数解のみをもつ（解と係数の関係）$\iff y > 0$ かつ $x/2 > 0$ かつ $x^2 - 4y > 0 \iff x > 0$ かつ $0 < y < x^2/4$. (2) 半径が $v$, 角度が $u$ ラジアンの極座標であることに注意．(3) $(x,y) = u(2,1) + v(1,-1)$ と書ける．

**問 21.1** (1) $(2x, 2y)\begin{pmatrix} 1 & 1 \\ v & u \end{pmatrix} = (2x + 2yv, 2x + 2yu) = (2(u+v+uv^2), 2(u+v+u^2v))$ (2) $(1,1)\begin{pmatrix} \cos v & -u\sin v \\ \sin v & u\cos v \end{pmatrix} = (\cos v + \sin v, u(-\sin v + \cos v))$ (3) $(y,x)\begin{pmatrix} 2 & 1 \\ 1 & -1 \end{pmatrix} = (2y+x, y-x) = (4u-v, -u-2v)$ (4) $(e^{x-2y}, -2e^{x-2y})\begin{pmatrix} 2u & -1 \\ 1 & 0 \end{pmatrix} = (2ue^{x-2y} - 2e^{x-2y}, -e^{x-2y}) = ((2u-2)e^{u^2-v-2u}, -e^{u^2-v-2u})$

**問 21.2** (1) $F_u = af_x(au+bv, cu+dv) + cf_y(au+bv, cu+dv)$, $F_v = bf_x(au+bv, cu+dv) + df_y(au+bv, cu+dv)$. (2) $F_u = f_x(u, f(u,v)) + f_y(u, f(u,v))f_x(u,v)$, $F_v = f_y(u, f(u,v))f_y(u,v)$.

**問 22.1** (1) $f(x,y) = x^2 - y^2$ のとき $f_x = 2x$, $f_y = 2y$, よって $f_{xx} = 2$, $f_{yy} = -2$.

(2) $f(x,y) = e^x \sin y$ のとき $f_x = e^x \sin y$, $f_y = e^x \cos y$, よって $f_{xx} = e^x \sin y$, $f_{yy} = -e^x \sin y$. (3) $f(x,y) = \text{Tan}^{-1}(y/x)$ のとき $f_x = -y/(x^2+y^2)$, $f_y = x/(x^2+y^2)$, よって $f_{xx} = 2xy/(x^2+y^2)^2$, $f_{yy} = -2xy/(x^2+y^2)^2$.

**問 22.2** (1) $z_r = z_x \cos\theta + z_y \sin\theta$, $z_\theta = r(-z_x \sin\theta + z_y \cos\theta)$ となるので, $z_{rr} = z_{xx} \cos^2\theta + 2z_{xy} \cos\theta \sin\theta + z_{yy} \sin^2\theta$, $z_{\theta\theta} = r^2(z_{xx}\sin^2\theta - 2z_{xy}\cos\theta\sin\theta + z_{yy}\cos^2\theta) - r(z_x \cos\theta + z_y \sin\theta)$. あとは式変形. (2) 第 1 式は $z_u = z_x \cos\alpha + z_y \sin\alpha$, $z_v = -z_x \sin\alpha + z_y \cos\alpha$ をそれぞれ 2 乗して加える. 第 2 式は $z_{uu} = (z_{xx}\cos\alpha + z_{xy}\sin\alpha)\cos\alpha + (z_{xy}\cos\alpha + z_{yy}\sin\alpha)\sin\alpha = z_{xx}\cos^2\alpha + 2z_{xy}\cos\alpha\sin\alpha + z_{yy}\sin^2\alpha$ と $z_{vv} = -(-z_{xx}\sin\alpha + z_{xy}\cos\alpha)\sin\alpha + (-z_{xy}\sin\alpha + z_{yy}\cos\alpha)\cos\alpha = z_{xx}\sin^2\alpha - 2z_{xy}\sin\alpha\cos\alpha + z_{yy}\cos^2\alpha$ を足せばよい.

**問 22.3** テイラー展開は略. 漸近展開は以下の通り: (1) $f(x,y) = \alpha^2 + \beta^2 + 2\alpha(x-\alpha) + 2\beta(y-\beta) + (x-\alpha)^2 + (y-\beta)^2$ ($o((x-\alpha)^2 + (y-\beta)^2)$ の部分は 0). (2) $z = e^{xy}$ より $z_x = ye^{xy}$, $z_y = xe^{xy}$, $z_{xx} = y^2 e^{xy}$, $z_{xy} = (xy+1)e^{xy}$, $z_{yy} = x^2 e^{xy}$. よって $f(x,y) = e + e(x-1) + e(y-1) + (e/2)\{(x-1)^2 + 4(x-1)(y-1) + (y-1)^2\} + o((x-1)^2 + (y-1)^2)$. (3) $z = \sqrt{3 - x^2 - y^2}$ に対し, $z_x = -x/z$, $z_y = -y/z$, $z_{xx} = (-3+y^2)/z^3$, $z_{xy} = -xy/z^3$, $z_{yy} = (-3+x^2)/z^3$. よって $f(x,y) = 1 - (x-1) - (y-1) - (x-1)^2 - (x-1)(y-1) - (y-1)^2 + o((x-1)^2 + (y-1)^2)$. (4) 同様にして, $f(x,y) = \sqrt{3} - \dfrac{1}{2\sqrt{3}}(x^2 + y^2) + o(x^2 + y^2)$.

**問 23.1** (1) $(0,0)$ で極小値 0 (2) 極値をもたない (3) $(-1,2)$ で極大値 18, $(1,-2)$ で極小値 $-18$ (4) 極値をもたない (5) $(a,a)$ で極小値 $-a^3$ (6) $(0,0)$ で極小値 0 $(\pm 1,0)$ で極大値 $2/e$

**問 23.2** (1) 略. (2) $(x,y) = (r\cos\theta, r\sin\theta)$ とおくと, $f(x,y) = r^2(1 - (5/4)\sin^2 2\theta)$. これは原点の周りで正負の値をとるので, 原点では極値とならない.

**問 24.1** $y = \phi(x)$ のとき $\phi'(x) = -F_x/F_y = -F_x(x,\phi(x))/F_y(x,\phi(x))$. これより, $\phi''(x) = -\{(F_x(x,\phi(x)))' F_y(x,\phi(x)) - F_x(x,\phi(x))(F_y(x,\phi(x)))'\}/F_y(x,\phi(x))^2$. $(F_x(x,\phi(x)))' = (F_{xx}, F_{xy}) \cdot (1, \phi'(x)) = F_{xx} + F_{xy}(-F_x/F_y)$. 同様に $(F_y(x,\phi(x)))' = (F_{yx}, F_{yy}) \cdot (1, \phi'(x)) = F_{yx} + F_{yy}(-F_x/F_y)$ となるので, これらを代入すれば求める式を得る.

**問 24.2** (1) $(0,1)$ のとき極大値 1, $(0,-1)$ のとき極大値 $-1$, $(\pm\sqrt{3}/2, -1/2)$ のとき極小値 $-5/4$. (2) $(0, \pm 1)$ のとき極大値 2, $(\pm 1, 0)$ のとき極小値 1. (3) $x^2 + y^2 < 1$ では $(0,0)$ で極小値 0 をもつ (定理 23.2 が適用できる). $(0, \pm 1)$ のとき極大値 2.

**問25.1** $\Sigma_N = \sum_{j=1}^{N}\sum_{i=1}^{N}(x_i^2+y_j^2)/N^2 = (1/N^4)\sum_{j=1}^{N}\sum_{i=1}^{N}(i^2+j^2)$
$= (1/N^4)\sum_{j=1}^{N}\{N(N+1)(2N+1)/6 + j^2 N\}$
$= (1/N^4)\{N^2(N+1)(2N+1)/6 + N^2(N+1)(2N+1)/6\}$. よって $N \to \infty$ のとき, $\Sigma_N \to 1/3 + 1/3 = 2/3$.

**問25.2** $L \leq \sqrt{K_1^2+K_1^2} = \sqrt{2}K_1$, $\delta \leq \sqrt{\Delta^2+\Delta^2} = \sqrt{2}\Delta$. さらに式 (25.2) を内積の評価式で書き直せば, $|f(x,y)-f(x_{ij}^*,y_{ij}^*)| \leq \sqrt{A^2+B^2}\sqrt{(x-x_{ij}^*)^2+(y-y_{ij}^*)^2} \leq L\delta$. あとは定理 25.3 と同様.

**問26.1** (1) $4/3$ (2) $15/8$ (3) $13/18$.

**問26.2** (1) $1/10$ (2) $4/3$ (3) $0$.

**問27.1** (1) $m \neq 1$ のとき $\pi(2^{2-2m}-1)/(1-m)$, $m=1$ のとき $2\pi\log 2$ (2) $\pi$ (3) $(e-1)/4$ (4) $5\pi/64$ (5) $0$

**問28.1** (1) $\dfrac{\pi}{6}\{(1+4R^2)^{3/2}-1\}$ (2) $\dfrac{2\pi}{3}\{(1+R^2)^{3/2}-1\}$

**問28.2** 曲面は $y^2+z^2=f(x)^2$ と表現できる. よって関数 $z=\sqrt{f(x)^2-y^2}$ の曲面グラフの, タテ線領域 $D=\{(x,y) \mid a \leq x \leq b, 0 \leq y \leq |f(x)|\}$ 上にある部分の面積を 4 倍すれば $S$ となる. $z_x = f(x)f'(x)/\sqrt{f(x)^2-y^2}$, $z_y = -y/\sqrt{f(x)^2-y^2}$ なので, $S = 4\iint_D \sqrt{1+z_x^2+z_y^2}\,dxdy = 4\int_a^b dx \int_0^{|f(x)|} \sqrt{f(x)^2 f'(x)^2 + f(x)^2} \cdot \dfrac{1}{\sqrt{f(x)^2-y^2}}\,dy$.
$\int_0^{|f(x)|} \dfrac{1}{\sqrt{f(x)^2-y^2}}\,dy = \left[\operatorname{Sin}^{-1}\left(\dfrac{y}{|f(x)|}\right)\right]_0^{|f(x)|} = \dfrac{\pi}{2}$ より, 求める式を得る.

**問28.3** $4\pi abc/3$

**問29.1** (1) $\int_{C_1} dx+dy = 2$, $\int_{C_2} = 2$, $\int_{C_3} = 0$. (2) $\int_{C_1} x\,dx - y\,dy = 0$, $\int_{C_2} = 0$, $\int_{C_3} = 0$. (3) $\int_{C_1}(x^2-y^2)dx - 2xy\,dy = \dfrac{2}{3}$, $\int_{C_2} = -\dfrac{2}{3}$, $\int_{C_3} = 0$.

**問29.2** $3\pi a^2/8$

**問29.3** $(x,y)=(r\cos\theta, r\sin\theta)$ とおくと, $x\,dy-y\,dx=r^2 d\theta$. よって $I=\int_C d\theta$. この値は $C$ が原点のまわりを一周するとき $2\pi$ となり, そうでないときは $0$.

# 索引

## 数字・アルファベット

1 階線形微分方程式……127
1 次近似……48
1 次変換……167
1 対 1……32, 172
3 次元グラフ……131
$C^1$ 級……157
$C^n$ 級……65, 183
$C^\infty$ 級……65, 183
$n$ 階導関数……64
$n$ 回微分……64
$n$ 階偏導関数……183
$n$ 回連続微分可能……65
$n$ 次元数空間……131
$n$ 次元ユークリッド空間……131
$n$ 乗根……35

## あ 行

鞍点……194
陰関数……201
陰関数定理……202
上に凸……78
上に有界……9
円周率……100
円板……139
オーダー……5

## か 行

解（微分方程式の）……120
開区間……20
開集合……140
回転……247
仮数……4, 11
片側微分係数……65
関数……21

ガンマ関数……107
逆関数……33
逆三角関数……41
逆正弦関数……41
逆正接関数……41
逆変換……172
逆余弦関数……41
境界……140
境界点……140
極限……7, 22, 142
極座標変換……167
極小……57
極小（値）……192
極小値……57
極大……57
極大（値）……192
極大値……57
極値……57, 192
曲面積……234
区画……139, 210
区間……20
区分求積法……86
区分的に滑らか……98
グリーンの定理……245
原始関数……88
高階導関数……64
広義積分……103
合成関数……172
勾配ベクトル……152
勾配ベクトル場……239
コーシーの平均値定理……61
誤差……4
コンパクト集合……146

## さ 行

三角関数……40
三角不等式……17
指数……4, 11
指数関数……38
指数表記……4

指数法則……35, 38
自然対数……39
自然対数の底……14
下に凸……78, 83
下に有界……9
実数の連続性……10
重積分……211
収束……7, 22, 103
収束半径……74
従属変数……21
重複度……112
条件付き極値問題……200
剰余項……67
真に単調減少……9, 32
真に単調増加……9, 32
シンプソン則……117
正弦関数……40
正接関数……40
積分……84
積分可能……86, 102, 211, 212
積分区間……86
積分経路……243
積分定数……89
積分領域……211
接線の方程式……48
絶対誤差……4
絶対収束……106
接平面の方程式……150
漸近展開……81
線形変換……167
全微分可能……147
双曲線関数……43
相対誤差……4
速度ベクトル……98

## た 行

対数関数……39
代表点……211
タテ線領域……217
多変数関数……130

短冊……85
単純閉曲線……244
単調減少……9
単調増加……9
単調な数列……9
値域……21, 140
置換積分……90
中間値の定理……28
調和関数……191
定義域……21, 140
定積分……84, 86
テイラー級数……70
テイラー多項式……67
テイラー展開……67
点と直線の距離の公式……153
導関数……50
等高線……132
等高線グラフ……131
独立変数……21

## な 行

内積……133
内点……140
長さ（ベクトルの）……133
長さ（曲線の）……98
ナブラ……152
滑らか……65
滑らかな曲線……98
二項級数……77
二分法……29
ニュートン法……111

## は 行

ハイキングの原理……242
倍精度……11
バイト……11
はさみうちの原理……23
発散……7, 23, 103
判別式……195

被積分関数……86, 211
微積分の基本定理……87, 89
左極限……22
ビット……11
微分（する）……50
微分可能……45, 48, 50
微分係数……45, 48
微分方程式……120
不定形の極限……59
不定積分……87
浮動小数点数……11
部分積分……91
分割点……85
閉円板……139
平均値の定理……56
平均変化率……56
閉区画……139
閉区間……20
閉集合……140
平方根……34
閉領域……140
ベータ関数……108
べき級数……74
べき級数展開……74
ベクトル場……242
ベクトル変数……141
変曲点……78
変数変換……166
偏導関数……156
偏微分可能……155
偏微分係数……156
方向場……125
方向微分……165

## ま 行

マクローリン級数……70
マクローリン展開……67
右極限……22
面積……213, 234
面積確定……213

## や 行

ヤコビアン……171
ヤコビ行列……170
有界……9, 140
優関数……105
有理式……95
余弦関数……40
ヨコ線領域……217

## ら 行

ライプニッツ則……50
ライプニッツの公式……65
ラグランジュの未定乗数法……206
ラプラシアン……191
ランダウの記号……47, 79
リーマン和……85, 211
領域……140
累次積分……218
連続……25, 145
連続関数……25
ロピタルの定理……59
ロルの定理……55

**川平 友規**（かわひら・ともき）

京都大学理学部卒，東京大学大学院数理科学研究科博士課程修了．
名古屋大学大学院多元数理科学研究科助手，助教，准教授，東京
工業大学理学院数学系准教授を経て，現在，一橋大学大学院経済
学研究科教授．博士（数理科学）．
専門は複素力学系理論．
著書に，『レクチャーズオン $Mathematica$』（プレアデス出版），
『入門 複素関数』（裳華房）がある．

---

**NBS**
Nippyo Basic Series
日本評論社ベーシック・シリーズ＝NBS

**微分積分――1変数と2変数**
（びぶんせきぶん）　（1へんすうと2へんすう）

2015 年  7 月 25 日　第 1 版・第 1 刷発行
2023 年 12 月 30 日　第 1 版・第 4 刷発行

著　　者―――川平友規
発 行 所―――株式会社 日本評論社
　　　　　　　〒170-8474 東京都豊島区南大塚 3-12-4
電　　話―――（03）3987-8621（販売）-8599（編集）
印　　刷―――藤原印刷
製　　本―――難波製本
挿　　画―――オビカカズミ
装　　幀―――図工ファイブ

ⓒ Tomoki Kawahira　　　　　　　　　　ISBN 978-4-535-80630-6

JCOPY　〈(社)出版者著作権管理機構 委託出版物〉本書の無断複写は著作権法上での例外を除き禁じられてい
ます．複写される場合は，そのつど事前に，(社)出版者著作権管理機構（電話 03-5244-5088, FAX 03-5244-5089,
e-mail: info@jcopy.or.jp）の許諾を得てください．また，本書を代行業者等の第三者に依頼してスキャニング等の行為
によりデジタル化することは，個人の家庭内の利用であっても，一切認められておりません．

## 日評ベーシック・シリーズ

大学で始まる「学問の世界」．
講義や自らの学習のためのサポート役として基礎力を身につけ，
思考力，創造力を養うために随所に創意工夫がなされたテキストシリーズ．

### 大学数学への誘い　佐久間一浩＋小畑久美[著]
高校数学の復習から始まり，大学数学の入口へ自然と導いてくれる教科書．演習問題はレベルが3段階設定され，理解度がわかるよう工夫を凝らした．　◆定価2,200円（税込）

### 線形代数──行列と数ベクトル空間　竹山美宏[著]
連立方程式や正方行列など，概念の意味がわかるように解説．証明をていねいに噛み砕いて書き，議論が見通しやすくなるよう配慮した．　◆定価2,530円（税込）

### 微分積分──1変数と2変数　川平友規[著]
例題や証明が省略せずていねいに書かれ，自習書として使いやすい．直観的かつ定量的な意味づけを徹底するよう記述を心がけた．　◆定価2,530円（税込）

### 常微分方程式　井ノ口順一[著]
生物学・化学・物理学からの例を通して，常微分方程式の解き方を説明．理工学系の諸分野で必須となる内容を重点的にとりあげた．　◆定価2,420円（税込）

### 複素解析　宮地秀樹[著]
留数定理および，その応用の習得が主な目的の複素解析の教科書．例や例題の解説に十分なページを割き，自習書としても使いやすい．　◆定価2,530円（税込）

### 集合と位相　小森洋平[著]
大学で最初に学ぶ，集合と位相の入門的テキスト．手を動かしながら取り組むことで，抽象的な考え方が身につくよう配慮した．　◆定価2,310円（税込）

### ベクトル空間　竹山美宏[著]
ベクトル空間の定義から，ジョルダン標準形，双対空間までを解説．多彩な例と演習問題を通して抽象的な議論をじっくり学ぶ．　◆定価2,530円（税込）

### 曲面とベクトル解析　小林真平[著]
理工系で学ぶ「曲線・曲面」と「ベクトル解析」について，両者の関連性に着目しつつ解説．微分形式の具体例と応用にも触れる．　◆定価2,530円（税込）

### 代数学入門──先につながる群，環，体の入門　川口周[著]
大学で学ぶ代数学の入り口である群・環・体の基礎を理解し，つながりを俯瞰的に眺められる一冊．抽象的な概念も丁寧に解説した．　◆定価2,530円（税込）

### 群論　榎本直也[著]
「群の集合への作用」を重点的に解説．多くの具体例を通じて，さまざまな興味深い現象を背後で統制する群について理解する．　◆定価2,530円（税込）

日本評論社
https://www.nippyo.co.jp/